Photoshop CC
从入门到精通

许东平◎编著

北京时代华文书局

图书在版编目（CIP）数据

Photoshop CC从入门到精通 / 许东平编著. -- 北京 :
北京时代华文书局, 2020.8（2021.9重印）
ISBN 978-7-5699-3814-2

Ⅰ. ①P… Ⅱ. ①许… Ⅲ. ①图像处理软件 Ⅳ. ①TP391.413

中国版本图书馆 CIP 数据核字 (2020) 第 126737 号

photoshop CC从入门到精通

photoshop CC CONG RUMEN DAO JINGTONG

编　　著 | 许东平

出 版 人 | 陈　涛
选题策划 | 王　生
责任编辑 | 周连杰
封面设计 | 乔景香
责任印制 | 刘　银

出版发行 | 北京时代华文书局 http://www.bjsdsj.com.cn
北京市东城区安定门外大街136号皇城国际大厦A座8楼
邮编：100011　电话：010－64267955　64267677
印　　刷 | 三河市祥达印刷包装有限公司　电话：0316-3656589
（如发现印装质量问题，请与印刷厂联系调换）
开　　本 | 170mm×240mm　1/16　印　　张 | 16　字　　数 | 120千字
版　　次 | 2020 年 8 月第 1 版　印　　次 | 2021 年 9 月第 2 次印刷
书　　号 | ISBN 978-7-5699-3814-2
定　　价 | 89.00元

前　言

ntroduction

内容简述

《Photoshop CC 从入门到精通》是一本专为初学者自学所编写的教程。

全书分为四部分：

第一章和第二章内容，从介绍 Photoshop 的起源开始，带领读者熟悉软件的基础操作。

第三章内容为 Photoshop CC 2020（以下内容中对于 Photoshop CC 2020 均简称为 Photoshop）图像合成部分，对选区创建、蒙版工具使用等进行了相关阐释。

第四章至第七章的内容，详细介绍了使用 Photoshop 时的相关技巧，包括图像的绘制与调整，以及各种特殊效果的设计与制作等。

第八章内容介绍了 Photoshop 当中几种常用滤镜，并对滤镜效果进行了展示对比。

本书的定位虽然是入门级教程，但并不意味着简单和粗陋。入门表示引领，意味着将带领读者一步一步，非常稳妥地走进 Photoshop 的世界，所以本书更详细、全面、系统。

内容新增

本书详细介绍了 Photoshop 版本新增加的一些功能（相较 2019 版）：新增加了对象选择工具，可自动载入选区；预设面板功能更加强大；属性面板进一步优化；智能对象转图层；“变形”功能进一步优化；以及新增“云文档”功能。

同时，增设较多 Photoshop 实操小技巧，多为初学者在前期学习阶段遇到的一些状况，例如一些功能面板关闭以后怎么去恢复，包括一些工具操作时的“捷径”，都能在学习初期提供诸多帮助。可以毫不夸张地说，案例实操及工具功能详解贯穿全书。

关于本书

Photoshop 的起源最早可以追溯到二十世纪八十年代，经过漫长的发展历程，逐渐渗透于大众生活的各个层面。即使你从来没有真正打开过 Photoshop，但也应该不止一次地听到过它。创意效果十足的电影特效、视觉要求极高的广告宣传片、看似平淡无奇的杂志封面、渗透于生活各个角落的电子、纸质图像等。大部分都是借助 Photoshop 来制作的。

正因如此，关于 Photoshop 的辅助学习资料越来越多，实操型视频教程、专业的学习教材充斥市场。但就整体内容设计而言，并不适合初学者进行学习，尤其是在基础工具的讲解上过于笼统概括，无形中增加了学习难度。

本书专为 Photoshop 初学者设计，使用当前市场上的最新版本 Adobe Photoshop CC 2020。而且，关于 Photoshop 的所有疑惑，都可以从这本书里找到答案。

本书采用基础理论与软件实操相结合的编写模式，通过在 Photoshop 中处理素材图片来对工具功能进行展示，使读者能够更加直观地理解系列工具的使用方法及相关属性设置。同时本书结合章节内容设计了一些经典有趣的小案例，操作上没有什么难度，更适合初学者练习。

本书特色

• 案例源于“生活”，图文结合更加高效。本书案例部分多为日常生活中经常会遇到的一些情况。例如，处理过度曝光的照片，对人物面部瑕疵进行处理之类。这些案例的整体制作难度并不是很高，并且配备了非常详细的操作步骤，每一步骤对应的操作方法及效果图都在书中以图片的形式进行展示。即使没有专业人士指导，读者也可以跟随操作步骤制作出非常不错的效果图。这种图文并茂的学习模式更适合初学者学习，能更好地理解相关工具参数对应产生的图像效果。

• 跳出“标准”限制，有效规避学习误区。初学者在学习初期，往往因为不熟悉软件功能及属性参考值的作用效果，在对图像进行处理时只能按照教材或是视频教程当中给出的固定参数进行设定。但由于素材图像的不同，所需调整的参数也会发生相应改变。本书对于工具功能属性的介绍更为全面，旨在引导读者形成“修图思维”，根据图像状态或预期效果图选择合适的工具进行图像调整，不局限于标准参数和固定步骤，在深入了解工具功能的基础之上，灵活运用。

• 告别枯燥乏味的知识点，从基础的工具功能属性出发。通过实际操作来对比不同工具属性下的图像效果，直观展示工具功能，用丰富的图片素材替代死板教条的文字解释，无形之中提高了可读性。

• 图文教程结合视频教程，全方位辅助初学者学习。配套视频教程可以最大程度弥补图文教程的不足，对操作步骤的展示更为详尽。

现在，请翻过这一页，让我们一同走进 Photoshop CC 2020 的世界。

目　录
Contents

第一章

初识 Photoshop

Photoshop 作为 Adobe 公司旗下备受关注的图像处理软件之一，以简洁的页面设计及多功能的图片处理技巧等优势，备受各个群体的青睐。集图像扫描、编辑修改、创意效果制作、图像输入输出等功能于一体的 Photoshop，几乎可以“拯救”所有不完美的图片，“化腐朽为神奇”。

无论是我们正在阅读的书籍报刊，或是正在浏览的网页界面，这些色彩丰富、内容多样的图像，基本都需要使用 Photoshop 进行处理。Photoshop 似乎可以创造无限种可能：一张保存不当的老照片经 Photoshop 软件修复，过往的回忆便可涌入脑海；一对新人的婚纱照，经 Photoshop 修饰后，充满幸福感……

1.1 Photoshop 知多少

1.1.1 Photoshop 的起源与发展

Photoshop 的主设计师 Thomas Knoll，在最初开发软件时并不是为了编辑图像，而是为了显示图像。

1987 年夏天，为了完成自己的博士论文，Thomas Knoll 购置了一台苹果电脑（Mac Plus）。但在使用的过程中，Thomas Knoll 发现当时的苹果电脑并不能显示带灰度的黑白图像，于是他编写了一个名为“Display”的小程序来弥补这一缺陷。而这个小程序吸引了当时在电影特殊效果制作公司 Industry Light Magic 工作的 John（也就是 Thomas Knoll 的哥哥）的注意。之后的一年多时间里，兄弟二人针对这个小程序展开了更深层次的研究，使得这个小程序所拥有的图像编辑功能越来越丰富。

说起Photoshop这个名字的诞生，其实颇有些滑稽和随意。

在程序设计基本成熟后的很长一段时间里，关于程序的命名问题兄弟二人一直没有定论。在一次偶然的展会上，兄弟二人在展示完毕程序功能之后，有观众提议可以称之为Photoshop，这个脱口而出的名字让Thomas Knoll与其哥哥眼前一亮，当即便决定用Photoshop来命名。自此，Photoshop开始在世界各地推广。此时的Photoshop已经兼具了Level、色彩平衡、饱和度调整等功能。

随着Photoshop功能的日益完善，Thomas Knoll开始寻找商业合作伙伴。而当时Adobe的艺术总监Russell Brown恰好也在寻找这样一款图像编辑软件，在看过Thomas Knoll、John两兄弟开发的Photoshop之后，当即便决定合作。

1990年2月，Photoshop1.0.7版本正式上线。恰在此时，美国印刷行业也在悄无声息地发生着改变，印前电脑化的工作开始得到普及。这无疑为Photoshop的推广创造了基础条件，越来越多的人的电脑里安装上了这款名为Photoshop的图像处理软件，越来越多的人开始习惯使用Photoshop处理图片。

1991年6月发布2.0版本，从这一版本开始使用代号，代号名称Fast Eddy，对内存的需求也从原来的2MB提高到了4MB。

1994年9月发布的全新3.0（代号Tiger Mountain）版本引入了全新的Layer概念。

1997年9月发布的4.0版本重点在于对用户界面做出了大幅调整，同Adobe公司的其他产品界面保持统一。

1998年5月发布的5.0（代号Strange Cargo）版本引入了全新的History（历史）概念和色彩管理功能，也因此被认为是Photoshop历史上的重大转折。

随着软件功能层面的日益成熟，Adobe也逐渐放慢了Photoshop的发展脚步。2000年9月发布的6.0（代号Venus in Furs）版本并没有发生太大的改变，仅仅改善了与其他Adobe工具交换的流畅性。恰在此时，Photoshop也遇到了前所未有的市场危机。数码相机开始流行，对应的图像处理需求应运而生。而当时的Photoshop显然没有注意到这一市场形势，好几个月之后Adobe公司才意识到这个严重的问题，迅速调整软件功能。

2002年3月发布的7.0（代号Liquid Sky）版本，除了增加了一些常规的图片修改工具以外，还增设了一些全新的数码相机功能。当时已经退居二线的创始人Thomas Knoll亲自带领团队开发了Photoshop RAW（7.0）插件。自此，Photoshop走上了正轨。

2003年—2012年，Photoshop CS系列诞生并被广泛应用。

而在此之后的发展历程当中，Photoshop的版本名称也发生了新的改变，取

Adobe Creative Suite 中后两个单词的缩写，寓意“创作集合”。

2003 年 10 月，Adobe Photoshop CS 正式上线发布。

2005 年 4 月，Adobe Photoshop CS2（代号 Space Monkey）版本发布。

2007 年 4 月发布 Adobe Photoshop CS3 版本。

2008 年 9 月，全新版本的 Adobe Photoshop CS4 对工作流程进行了进一步的简化，工作效率得到了提升。

2010 年 5 月发布的 Adobe Photoshop CS5 版本新增加了“编辑”/“选择性粘贴”、“编辑”/“填充”、“编辑”/“操控变形”等功能。

2012 年 3 月，Adobe Photoshop CS6Beta 公开测试版，包含 Photoshop CS6 和 Photoshop CS6 Extended 当中的所有功能。该版本设计了全新的用户界面，背景颜色更改成为深色。

Adobe CS 系列在创新与突破中走过了十年。2013 年 7 月，Adobe 公司正式发布全新版本的 Photoshop CC（代号 Creative Cloud）。Photoshop CS6 是 Adobe CS 系列的最后一版产品，也预示着 CS 系列成为了历史。Photoshop CC 新增设了相机防抖动、图像提升采样、属性面板改进、同步设置等功能，以及 Creative Cloud，也就是云功能。自此，Photoshop 整体功能层面可以分为图像编辑、图像合成、校色调色及特效制作四大部分。

Photoshop 功能日益完善的同时，所应用的领域也越来越广泛，在大众生活的方方面面，都有着 Photoshop 的身影。

1.1.2 Photoshop CC 2020 图像处理软件优劣势分析

在功能各异的图像处理软件市场当中，Photoshop 似乎是一个独特的存在。Photoshop 可以做到像素级别的编辑，而像素本身又是构成图片的基本元素。正因如此，使用 Photoshop 处理图片时，可以对图像的每一个小细节进行修饰，从而达到最完美的效果。

除了可以编辑现有照片以外，还可以从无到有制作图像，嵌入字体、向量图案制作等都可以借助 Photoshop 来实现。图 1.1 为 Photoshop CC 2020 的启动界面，图 1.2 为初始界面，图 1.3 为操作界面，图 1.4 为图层面板。

同时，Photoshop 中的图层面板在后期处理图片的过程中也可以提供诸多便利，图 1.4 即为 Photoshop CC 2020 的图层面板。可以帮助用户更好地开展相应的图片处理工作，既可以分层对图片进行编辑，同时也可以将图层合并进行统一编辑。这一独特的功能设计可以使相关操作独立存在，而不会对图像当中的其他部分产生影响。在同一个图层之内，可以使用 Layer Mask 来实现套用编辑部分这一功能。

对摄影、设计有兴趣的人一定都听过并且使用过 Photoshop。较好的兼容性以及强大的图像处理能力，使得 Photoshop 的适用范围越来越广泛。但同时，Photoshop 相比其他图像处理软件也存在一些难以弥补的缺陷。Photoshop 更注重对单张照片的编辑处理，这一点与产品设计初衷是一致的。所以 Photoshop 在批量处理照片时所表现出的效果并不理想。假如你选择用 Photoshop 处理一组曝光过度的照片就不是明智的选择，甚至有可能会浪费掉一个下午的时间。

图 1.1　Photoshop CC 2020 启动界面

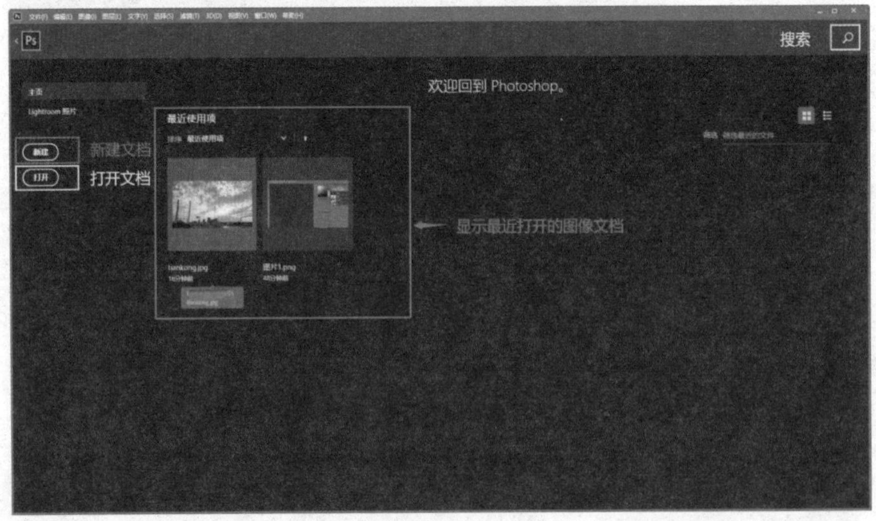

图 1.2　Photoshop CC 2020 初始界面

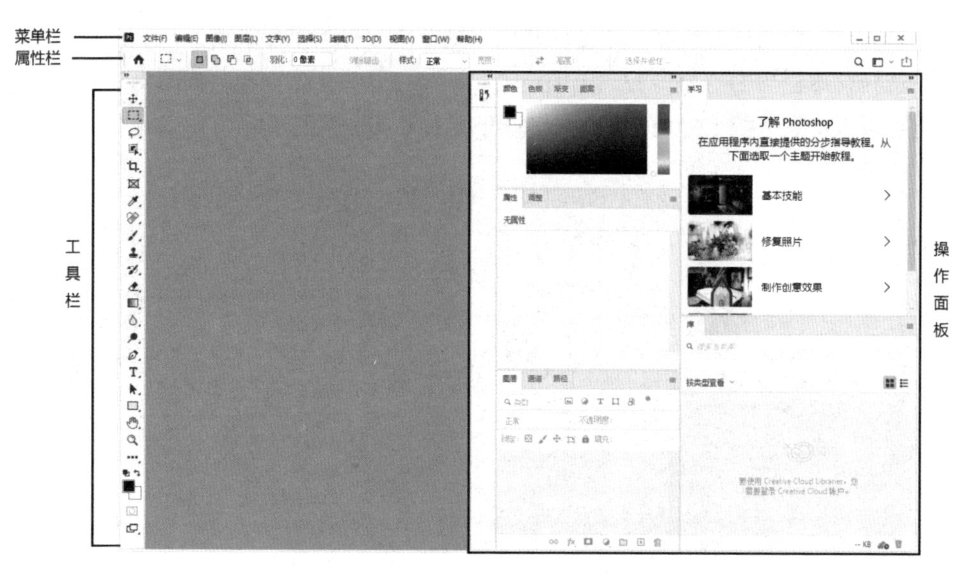

图 1.3　Photoshop CC 2020 操作界面

图 1.4　Photoshop CC 2020 图层面板

小技巧

历史记录：记录打开图片后的一系列操作步骤，选中相应步骤进行点击，快速跳转（跳转次数无限制，可以反复变换）至对应操作步骤下的图像形态。借助历史记录面板，我们可以对操作失误的步骤进行撤销，还可以对比不同操作步骤下的图片效果，从而对图片进行综合考量，避免重复操作，提升作图效率。

选择菜单栏当中“窗口”/“历史记录”即可打开该工作面板，如图 1.5 所示。同时也可以直接点击图 1.6 中的快捷按钮打开历史记录的工作面板。

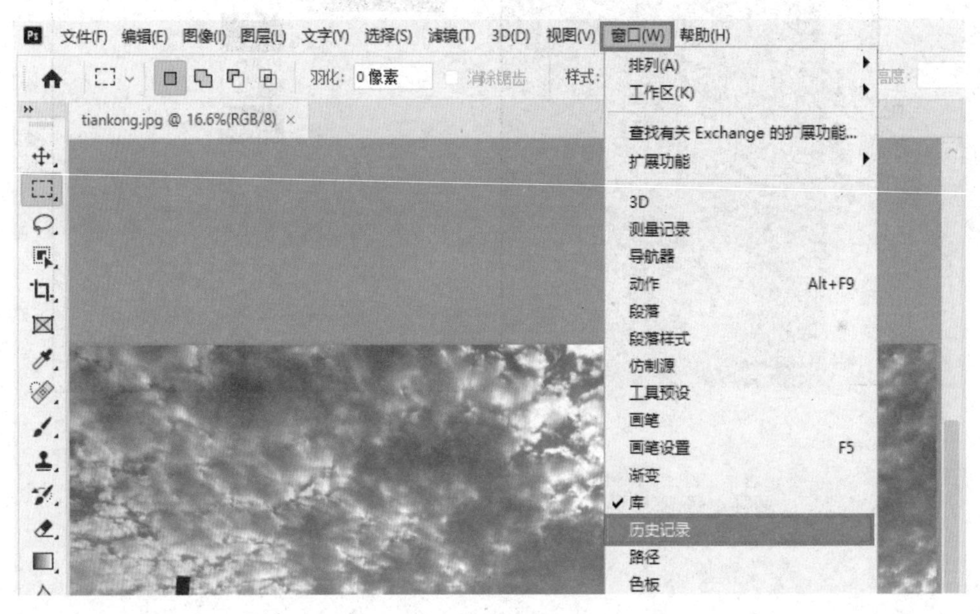

图 1.5　历史记录

图 1.6　历史记录面板快捷按钮

设置历史记录次数的方法

步骤 1：打开 Photoshop，点击菜单栏的“编辑”，弹出菜单项后，鼠标放置最底部“首选项”，在右侧出现的菜单栏当中点击“常规”或“性能”按钮，如图 1.7 所示。

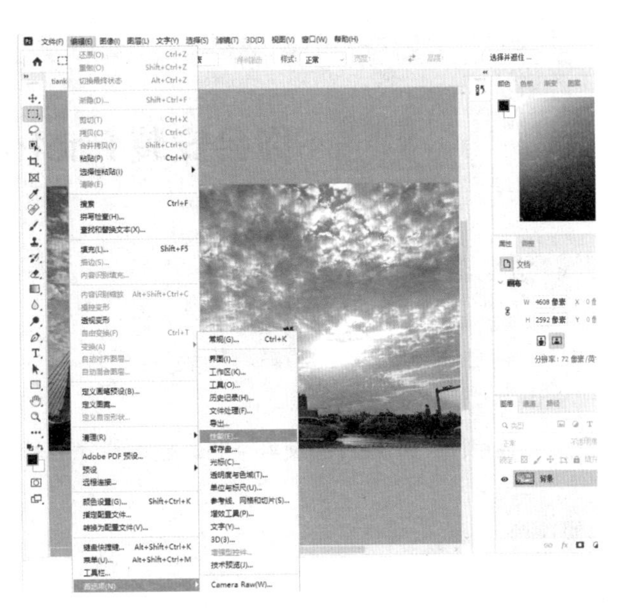

图 1.7　更改历史记录参数

步骤 2：在弹出的窗口中，选择“历史记录状态”一栏，输入适当数值，这一数值便是软件所能记录的历史操作步骤数量（该数值不宜过大，过大时会影响软件的操作性能。初学者一般设定在 100~200 之间即可满足需求）。

步骤 3：设置完成，点击“确定”，更改成功，该功能开始生效，如图 1.8 所示。

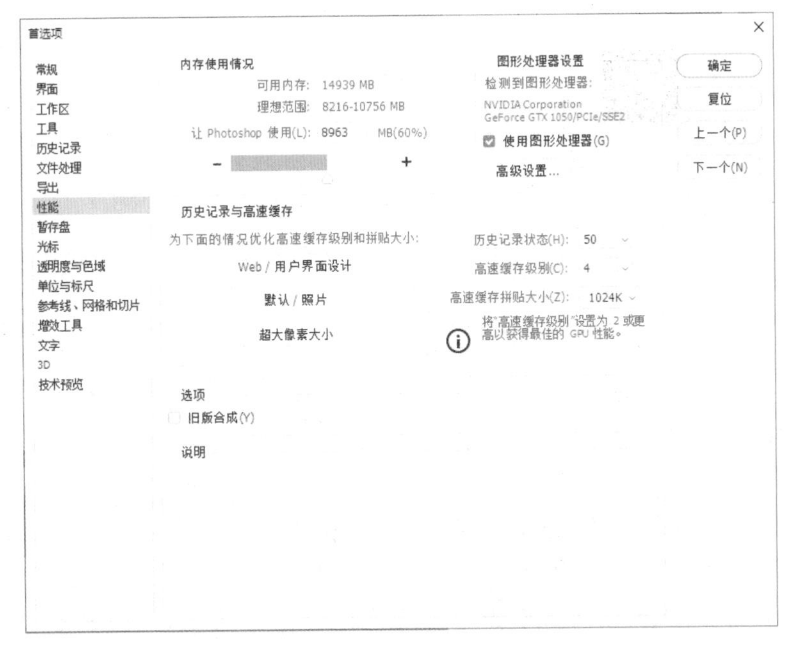

图 1.8　历史记录状态更改

1.2 你会安装 Photoshop 吗?

1.2.1 安装准备

下载 Photoshop CC 2020 软件安装包。

电脑系统要求：Windows 10 。

磁盘空间：2.5G 可用硬盘空间，显示器分辨率最低选用 1024 × 768。

1.2.2 安装步骤

步骤 1：下载软件安装包，下载完成后使用解压软件进行解压，参见图 1.9 所示。

图 1.9 下载 Photoshop CC 2020 安装包

步骤 2：点击“.exe”文件进入 Adobe Photoshop CC 初始界面，点击“试用”。

步骤 3：进入软件安装许可协议界面，详细阅读协议当中的系列条款，阅读完成后点击“接受”。需要注意的是，安装之前需要断开网络。

步骤 4：进入 Adobe Photoshop CC 登陆界面，点击“登录”。

步骤 5：登陆完成后，进入 Adobe Photoshop CC 安装选项界面，直接点击“安装”。系统一般会默认将该软件安装至 C 盘，但为了电脑运行更加稳定，一般建议自定义安装位置，可点击文件夹图标，自由选择其他安装位置，确定后点击“安装”即可。

步骤 6：软件安装大概需要十几分钟的时间，请耐心等待。

步骤 7：等待安装完成即可正常使用。

1.2.3 卸载程序

控制面板—Adobe Photoshop CC 程序—点击鼠标右键选择“卸载”。

1.3 Photoshop 处理图片的三大优势

1.3.1 最大程度保持图片真实性

Photoshop 可以放大图片的每一个细节，像素级别的编辑模式可以最大程度地保证图片本身的真实性，最高可放大 320 倍，从而对照片的每个细微之处进行处理。例如，在使用 Photoshop 对证件照进行后期处理时，除了会使人物面部更加美观，同时也能保证照片的真实性，尽可能缩小照片与本人的差距，避免过度美化的现象发生。

可以说，Photoshop 功能强大，能够满足图片处理的各种需求。比如，污点修复画笔工具、修复画笔工具、修补工具可以借助图片本身的素材进行修复，从而保持图片整体风格的一致性，在去除画面杂物、面部修饰方面效果突出。画笔工具见图 1.10 所示。

图 1.10 画笔工具

1.3.2 分层编辑突出图片效果

图层面板存在于图像处理全程，就像一张一张的透明薄膜一样，一层一层地覆盖在了原始图片之上。打个简单的比方，我们用打印机打印出一张图片，在上面覆盖一层透明的塑料薄膜，这层薄膜就相当于 Photoshop 当中的一个透明图层，并且可以在这层塑料薄膜上随意涂画或者在上面写上文字。这层薄膜可以无限次地往上叠加，如果效果没有达到预期，我们也可以选择将这层透明薄膜“扔掉”，在 Photoshop 当中就是将这一图层删除。

简单意义上讲，photoshop 图层实现的就是这样一种叠加的效果。通过这种叠加操作往往可以使图片呈现出更好的视觉效果。同时，这些图层可以随意移动，从而改变不同元素在图片当中的层次。

图层面板除了简单的图层编辑功能之外，还提供了其他多种功能，不同的“混合模式”可以呈现出不同的图像效果。比如，改变图层的“不透明度”，创建一个图层蒙版、图层样式或调整图层等功能，都会对最终的图片效果产生不同程度的影响。

在进行图层操作时分组也是十分重要的一项功能。分组本身对于图片最终设计效果并不会产生什么影响，但在设计、更改的过程中所发挥的作用十分关键。分组功能的存在，其实可以说是对现有图层的归纳整理。在图层编辑的过程中，除了对图层命名以外，分组这种方式也可以很好地对图层进行分类。尤其是在图层数量较多的情况下，分组设计可以使页面更加简洁有条理。在对照片进行处理时，不再需要为了修改某一个像素而逐个翻阅图层，只需要从分组入手，就可以很轻松地找到对应图层，对目标元素做出修改，可以最大程度地提升工作效率。图 1.11 添加图层样式，图 1.12 创建新的填充或调整图层，图 1.13 创建新图层，图 1.14 删除图层。图层面板下方的其他几个按钮在后续对应章节中会做详细介绍。

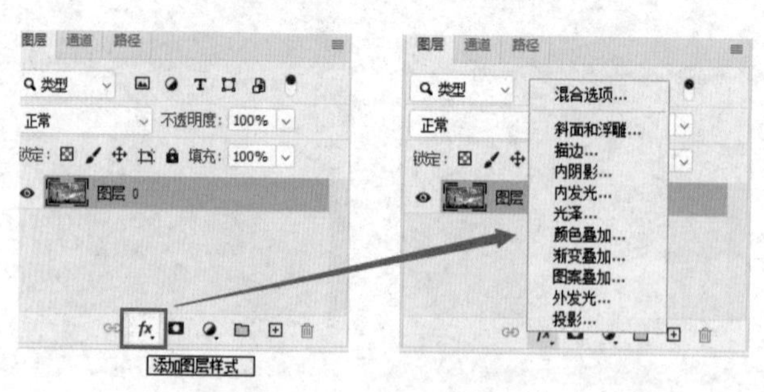

图 1.11 添加图层样式

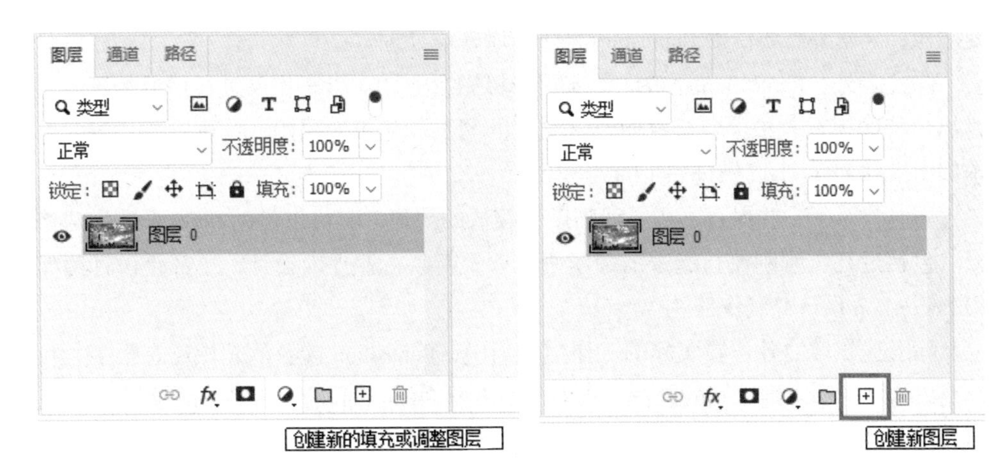

图 1.12　创建新的填充或调整图层　　图 1.13　创建新图层

图 1.14　删除图层

1.3.3　功能强大，满足各种需求

功能层面的日益强大，也使得 Photoshop 被越来越多地应用到其他相关领域当中。平面设计是 Photoshop 应用最为广泛的一个领域，无论是生活当中随处可见的书籍报刊，还是经常在手机里看到的壁纸封面，这些颜色丰富、内容多样的电子图像、纸

质图像，通常都需要借助 Photoshop 来进行制作与处理。

除此之外，Photoshop 还被广泛应用于摄影行业，对摄影作品进行后期处理，制作出独特的视觉效果。包括我们经常浏览的网页、建筑效果图、广告宣传片等，基本都会借助 Photoshop 做进一步的处理。

同时，对于一些保存不当、清晰度比较低的照片，也可以借助 Photoshop 完成修复。包括近几年刚刚流行起来的像素画，以及新兴行业界面设计，也都是设计师使用 Photoshop 设计并制作的。

除上述领域之外，在实际的工作生活当中，Photoshop 涉及的领域还有很多，在影视后期制作、二维动画的制作过程中，都需要 Photoshop 的支持。Photoshop 应用范围广泛，也从一定程度上证实了功能层面的强大性。

第二章

熟悉 Photoshop 基础操作

2.1 走进 Photoshop

很多不了解 Photoshop 的人经常会存在这样的困惑，为什么有的人用的是 CS6，有的人用 CC，这些不同的版本到底有哪些不同？或者在安装 Photoshop 的时候总有人会先问你需要安装哪个版本？

其实，早在 2012 年 4 月，Photoshop CS6 就已经上线了，而它也是 Photoshop CS 系列的最后一代产品，之后发布的均为 CC 系列。而从那之后，Adobe 公司每年也会对 Photoshop 进行不同程度的更新，并以当年的年份命名。Adobe Photoshop CC 2020 为当前市场最新版本。

2.1.1 启动 Photoshop CC 2020

在安装好 Photoshop CC 2020 之后，桌面上可能并没有软件图标。这时点击桌面左下角的“开始”，在最近添加当中找到 Photoshop CC 2020，如图 2.1 所示（Windows 10 系统）。双击鼠标左键打开即可，见图 2.2 所示。

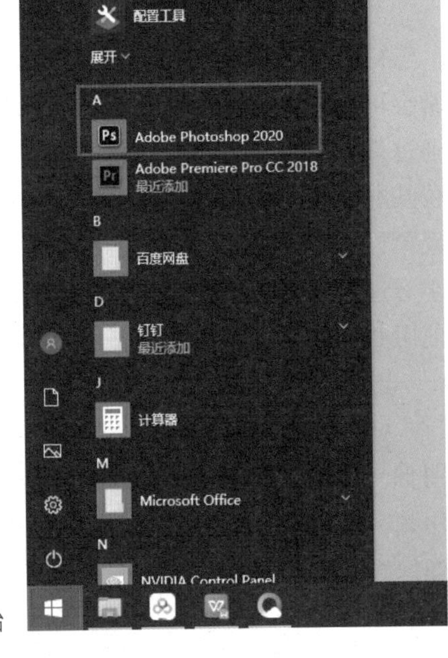

图 2.1　开始

图 2.2 打开素材图片

2.1.2 熟悉 Photoshop 工具栏

在正式开始学习 Photoshop 之前，需要对软件整体的界面组成有一个了解。如图 2.3 所示，即 Photoshop 的菜单栏，各类功能命令都被放置在菜单栏当中。

Ps 文件(F) 编辑(E) 图像(I) 图层(L) 文字(Y) 选择(S) 滤镜(T) 3D(D) 视图(V) 窗口(W) 帮助(H)

图 2.3 菜单栏

初期学习阶段，在进行操作时经常会出现工具隐藏的现象，这时可以通过菜单命令“窗口”/“工作区”/“复位基本功能”将界面恢复至默认状态。菜单栏功能非常强大，需要在后期的学习过程当中进行熟悉，才能更好地使用 Photoshop。

1 移动工具

可以随意移动图层或是选区里的图像。移动工具是 Photoshop 当中使用频率较高的工具之一，无论是对图像像素位置进行移动，或是后期合成，

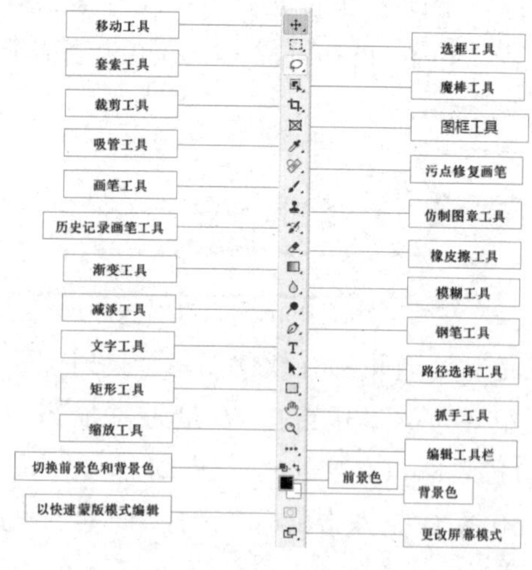

图 2.4 Photoshop 工具栏

都需要借助移动工具来完成。

打开 Photoshop 选择移动工具，菜单栏也发生了相应改变。移动工具面板包括：工具预设面板、自动选择、显示变换空间、对齐和分布方式，如图 2.5 所示。预设面板自动保存常用工具参数，以便下次使用。

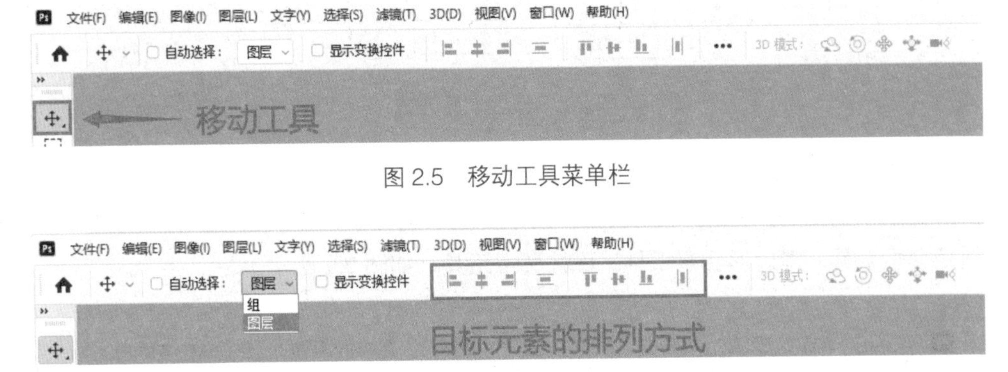

图 2.5　移动工具菜单栏

图 2.6　移动工具菜单栏设置

2 选框工具

使用方法：选框工具需要在画布上进行操作，鼠标右键单击选框工具，即可打开相应的二级菜单，参见图 2.7 所示。矩形选框工具及椭圆选框工具应用较为广泛，单行选框工具能快速绘制出高度为 1 像素的选区，单列选框工具能快速绘制出宽度为 1 像素的选区。所以在处理图像时多被用于细节部分的选区创建。

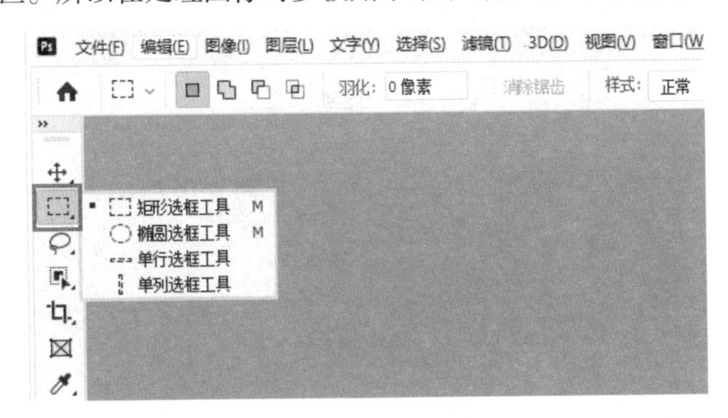

图 2.7　选框工具

选择矩形选框工具或椭圆选框工具后，在画布任意位置按住鼠标左键，同时将鼠标向右下角的方向进行移动，此时会出现对应的矩形选框或椭圆选框，松开鼠标即可完成选区创建。

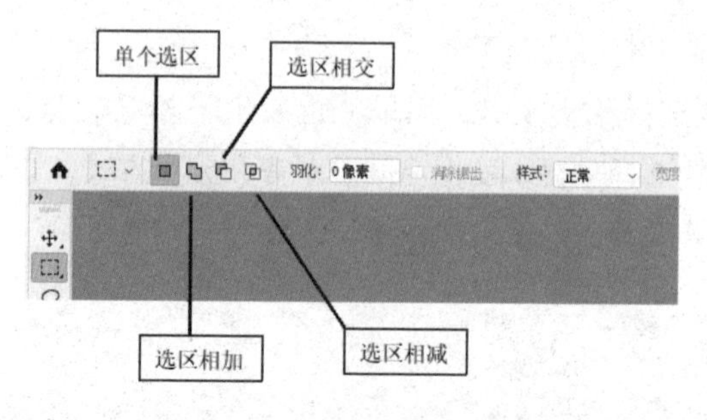

图 2.8　选区运算方式

3 套索工具

套索工具是 Photoshop 中比较基本的一种选区创建工具，共包含三种子工具，分别是套索工具、多边形套索工具、磁性套索工具，如图 2.9 所示。

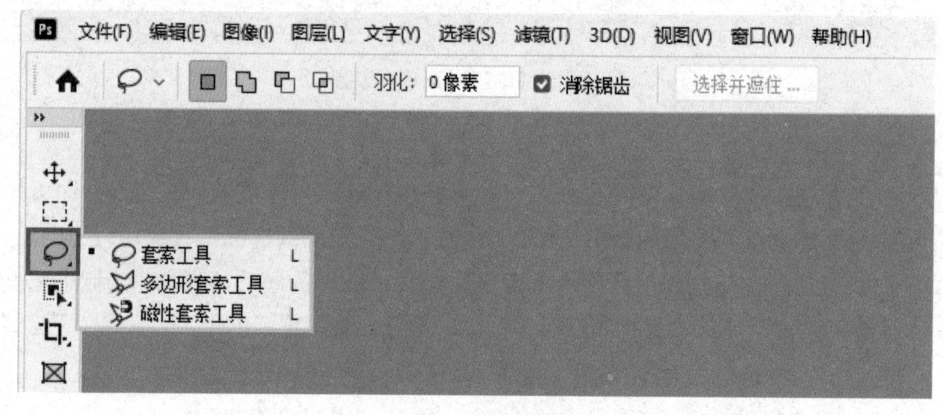

图 2.9　套索工具

套索工具：用于任意不规则选区的创建，参见图 2.10 所示。

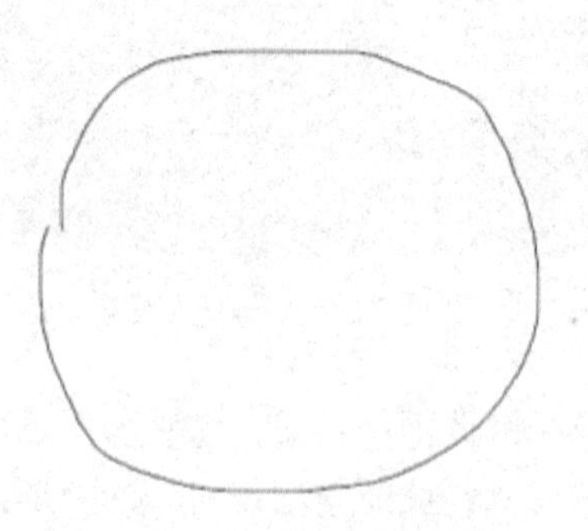

图 2.10　套索工具工作路径

多边套索工具：用于有一定规则选区的创建，参见图 2.11 所示。

磁性套索工具：工具本身似乎有磁力一样，不需要移动鼠标，工具头即可自动跟踪图像边缘，颜色差异越大磁性越强，首尾相连即可完成选区创建，参见图 2.12 所示。

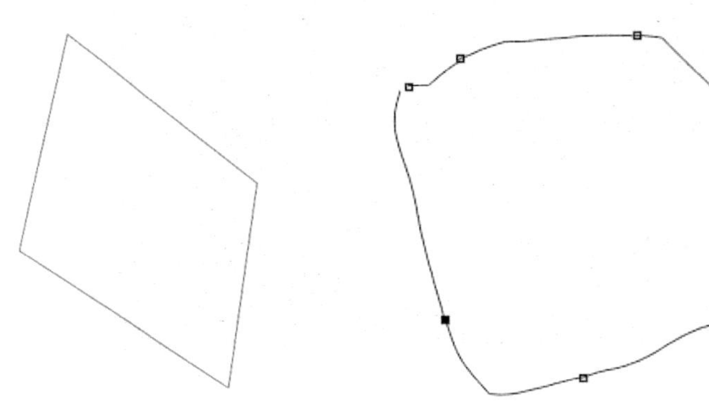

图 2.11 多边套索工具工作路径　　　　图 2.12 磁性套索工具工作路径

4 选择工具

选择工具窗口中所包含的对象选择工具、快速选择工具、魔棒工具，参见图 2.13 所示。这三种工具都可用来创建选区。其中的对象选择工具是 Photoshop CC 2020 新增设的一个工具，操作起来更加智能化。分别使用这三种工具对素材图片 2.14 “yehua” 进行处理，进而对比三种工具的功能差异。

图 2.13 魔棒工具

图 2.14　素材图片—yehua

对象选择工具：在定义的区域内查找并自动选择一个对象。

选择“对象选择工具”，放置在素材图片的任意位置，点击并长按鼠标左键，同时移动鼠标位置，随鼠标移动出现一个大小不断变化的矩形区域。松开鼠标左键，矩形区域创建完成，同时对区域内部图像执行自动选择。具体效果如图 2.15 所示。

图 2.15　对象选择工具工作模式

快速选择工具：用于快速选择目标区域，以及色差较大的选区选择。

该工具以画笔状态存在，选择该工具在素材图片当中连续点击鼠标左键即可创建目标选区，选区大小及工作状态受图 2.16 中属性栏相关参数的影响。属性栏当中的运算方式从左至右依次是：新选区、添加到选区、从选区减去。

图 2.16　快速选择工具属性

魔棒工具：根据颜色相近原理，选择颜色差异较大的区域。

魔棒工具对图像整体进行选择，图 2.17 当中的选区运算方式从左至右依次为：新选区、添加到选区、从选区减去、与选区交叉。

图 2.17　魔棒工具属性

5 修复工具

修复工具对图像中的瑕疵部分进行处理，使用方法也较为简单，在选择相应工具之后，在图片上直接对目标位置进行涂抹即可。该工具组中共包含五种功能不同的修复工具，详见图 2.18 所示。

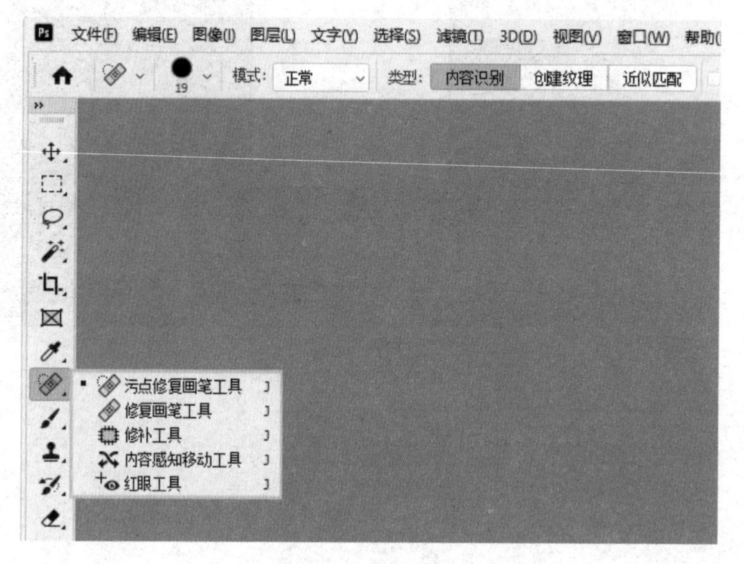

图 2.18 修复工具

污点修复画笔工具：同“仿制图章工具”有着诸多相似之处，但在照片修复功能上更加智能。

修复画笔工具：快速去除照片中的污点及其他不理想的部分。

修补工具：可以用其他区域或图案中的像素来修复所选中的区域。

内容感知移动工具：将平时常用的通过图层和图章工具修改照片内容的形式进行了最大程度地简化，在实际操作时只需要通过简单的选区创建、移动操作便可以对景物的位置做随意更改。

红眼工具：修复用闪光灯拍摄的人物照片中的红眼，也可以移去用闪光灯拍摄的动物照片中的白、绿色反光。

6 画笔工具

画笔工具多用于图像的绘制当中。画笔工具是手绘当中最常用到的一种工具，不仅可以用来上色，也可以用来绘制线条。使用画笔工具绘制出的线条流畅且柔和。画笔工具、铅笔工具、颜色替换工具、混合器画笔工具都在这一工作组之中，如图 2.19 所示。

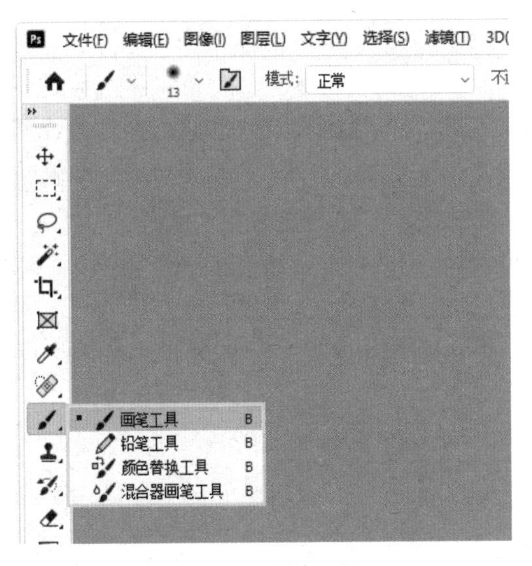

图 2.19　画笔工具

7 仿制图章工具

仿制图章工具：从图像中取样，将样本应用到其他图像或同一图像的其他位置，多用于瑕疵修复。

图案图章工具：选择 Photoshop 当中现有的图案并对图片进行涂抹。

这两种工具的详细使用方法在后续章节当中将进行详细介绍。

图 2.20　图章工具

2.1.3 退出 Photoshop CC 2020

在退出 Photoshop 之前，一定要注意对图像进行储存，否则辛苦制作的成品图也会随着 Photoshop 的关闭一并丢失。另外，一些不可避免的软件闪退现象，也会给我们的工作造成不可挽回的损失，及时保存也是关键的。

可以借助相关功能设置完成自动存储，选择菜单栏中“编辑”/“首选项”中的“常规”打开设置面板，如图 2.21 所示。

在打开的“首选项”窗口当中选择“文件处理”，如图 2.22 所示。

图 2.21 首选项—常规

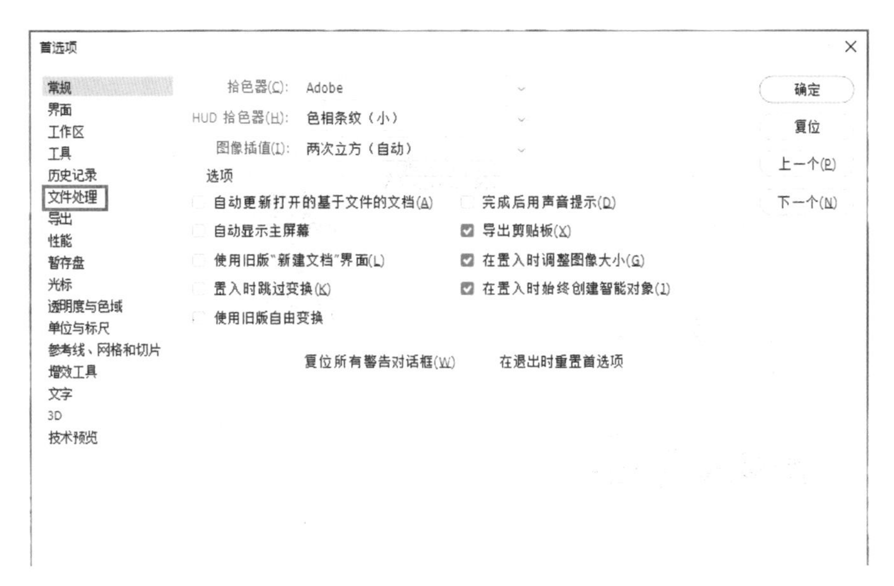

图 2.22　文件处理

在“文件处理”下的“自动存储恢复信息的间隔”进行设置，如图 2.23 所示。设置完成后点击“确定”按钮。

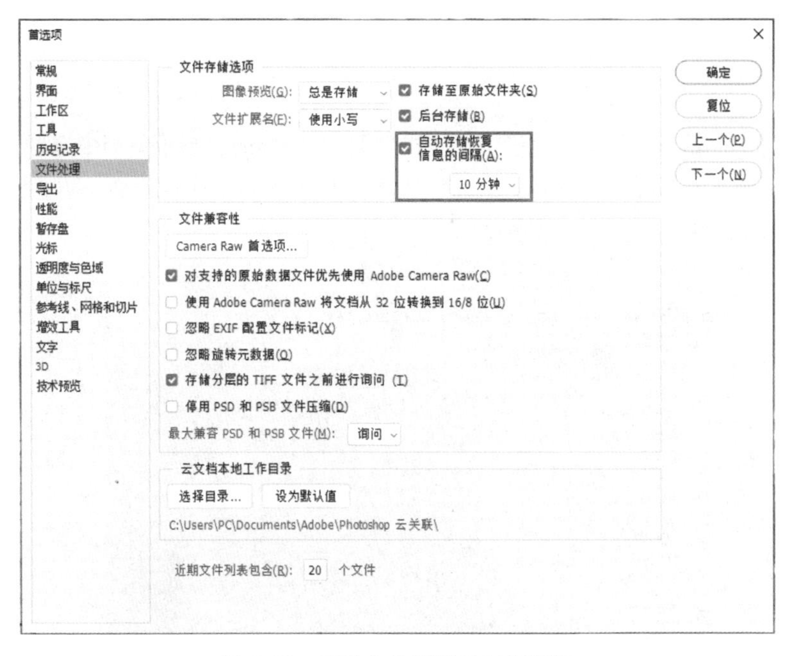

图 2.23　更改自动存储的时间间隔

图 2.24　退出软件

2.2　get 基础操作

2.2.1　打开已有图片

打开 Photoshop，点击菜单栏中的“文件”，在弹出的二级菜单当中选择“打开”，如图 2.25 所示。在弹出的“打开”窗口当中选择目标图片所在位置，点击“打开”，即可打开已有图片，如图 2.26 所示。

图 2.25　打开图片素材

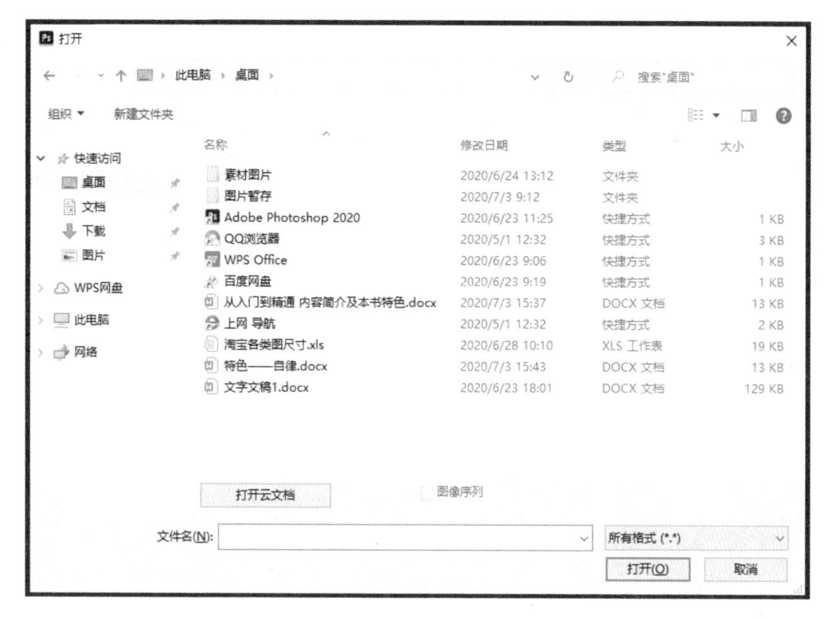

图 2.26 选择图片素材

2.2.2 新建文件

文件新建：鼠标左键点击菜单栏中的“文件”，在弹出的二级菜单栏中选择“新建”，如图 2.27 所示。

设置新建文件属性，仅作为预设信息存在，可以在后续图像制作过程中进行更改。

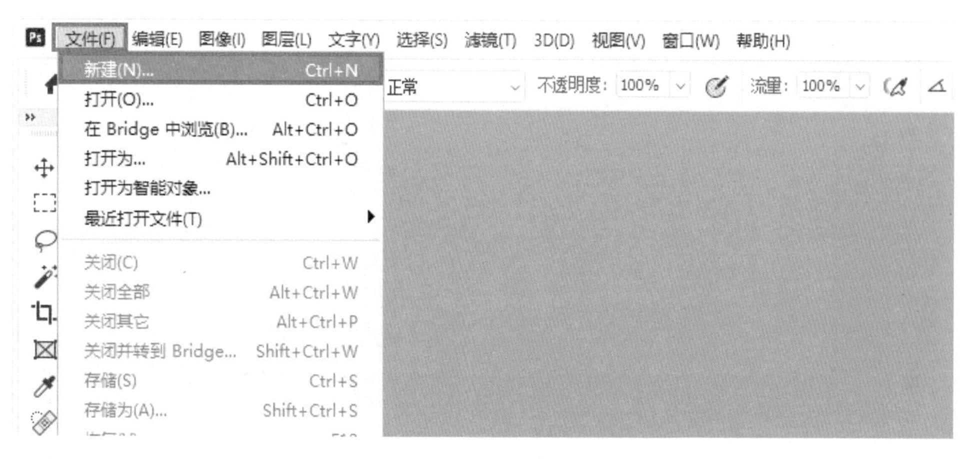

图 2.27 文件新建

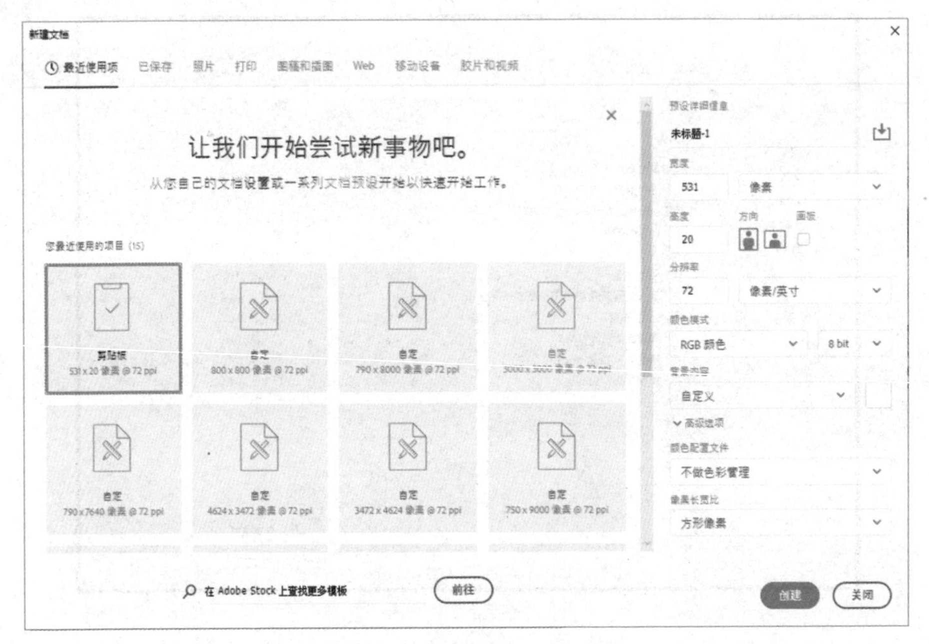

图 2.28　设置新建文件属性

图 2.29　文件新建完成

2.2.3 存储文件

鼠标左键点击菜单栏中的“文件”，在弹出的项目栏中选择“存储为”，如图 2.30 所示。

设置图片格式及存储位置，点击“确定”，图片即可保存至相应位置。具体设置见图 2.31 所示。

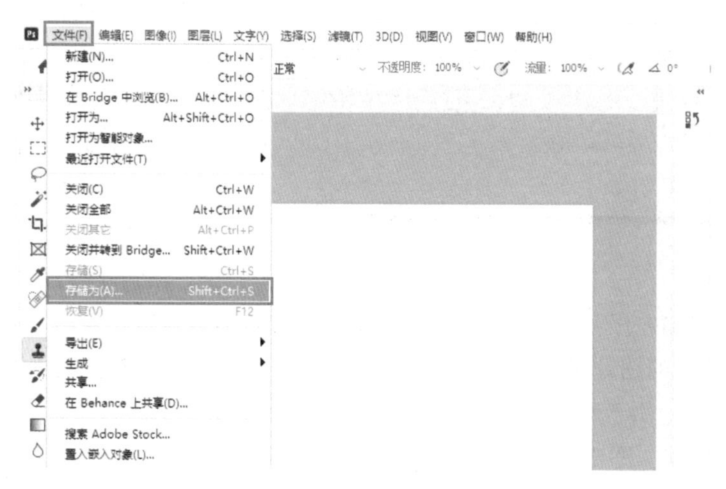

图 2.30　文件存储

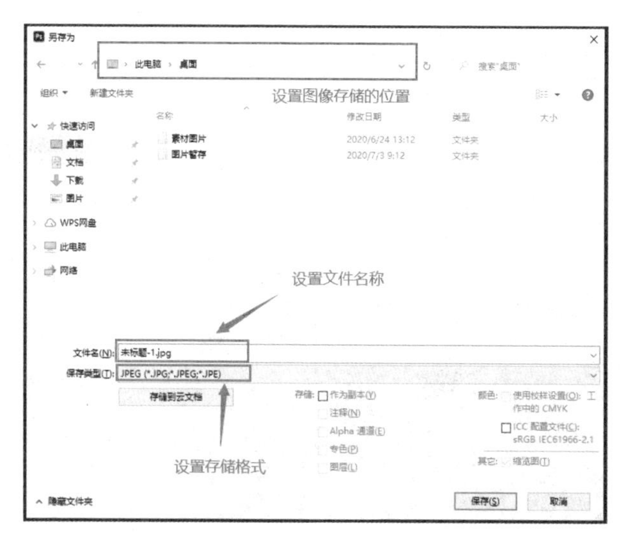

图 2.31　设置图片存储位置及图片格式

2.2.4 常见图片存储格式

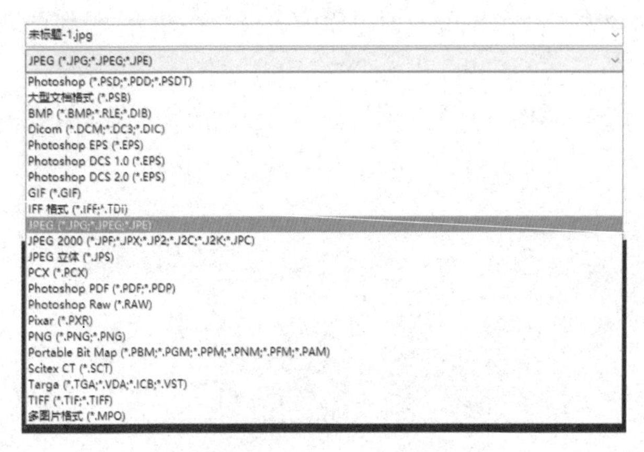

图 2.32　图片存储格式

Photoshop 常用图片格式：

1 JPEG 格式

JPEG 格式是最常见的一种图像文件存储格式。JPEG 格式在保存图像的过程中会对图片进行最大程度地压缩，减少图片在电脑当中所占内存。这种压缩方式虽然对图片本身的色彩有一定的影响，去除了图片本身冗余的图像及色彩数据，但是并不会使照片质量大打折扣。在电脑内存空间较小的情况下，JPEG 格式往往是存储图像的最佳选择。

JPEG 格式的图片扩展名一般为“.jpg”或“.jpeg”。JPEG 格式图片因自身尺寸较小，所以在应用于网页时，能在较短时间内提供大量图像，因此成为网络上较受欢迎的图像格式。图 2.33 即为 JPEG 格式的图片。

图 2.33　JPEG 格式

2 PNG 格式

PNG 文件格式应用范围也比较广泛。PNG 格式完美地融合了 GIF 和 JPG 两种图片格式在压缩模式及压缩效率方面的优势。除此之外，PNG 格式还能最大程度地保证图片真实性，存储形式较为丰富。这也就意味着 PNG 格式在完整保留图像信息的基础上，更适用于网络传输，既提高了传输效率，同时也保证了传输质量，相比 JPG 格式以牺牲图像品质来换取高压缩率的模式而言有着突出优势。

同时，PNG 格式的图片显示速度很快，只需要下载 1/64 的图像信息就可以显示出低分辨率的预览图像，可帮助用户更快速地寻找到自己所需要的图片。

PNG 格式支持透明图像制作，在网页图像的制作过程中，透明图像的应用也十分广泛。同时在对一些图像 logo 进行设计储存时，所使用的格式也都是 PNG 格式。这种无背景的图像格式可以灵活地应用于图片中的任意一个位置。

PNG 图像格式的优势越来越突出，也越来越广泛地被应用于其他软件当中。Macromedia 公司的 Fireworks 软件的默认格式就是 PNG。图 2.34 即为 PNG 格式的图像。

然而，PNG 图式在动画应用效果方面有所欠缺。做个大胆的假设，如果 PNG 可以弥补这一劣势，从功能层面来讲就可以完全替代 GIF 和 JPEG 了。图 2.35 是同一张图片 JPEG 格式与 PNG 格式的属性对比。

图 2.34 PNG 格式

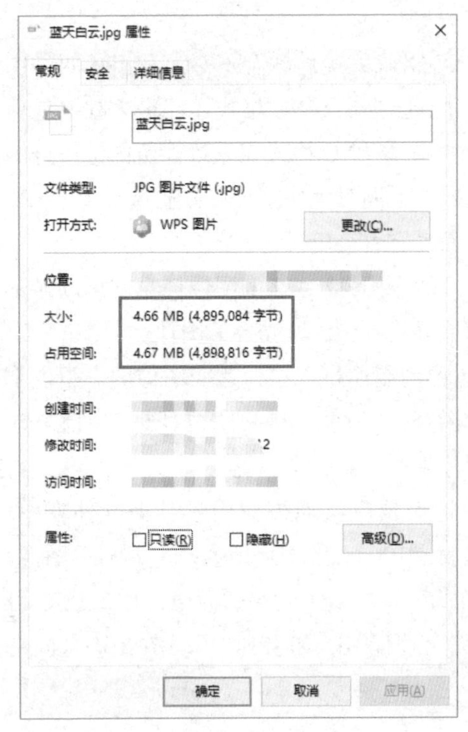

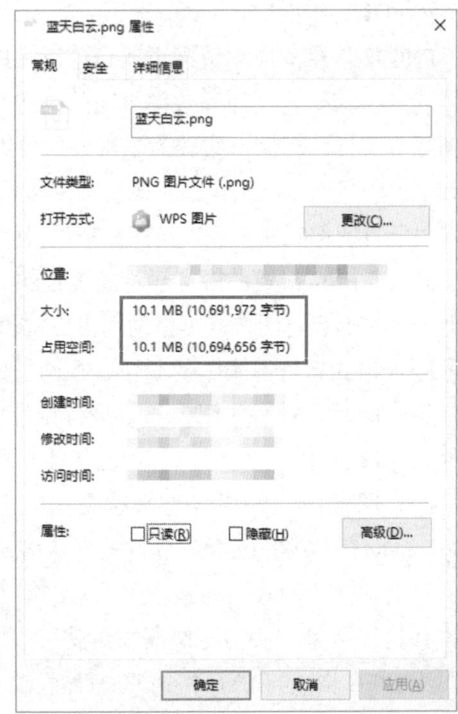

图 2.35　JPEG 格式对比 PNG 格式

3 GIF 格式

GIF 是英文 Graphics Interchange Format（图形交换格式）的缩写。顾名思义，这一格式主要用于交换图片。二十世纪八十年代，美国有一家著名的在线信息服务机构 CompuServe，为了解决网络传输宽带限制自主研发了 GIF 格式。GIF 格式的最大优势在于强大的压缩能力，在磁盘当中所占空间较少，也因此得到了较为广泛的应用。

GIF 格式早期仅用于储存单幅静止图像，通常称之为 GIF87a。后期功能逐渐丰富，可储存多幅静止图像，形成连续的动画图像，成为当时为数不多的支持 2D 动画的格式之一，简称 GIF89a。GIF89a 格式可以使图像呈现出特殊效果，这也使得 GIF 格式在图像显示方面的能力更为突出。网络当中大量使用的彩色动画文件也多为这一格式的文件，统称为 GIF89a 格式文件。

同时，为了考虑网络传输方面的相关因素，GIF 格式还增加了渐显模式。也就是说，在进行网络传输时，用户可以先看到图像的大概轮廓，之后随着传输过程的持续图像变得越来越清晰。这一模式同大众的视觉体验保持一致，先观看图像的大致形状，之后再观察图片的细节部分。但是 GIF 格式也存在一定的缺陷，比如不能储存超过 256 色的图像。

4 PSD 格式

PSD（Photoshop Document）是 Photoshop 默认的图像存储格式。这一格式可以将用户在 Photoshop 中所执行的一系列操作全部存储下来，包括图层、通道、参考线、注解、颜色信息等。比如在对图像处理到一半的时候，就可以使用 PSD 格式对图像进行保存。

2.3 撤销操作

一张好照片的诞生，往往需要使用工具进行多次处理，但每一次所产生的图片效果也有所不同，那些没有达到预期效果的操作我们姑且称之为“错误操作”。而 Photoshop 的撤销功能则提供了重新处理图片的机会，自由回溯每一个操作步骤，重新诠释设计初衷。

2.3.1 “历史记录”面板还原操作步骤

“历史记录”位于 Photoshop 菜单栏的“窗口”当中，如图 2.36 所示。历史记录面板最上方的位置是目标图片缩略图。在对图像进行编辑修改的过程中，如果一直没有达到理想的效果而想要回到最初的图片状态重新进行编辑时，点击缩略图即可恢复至图片初始状态。缩略图的下方是操作记录，在相应操作步骤的位置点击鼠标左键即可恢复图像至对应状态。与此同时，这一步骤之后的一系列操作也随之消失。

在历史记录面板的下方还有一排按钮，功能分别是从当前状态创建新文档、创建新快照、删除当前状态，如图 2.37 所示。

从当前状态创建新文档：以当下所选中的历史记录状态为依据，通过复制创建一个新的图像。

创建新快照：对重点操作步骤进行标记，因为历史记录并不能完整保留全部的操作步骤。随着操作过程的不断增加，超出历史记录次数的操作步骤就不在记录之内，也就会造成一些重点步骤的丢失。快照功能的存在就是为了更好地保存这些重要的操作步骤，不至于因为超出存储步数而被丢失。利用快照按钮对重点步骤进行标记备用，可以在后期的修图过程中提供诸多便利。

删除当前状态：主要是针对历史面板当中所存储的操作步骤，不需要或是不重要的历史记录可以直接删除，以此来避免电脑资源的浪费。

图 2.36　历史记录

图 2.37　历史记录面板

2.3.2 “恢复”文件

“恢复”操作可以通过快捷键【Ctrl】+【Z】来完成，即可恢复至当下操作步骤的之前一步。如果恢复以后所得到的图片并不符合预期效果，可以选择后退一步，恢复图像至上一步骤。这一模式可以帮助设计人员更好地对图片细节进行反复修饰，从而使图片效果更为突出。恢复操作是修图过程中必不可少的一项辅助工作。

2.3.3 操作步骤前进一步、后退一步

除了借助“历史记录”面板来完成操作步骤的前进后退以外，还可以借助菜单栏中的“编辑”按钮下的相关工具执行这一操作。这里为了更加清楚地解释该功能，首先对素材图片执行以下操作：打开素材图片，解锁背景图层，新建矩形选框，填充颜色，如图 2.38 所示。

选择菜单栏中的“编辑”，如图 2.39 所示。

图 2.38

图 2.39 编辑

点击“编辑”按钮，项目栏顶部两个选项分别为“还原填充”“重做”，这是因为操作步骤的最后一步为“填充”，“还原填充”也就意味着还原至没有填充颜色的状态，也就是操作步骤后退一步。还原操作与操作步骤的对应关系参见图 2.40 所示。“还原填充”后的图像状态参见图 2.41 所示。

图 2.40　还原填充

图 2.41　“还原填充”后的图像状态

此时,“编辑”工具下方又发生了新的改变,“还原矩形选框”将当前选框取消,恢复至历史记录中的“建立图层”步骤,也就是当前操作步骤继续后退一步。“重做填充”也就是对当前矩形部分再次执行已经执行过的填充操作,也是历史记录面板中的“填充”这一操作步骤,当前操作前进一步。“切换最终状态”将图像恢复至“历史记录”面板最下方操作步骤所对应的图像状态,如图 2.42 所示。

图 2.42 操作步骤后退与前进

也就是说,“编辑”工具下的还原操作受图像当前状态的直接影响,不同操作步骤下,“编辑”工具下方的选项也会发生相应改变,首选项在功能层面实现操作步骤后退一步,次选项在功能上实现操作步骤前进一步。

2.4 图像尺寸、方向调整

2.4.1 图像裁剪、尺寸调整

在 Photoshop 当中打开目标图片,点击左侧工具栏中的裁剪工具。上方属性栏当中有多种裁剪比例可以选择,可在构图上为目标图片的裁剪提供相应参考线,从而使裁剪出的图片更加舒适。裁剪功能是对图片整体构图进行调整，具体的裁剪比例如图 2.43 所示。

图 2.43　裁剪比例

1 三等分构图及裁剪

三等分构图法是摄影师经常会使用的一种拍摄手法，可以很好地处理照片主体同陪衬之间的关系，保持画面整体和谐。图像裁剪时也可以利用这一构图法的相关原则，将图像裁剪至适当比例。三等分构图法强调的是把照片横竖分为三部分，类似于汉字“井”，也被称为“井字构图法”。这种构图方式，可以更好地突出画面主体，使照片更加紧凑有力。图 2.44 当中的四个交叉点就是人体的视觉中心，在进行裁剪时将图片主体放置于交叉点的位置，能更好地凸显图片效果。

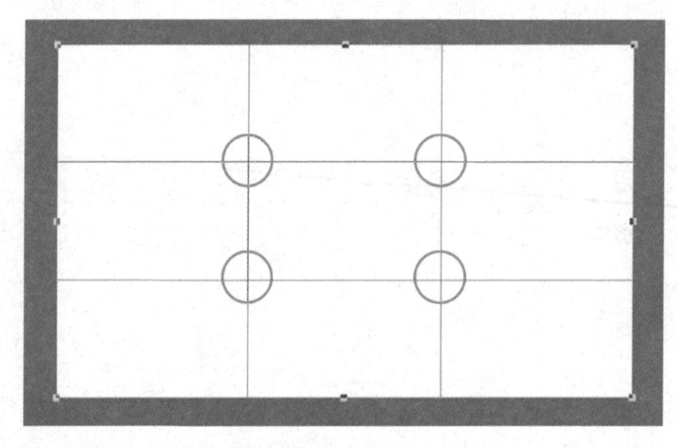

图 2.44　三等分构图

图 2.45　三等分视图

小案例

观察图 2.46 的素材图片，图像主体帆船处于图片的中间位置，这种构图模式过于死板，在整体的图片效果上也不够理想。我们利用三等分的构图原则，将船只移动至交叉点位置上，裁剪效果见图 2.47 所示。

图 2.46　帆船素材

图 2.47　裁剪后的帆船

利用三等分构图原则，将画面主体移动至三等分构图的交叉点上，船只更加突出，整体的图片效果也更为和谐。

2 黄金比例构图及裁剪

黄金比例也被称为美学比例，0.618:1 或 1.618:1，如图 2.48 所示。我们目前所使用的手机、电脑屏幕或是大型发布会现场的屏幕多为这一比例。黄金比例同三等分结构比例有一定的相似之处。三等分结构是简化的黄金比例，在实际操作中较为便利。黄金比例构图中四个交叉点的位置就是图片的焦点及视觉中心。

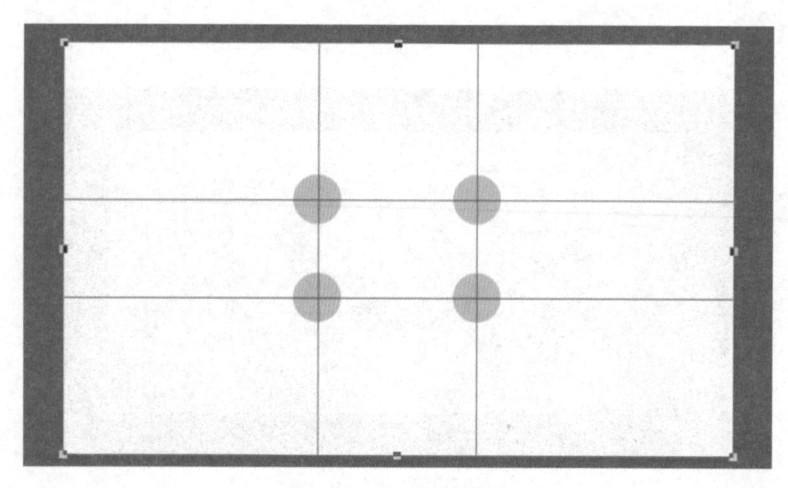

图 2.48　黄金比例构图

图 2.49　黄金比例视图

小案例

向日葵原图同帆船原图在构图上存在着相同的问题，经两种不同的裁剪方式进行裁剪后，所产生的图片效果也不一样。相比三等分视图，黄金分割视图能够更好地突出图片主体，景物的空间感及立体感都得到了增强。裁剪效果如图 2.51 所示。

图 2.50　向日葵原图

图 2.51　黄金比例裁剪后的向日葵

3 网格视图及裁剪

网格视图在裁剪过程中主要发挥参照作用，用于对齐图像中水平垂直的参照物。

图 2.52　网格视图

小案例

网格构图可以调整图片角度上的一些问题，如图 2.53 就是一张倾斜拍摄的图片。我们在裁剪图片时，使巷子两侧的门与网格的竖直线重合，可将图片调整至正常角度。

选择网格视图进行裁剪时，使门框部分与竖直方向的网格线重合，如图 2.54 所示。

图 2.53　古镇原图

图 2.54　网格视图裁剪

图 2.55　裁剪效果图

4 对角视图及裁剪

对角线视图其实是引导线构图的一类，使画面当中的线条沿着对角线的方向进行延伸。画面当中的线条可以是一条马路，也可以是一条河流，只要延伸方向接近对角线方向，就可以称之为对角线构图。对角线构图可以从视觉上给人一种伸展的感觉，在观看照片的同时，思绪也随着线条延伸的方向展开遐想。当画面的色调相差较大时，采用对角构图的裁剪方式可以更好地展现这种对比效果。

图 2.56　对角视图

小案例

经对角线构图裁剪后的图片，延伸的桃花枝自然地占满了整个画面，整体充实饱满，所产生的视觉效果也更加强烈，如图 2.58 所示。

图 2.57　桃花素材

图 2.58　裁剪效果图

5 黄金螺旋视图及裁剪

黄金螺旋视图一度被称为自然界中最美的一种“神秘法则”。公元 1200 年，有一个叫莱昂纳多·斐波那契的年轻人，发现旋转的水涡、蜗牛的壳……在结构上十分相似，以此为基础的设计既自然又美观，之后人们便将其称之为斐波那契螺旋线。以斐波那契数列（1 1 2 3 5 8 13）依次为边长的正方形拼接组成长方形，然后在正方形内部绘制一个九十度的扇形，扇形所连接形成的弧线被称为斐波那契螺旋线。著名苹果公司的 logo 设计也是应用的这一构图原则。

图 2.59　自然界中的斐波那契螺旋线

图 2.60　金色螺线视图

小技巧

1）选择三角形或是金色螺线视图时，按【Shift】+【O】改变方向。

图 2.61　金色螺线的几种方向

2）快捷键【X】，在保持原图比例的基础之上改变裁剪方向。

图 2.62　切换裁剪方向

3）快捷键【H】，隐藏或显示被裁剪掉的图片部分。

图 2.63　显示被裁剪掉的部分

图 2.64　隐藏被裁剪掉的部分

4）在默认情况之下，执行裁剪操作时，参考线并不会发生改变，可通过移动图片来决定裁剪掉原图当中的哪些部分。在此基础上按快捷键【P】可以通过移动构图参考线的位置及大小来完成对图片的裁剪。

5）在对图片执行裁剪操作时，通常会通过双击图片来完成裁剪。除此之外，还有一些其他的方法来完成裁剪。

方法一：完成裁剪后直接按键盘上的【Enter】键。

图 2.65　完成裁剪

方法二：设置好裁剪比例后，点击裁剪工具属性栏中的“提交当前裁剪操作”，如图 2.66 所示。

图 2.66　提交当前裁剪图片

方法三：完成裁剪后，在图像任意位置点击鼠标右键，如图 2.67 所示。

图 2.67　裁剪完成

方法四：点击菜单栏“图像”/“裁剪”也可以完成裁剪。

图 2.68　图像—裁剪

2.4.2 图像旋转，角度调整

在编辑图像的过程中，我们经常需要对原图进行旋转操作，从而使图片角度恢复正常。例如，将生活照裁剪成标准的证件照，或是“拯救”拍摄角度奇怪的照片。

方法一：选择菜单栏中“图像”/“图像旋转”，在弹出的项目栏中选择所需旋转角度，如图 2.69 所示。

图 2.69　图像旋转

方法二：选择目标图层，点击菜单栏中“编辑”工具下的“自由变换”，如图 2.70 所示。在属性栏中的“旋转”、“设置水平斜切”、“设置垂直斜切”输入相应数值，参见图 2.71 所示，即可将图片旋转至相应角度。这三种属性的旋转效果分别如图 2.72、图 2.73、图 2.74 所示。

图 2.70 自由变换

图 2.71 旋转图像

图 2.72　旋转 20°

图 2.73　水平斜切 20°

图 2.74　竖直斜切 20°

方法三：选择目标图层，执行“编辑”/“自由变换”操作。将鼠标放置于图像任意位置点击右键，选择所需角度，也可以完成相应旋转操作，如图 2.75 所示。

图 2.75　180°旋转效果图

2.5 精准作图之辅助工具

2.5.1 标尺

可以从菜单栏中的“视图”/“标尺”打开该工具，也可以在左侧的工具栏当中直接选择“标尺工具”，如图 2.76、图 2.77 所示。

图 2.76　标尺工具

图 2.77 标尺

图 2.78 绘制一条标尺

选择标尺工具后，鼠标变成“尺子”形状，可在图片任意位置绘制一个标尺，如图 2.78 所示。

标尺绘制完成之后，软件上方的信息面板自动显示当前所绘标尺信息，如图 2.79 所示。

“X”和“Y”坐标代表所绘制标尺起点的坐标，“W”为标尺投射到 X 轴上的宽度，“H”代表标尺投射到 Y 轴上的高度（这里所显示的数值有正负之分，代表方向）。“A”代表的是标尺和 X 轴之间的夹角，在 –180°~180° 范围之间。

Ps 文件(F) 编辑(E) 图像(I) 图层(L) 文字(Y) 选择(S) 滤镜(T) 3D(D) 视图(V) 窗口(W) 帮助(H)

X: 639.00 Y: 357.00 W: 177.00 H: 63.00 A: -19.6° L1: 187.88 L2: 使用测量比例 拉直图层 清除

图 2.79　标尺信息

“L1”代表标尺线段长度。

我们注意到这个信息栏后面还有一个参数“L2”，在绘制第二条标尺时会用到。按【Alt】键即可继续绘制第二条线段。这里要特别注意的一点是，标尺最多只能绘制两条线段，而且多用来测量夹角的具体数值。

这时标尺工具的信息面板也发生了新的改变，如图 2.81 所示。

图 2.80　绘制两条标尺

Ps 文件(F) 编辑(E) 图像(I) 图层(L) 文字(Y) 选择(S) 滤镜(T) 3D(D) 视图(V) 窗口(W) 帮助(H)

图 2.81　两条标尺相关信息

参见图 2.81，属性栏中的“X”“ Y”显示的是两条标尺相交的位置坐标，“W”“ H”在这里没有任何意义所以并不显示任何数字。“A”为两段线段之间夹角的度数（夹角范围在 0°~180°），“L1” 和 “L2” 依然分别代表标尺长度。利用标尺工具，我们可以很轻松地对图片当中的长度、角度、坐标数据等基础信息展开测量。

2.5.2 参考线

参考线可以精准定位图像元素，显示为浮动在图像上方的一些并不会打印出来的线条，可移动也可以锁定。选择“视图”/“显示”/“参考线”即可显示，如图 2.82 所示。

参考线更多的是作为一种辅助作图工具而存在。在使用结束之后再次执行“视图”/“显示”/“参考线”，将“参考线”前面的对号去掉，即可将参考线隐藏。

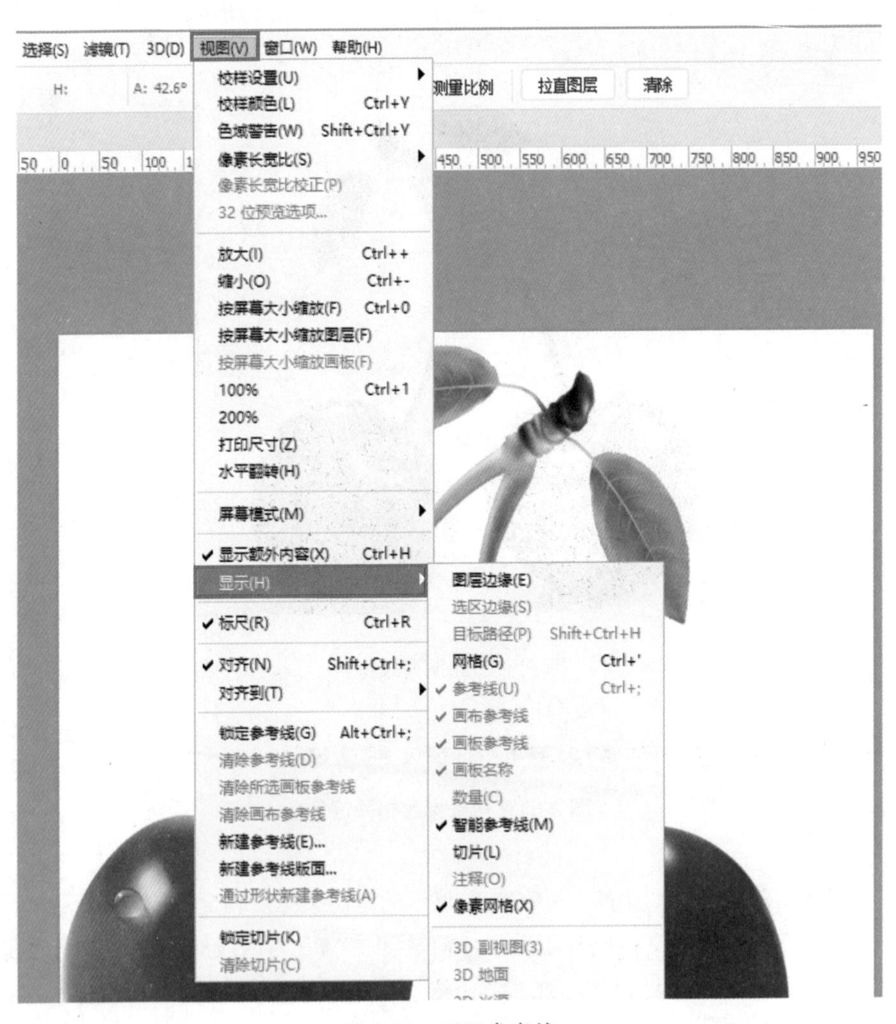

图 2.82 显示参考线

图 2.83　参考线

2.5.3　网格

网格用来平均分配空间。网格在选项里可以设置间距，方便度量和排列多张图片，可带来很大的便利性。选择“视图”/“显示”/“网格”进行显示，如图 2.84 所示。

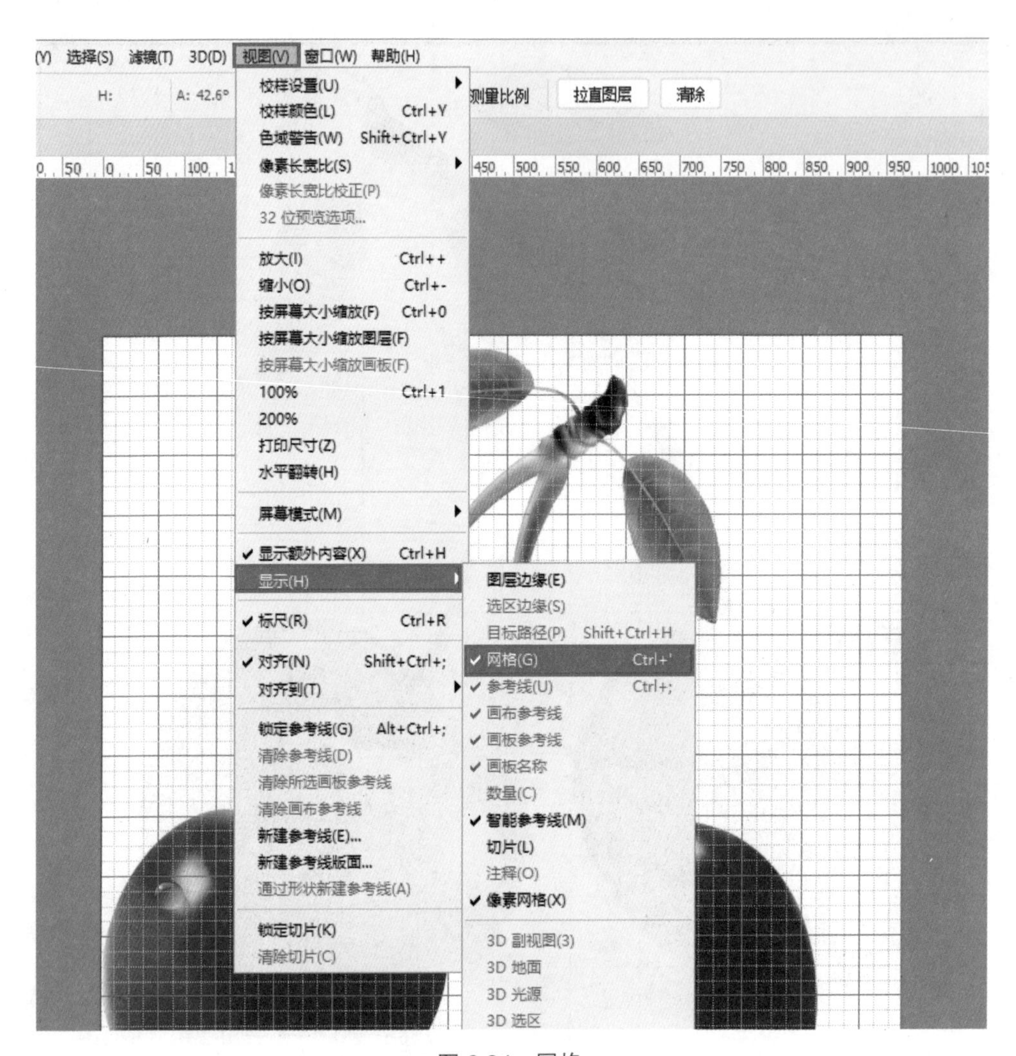

图 2.84　网格

2.6　图层面板巧妙运用

图层面板作为 Photoshop 中的特色功能，综合缩放、颜色更改、样式设置、透明度改变等多种功能。在众多的图层当中，每一个图层都可作为独立的元素存在，使用者可以对其进行任意修改。

2.6.1 图层原理

在使用 Photoshop 处理照片时，随时新建图层是一个非常好的习惯，尽量做到一个元素一个图层。如果说你并不想新建非常多的图层，适当将几个元素放置在一个图层当中也是可以的，不过切记元素不要过多。

每一个图层都是一个独立的存在，对其执行编辑、删除以及位置调整等操作，并不会对其他图层产生影响。这些图层堆积起来，便会形成最终的合成效果图。

2.6.2 图层新建

在 Photoshop 当中打开需要编辑的图片，图层面板如图 2.85 所示。

图 2.85 图层面板

眼睛图标：表示该图层在窗口当中是可视的，单击眼睛图标，窗口将不再显示所对应的这一图层。

锁定图层：表示图层受到保护，不允许进行任何更改。在 Photoshop 当中打开图片时，图层面板显示背景图层且为锁定状态，在该图层位置双击鼠标左键，即可解锁背景图层。

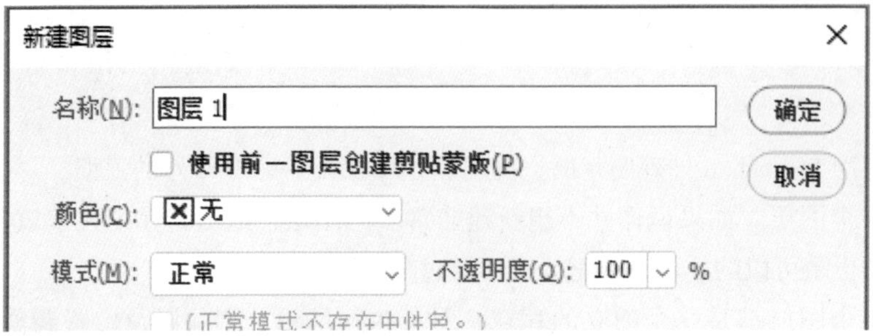

新建图层
名称(N): 图层 1
确定
使用前一图层创建剪贴蒙版(P)
取消
颜色(C): 无
模式(M): 正常
不透明度(O): 100 %

图 2.86　新建图层

创建新图层的两种方式：

方法一：点击菜单栏中的“图层”/“新建”/“图层”，如图 2.87 所示。

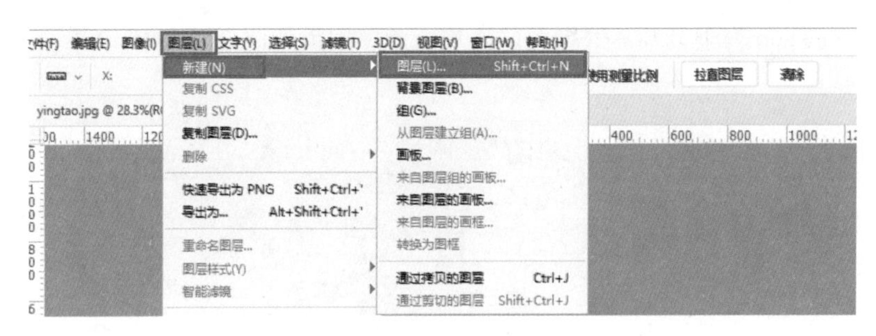

图 2.87　图层新建

方法二：点击图层面板的“创建新图层”按钮，即可完成图层新建，如图 2.88 所示。

图 2.88　图层面板新建图层

小提示：在新建图层时，注意重新给目标图层起一个名字，在后期编辑时能够更加快速地找到目标元素。

2.6.3　图层删除

方法一：选择所要删除的图层，按键盘上的【Delete】键。

方法二：选择所要删除的图层，点击图层面板下方的“删除图层”按钮，如图 2.89 所示。

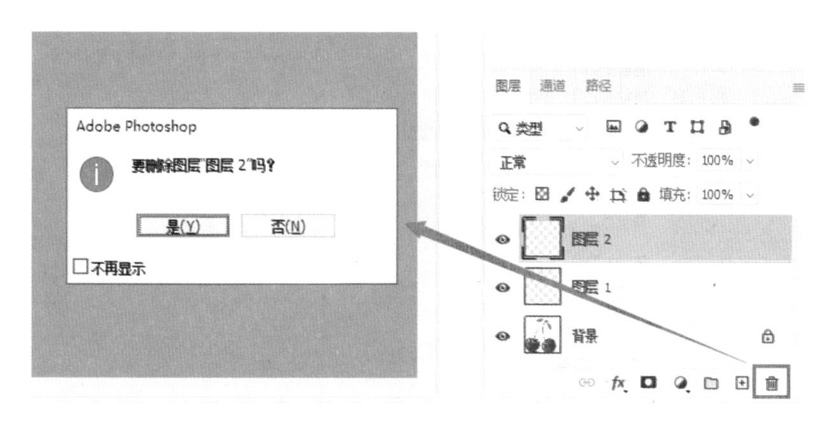

图 2.89　从图层面板删除图层

方法三：选择该图层，点击菜单面板“图层”中的“删除”，在弹出的提示栏当中选择“图层”，即可完成对目标图层的删除操作，如图 2.90 所示。

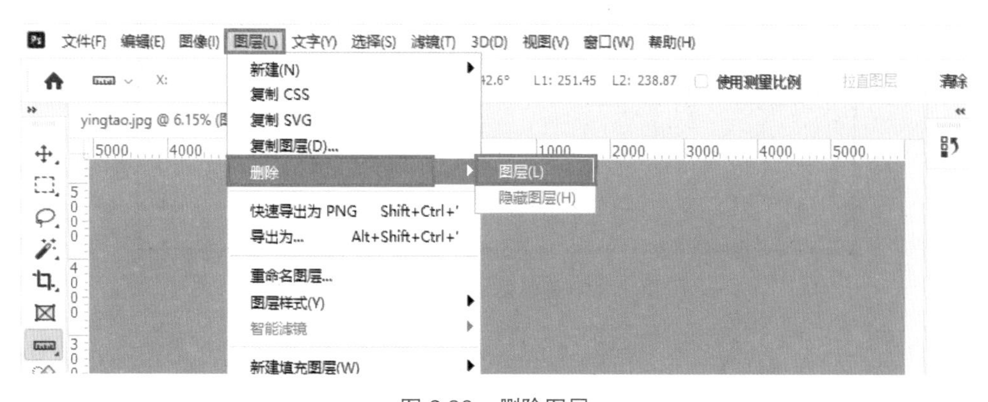

图 2.90　删除图层

2.6.4 图层复制

方法一：选中所要复制的图层，点击菜单栏“图层”中的“复制图层”，如图 2.91 所示。在弹出的提示栏中确认复制图层的相关信息，同时也可对所要复制的图层名称进行修改。默认状态下名称为“原图层名称 + 拷贝”，如图 2.92 所示，点击“确定”，即可完成图层复制。

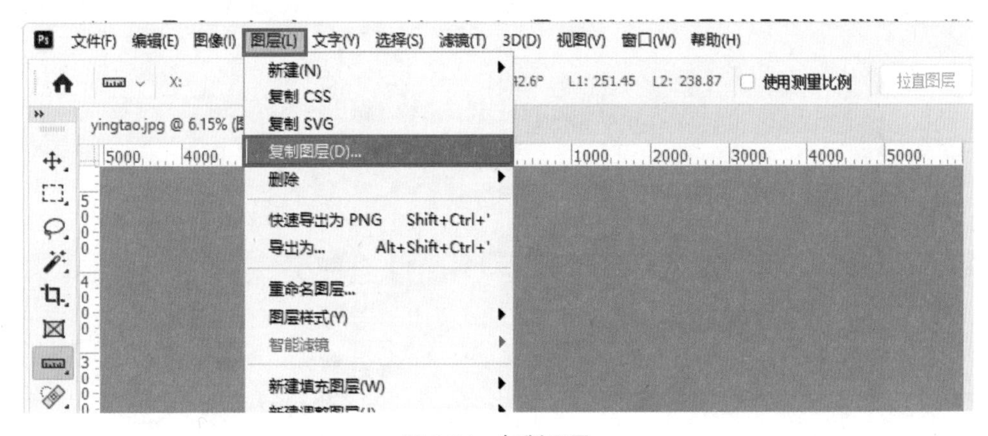

图 2.91　复制图层

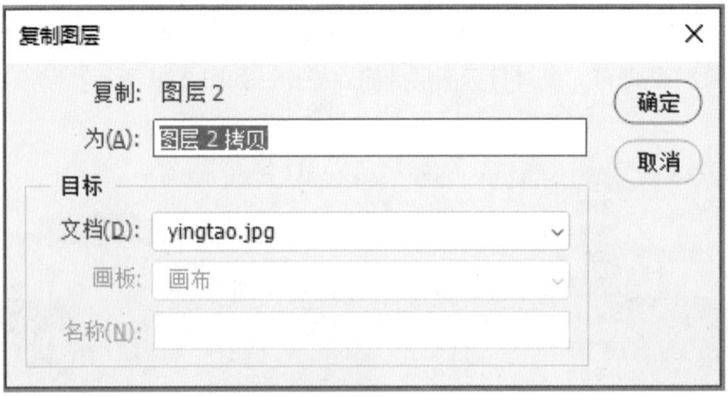

复制图层
复制：图层 2
为(A)：图层 2 拷贝
确定
取消
目标
文档(D)：yingtao.jpg
画板：画布
名称(N)：

图 2.92　确认图层复制基本信息

方法二：按键盘中的【Alt】键，鼠标放置在所要复制的图层位置并长按鼠标左键，向上方或下方进行移动，松开鼠标即可完成该图层的复制。

2.6.5 图层移动

我们一般将图像当中图层的排列顺序称之为堆叠顺序。堆叠顺序改变着用户查看图片的方式，也决定着图片当中不同元素的位置。通过移动图层，可以使图片效果更为完善。移动图层时，需将全部图层设置为可见状态，也就是将每一个图层左侧的小眼睛全部点亮，让所有的图层都显示在图像当中。

图 2.93　图层可视

在图层面板中，将“樱桃之乡”图层移动至“图层 2”和“图层 3”之间。鼠标选中“樱桃之乡”图层，变成一个小手的形状向上拖动。当“图层 2”和“图层 3”之间出现两条蓝线时松开鼠标。参见图 2.94 左侧的图层面板，即可完成图层移动。

小提示：我们也可以通过菜单栏当中的“图层”/“排列”功能实现对当前图层的移动操作。

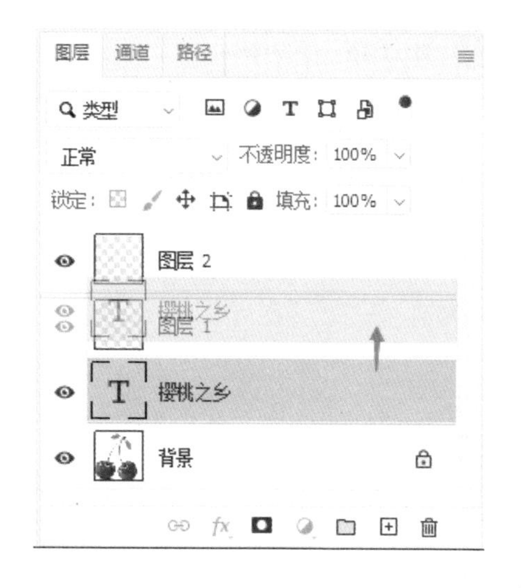

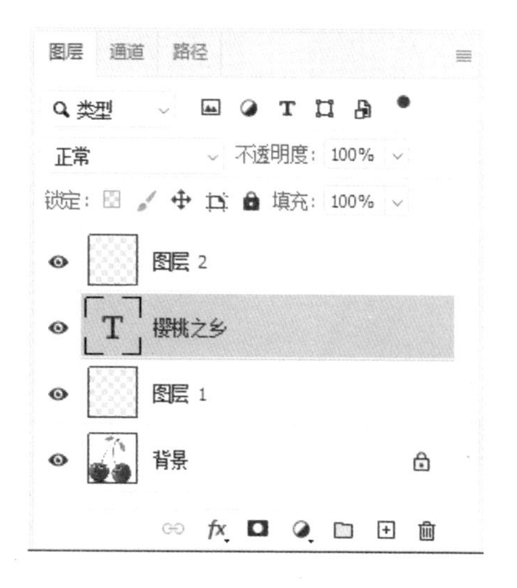

图 2.94　图层移动

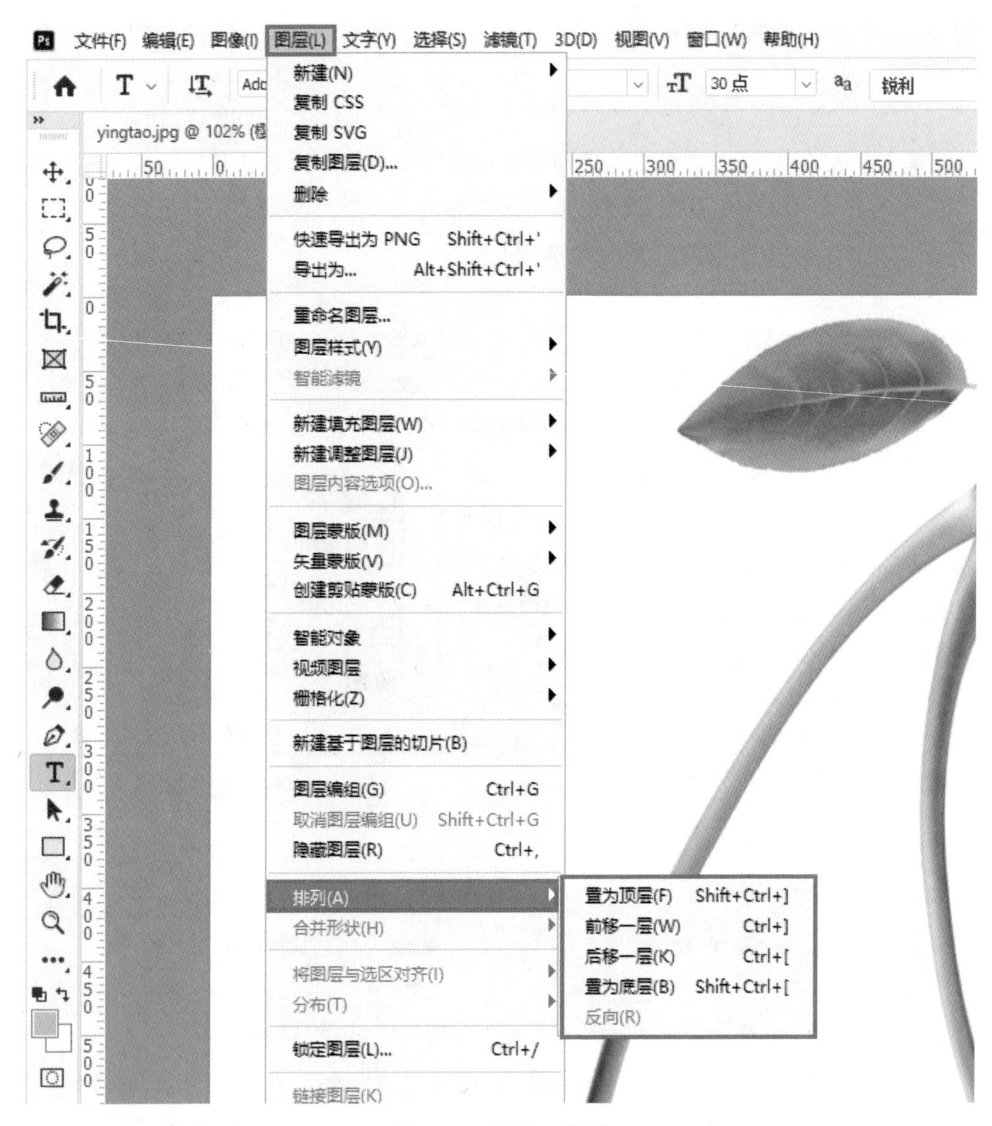

图 2.95 图层—排列

2.6.6 图层混合

如需将几个图层合并到一个图层中时，可以通过“图层”/“合并图层”来实现，这一操作在不同的选择状态下会呈现出不同的图片效果。对多个图层进行混合时，需要注意不同元素之间的遮挡问题。图层本身的不透明度也会影响最终的图像效果，合并操作会使图像像素的不透明度发生改变，对于最终的图片效果而言有利有弊，需根据具体需求进行设定。

合并可见图层：将目前所有处在显示状态的图层合并起来，处于隐藏状态的图层不做任何变动。

拼合图像："图层"/"拼合图像"，可将图像当中的所有图层合并为背景层进行显示，隐藏图层会随着这一操作的实施而彻底丢失。

2.6.7 使用"组"管理图层

图层组其实是图层的简单集合，图 2.96 红色框中的部分便是"组"。"组"可以对图层进行分类管理，使整体图层界面更加简洁明了。在后续修改中，也能在较短时间内实现对目标元素的定位。在"组"下面还可以继续新建"组"，通常称之为"子图层组"，层次分明、逻辑清晰，可对全部图层进行管理。同样，"组"也可以根据所包含的图层内容重新命名。

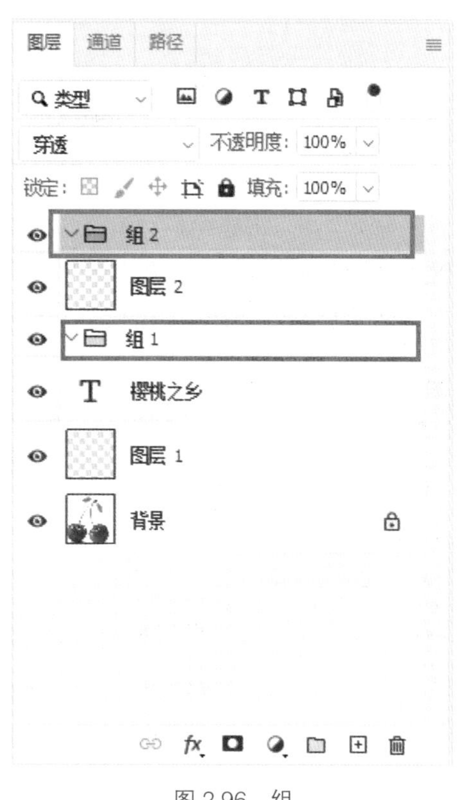

图 2.96　组

合理的图层分组在进行图片编辑时是十分必要的，尤其是在面对一些工作量比较大、设计比较复杂的图像时，"组"的存在就更加必要。在建立图层组时，一方面可以先新建组，在组中新建图层；另一方面也可以将已经做好的几个图层归纳至同一个组中。按【Shift】键选择目标图层，之后按快捷键【Ctrl】+【G】，即可建立一个新组，所选中的图层也都在这个新建的组中。图层设计能清楚地表达设计者的设计思路，也便于团队其他相关人员展开后续工作。

新建"组"的方法：

方法一：在目标位置点击图层面板的"创建新组"，也就是图 2.97 左侧图片当中图层面板下方红色框位置按钮。

图 2.97 创建新组

方法二：点击菜单栏“图层”/“新建”/“组”，即可打开图 2.98 所示窗口，设置新建组的基础信息。之后点击“确定”即可完成“组”的创建。

对新建组的“名称”、“颜色”、“模式”、“不透明度”进行修改，如图 2.99 所示。

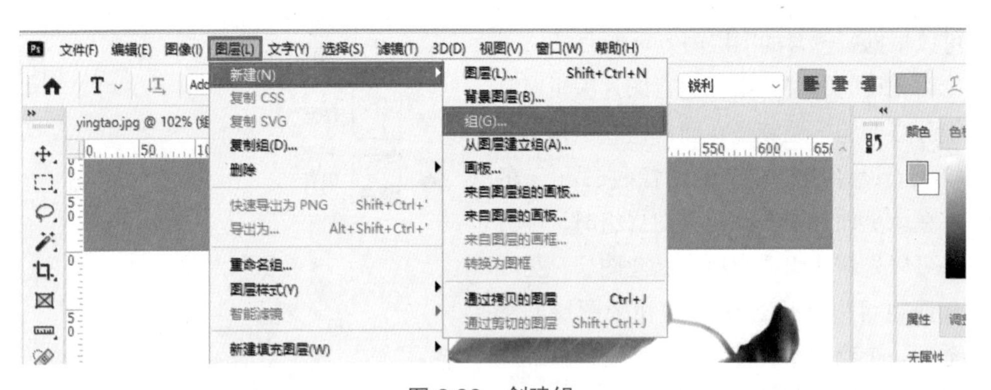

图 2.98 创建组

新建组

名称(N)：组 2

颜色(C)：无

模式(M)：穿透　不透明度(O)：100 %

确定

取消

图 2.99 更改新建组基本信息

第三章

选区创建，图片合成

后期处理照片时，经常需要添加一些全新的元素，也需要对原图当中的一些元素进行修改，从而使图片当中那些不够完善的部分得以完善。这时，我们就需要对这些不够完善的部分进行选区创建，只对选区内部做出更改。

封闭性及强制性是选区的两大特点。选区形状可以任意构建，但它一定是封闭的，因为选区不存在开放的条件。选区建立后所执行的一系列操作只作用于选区内部。

3.1 创建选区

3.1.1 快速创建选区

1 创建矩形选区

在工具栏当中选择“矩形选框工具”，上方的属性栏也随之发生改变，如图 3.2 所示。确认“选区运算方式”为“新选区”，详见图 3.3 所示。

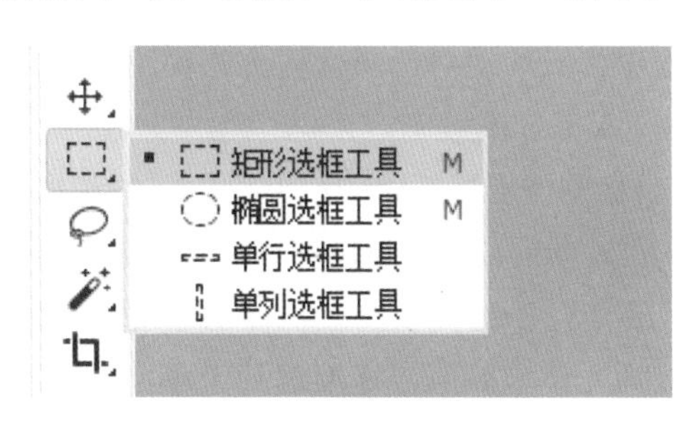

图 3.1 矩形选框工具

图 3.2 矩形选框状态栏

图 3.3 选区运算方式

选区运算方式：

新选区：在图像当中建立一个全新的封闭式的选区。

添加到选区：新构建的选区部分与原本的选区部分为一个整体，在执行相关操作时，虚线框内部全部作为选区存在。

从选区减去：选中部分从原本已经创建好的选区当中删除。需要注意的是，该创建行为只在原选区之内发生才能发挥减去选区的作用。

与选区交叉：两次创建的选区交叉部分为最终选区。

在实际的操作过程中，灵活地对选区运算方式做出更改，以此来实现选区部分的增加与删减，能够快速提升作图效率。

如图 3.4 所示，在目标图像需要选中的位置按鼠标左键并向右下角方向拉伸，此时右方会弹出一个黑色的数据框，里面显示“W”和“H”两个数据，“W”代表所建矩形框的长度，“H”代表矩形框的宽度。在拉伸的过程中这两个数据也会随之发生改变，同时我们也可以预先设定好所建矩形框的大小，然后在图片中进行操作，即可建立固定大小的矩形选框。

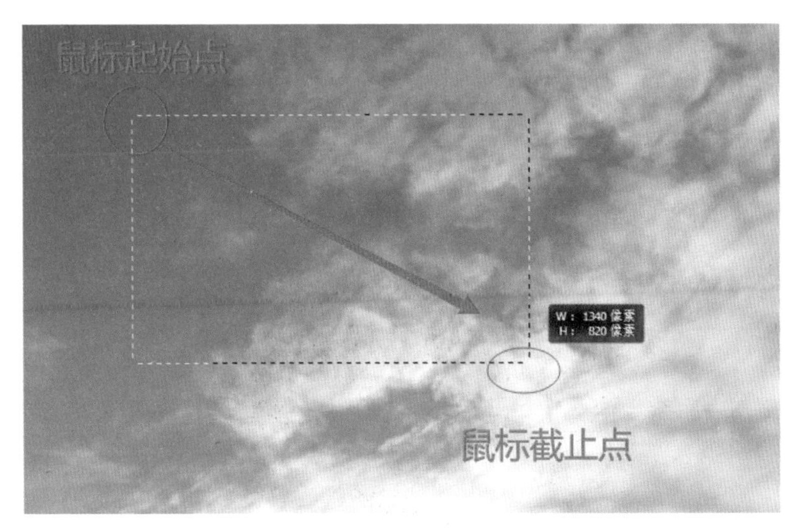

图 3.4 建立矩形选区

图 3.4 中虚线框的部分即为所建立的选区，虚线以内为选中部分，建立选区后执行的所有操作只对选区部分产生作用。使用菜单命令“图像”/“调整”/“黑白”，如图 3.5 所示。我们可以发现，所执行的这一操作只对选框部分产生了影响，选框之外的部分仍保持原状。在调整之后该选区周围的虚线仍是存在的，意味着我们所建立的选区仍然处于有效状态，可以继续执行其他操作。这也证实了上文当中所说的执行任意操作只对选中区域有效这一概念。

图 3.5 黑白操作

2 创建椭圆选区

椭圆选区创建同上述矩形选区创建方法是一致的。选择椭圆选框工具之后，在画布的任意位置长按鼠标左键，同时向右下方移动鼠标，移至合适位置松开鼠标即可完成选区创建。值得一提的是，在创建椭圆选区时，右侧黑色方框中的数据分别代表该椭圆的长轴和短轴，“W”代表水平方向的长轴，“H”代表竖直方向的短轴。

图 3.6　创建椭圆选区

椭圆选区创建完成之后，上方的属性栏也与矩形选框创建完成之后的状态栏是相同的，所发挥的功能也保持一致。

图 3.7　创建椭圆选区

图 3.8 椭圆选区状态栏

练一练

使用矩形选框工具、椭圆选框工具及其他工具绘制一个中国银行的标志。

步骤 1：新建文档，“宽度”“高度”设置有相应单位限制，这里选择以“像素”为单位。将宽度、高度设定为 500 像素，名称为“中国银行”，其他参数保持默认状态。

图 3.9 新建“中国银行”文档

步骤 2：点击视图面板的标尺工具，使其呈“显示”状态。新建一条垂直方向上的参考线和一条水平方向上的参考线，借助标尺工具将两条参考线分别放置在画布垂直方向以及水平方向的中间位置，如图 3.10 所示。

步骤 3：在左侧工具栏选择椭圆选框工具，将鼠标放置在两条参考线交点的位置点击鼠标左键，同时按【Alt】+【Shift】键，绘制一个以参考线交点为圆心的正圆，如图 3.11 所示。

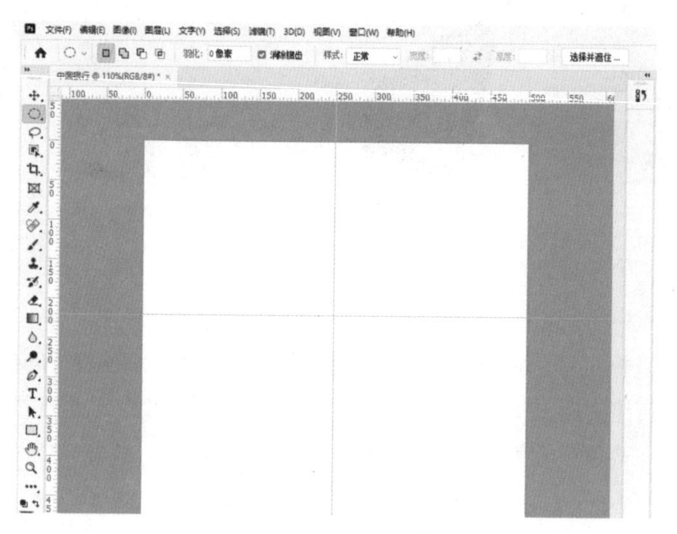

图 3.10　标尺及参考线

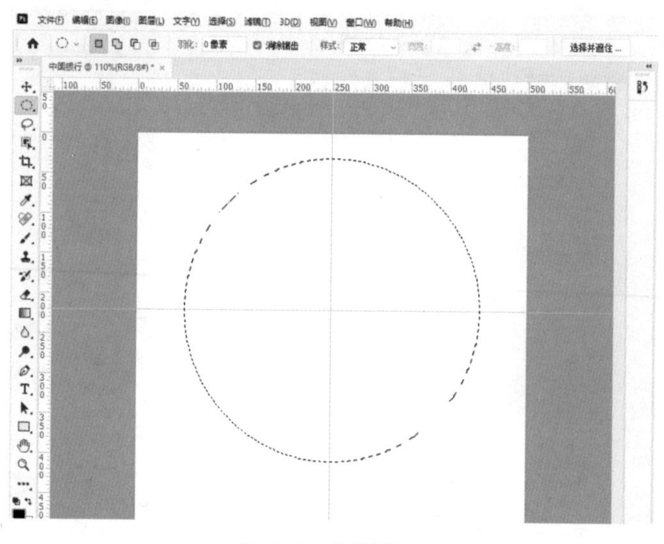

图 3.11　绘制正圆

步骤 4：保持椭圆选框工具，将菜单栏上方的选区运算方式更改为“从选区减去”，如图 3.12 所示。

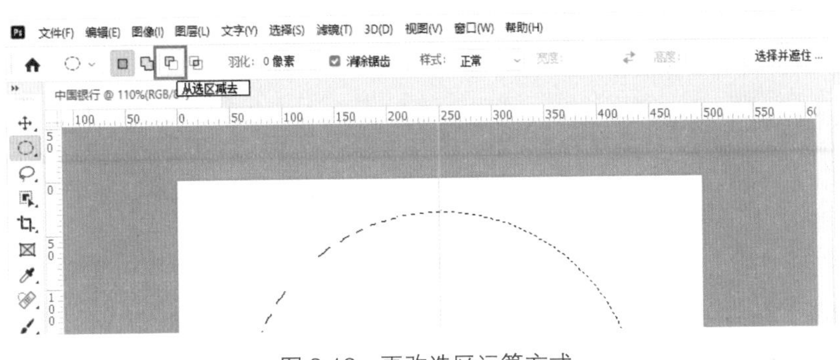

图 3.12 更改选区运算方式

步骤 5：在已经绘制好的正圆选区里面继续绘制一个半径较小的同心圆，如图 3.13 所示。

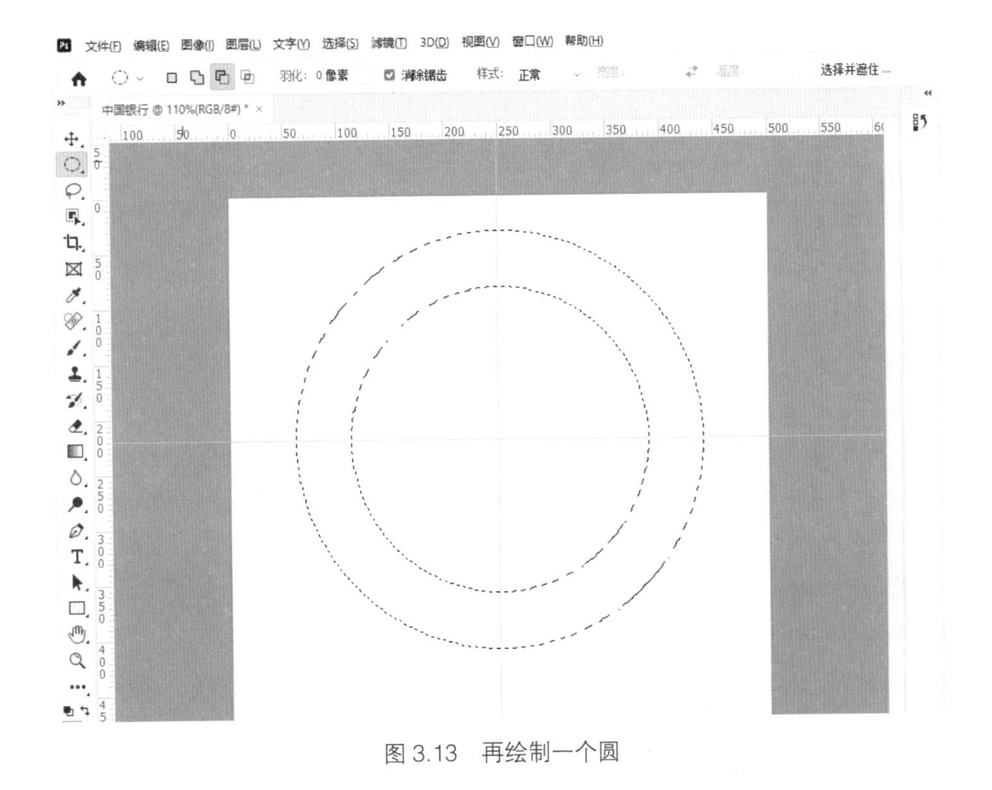

图 3.13 再绘制一个圆

步骤 6：更改选区运算方式为“添加到选区”，选择菜单栏左侧的“矩形选框工具”在两个圆的内部新建一个以参考线交点为中心的正方形，如图 3.14 所示。

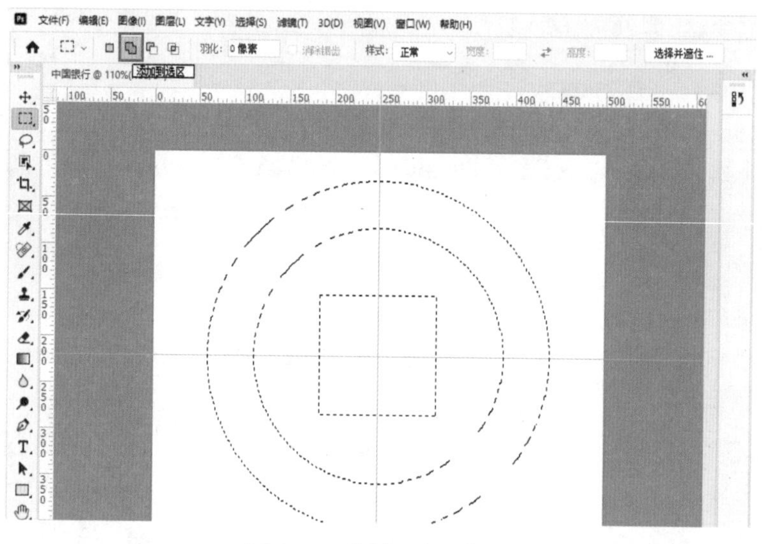

图 3.14　绘制一个正方形

步骤 7：保持选区运算方式为“添加到选区”，选择矩形选框工具，以半径较小的圆与垂直参考线的交点为顶点，以参考线交点为中心，绘制一个矩形，如图 3.15 所示。

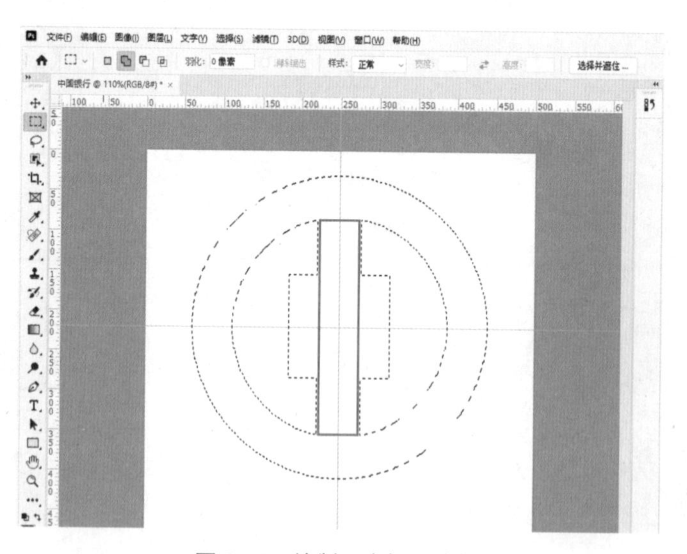

图 3.15　绘制一个矩形选框

步骤 8：保持矩形选框工具的选区运算方式为“从选区减去”，绘制一个以参考线交点为中心的正方形，如图 3.16 所示。

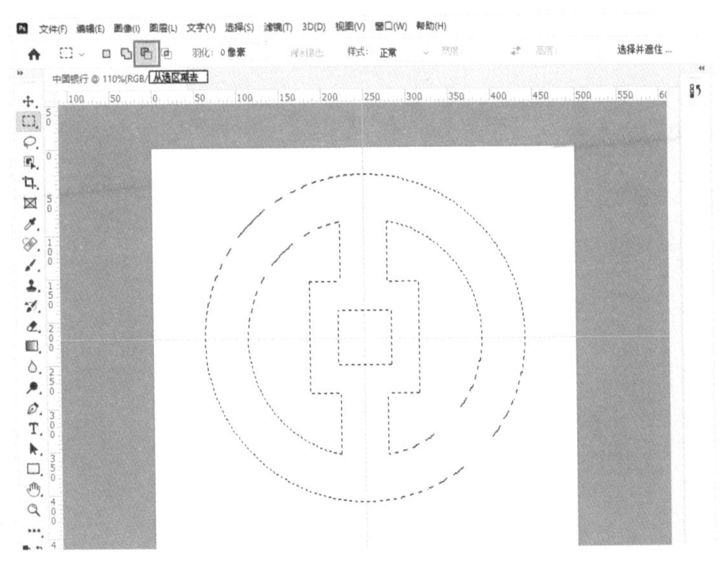

图 3.16　绘制一个正方形

步骤 9：填色，设置前景色颜色，如图 3.17 所示。

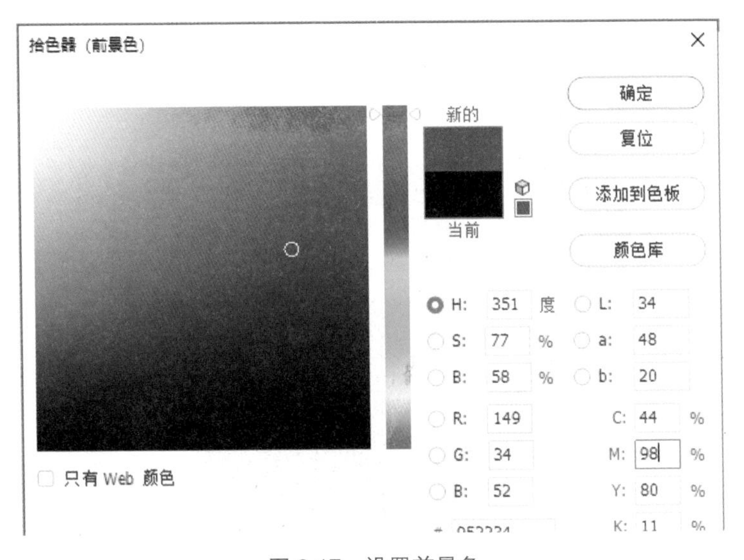

图 3.17　设置前景色

设置完成后选择左侧工具栏中的油漆桶工具，如图 3.18 所示。在虚线框内的任意部分点击，即可完成涂色。快捷键【Alt】+【Delete】也可以完成目标部分的填色任务。

删除垂直、水平两条参考线，取消选择，即可完成该图标的制作，如图 3.19 所示。

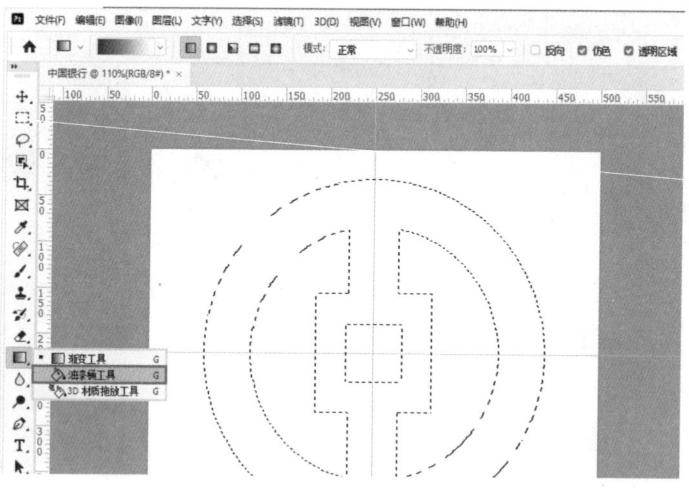

图 3.18　油漆桶工具

图 3.19　中国银行标志

怎么样，大家看了以后有没有感觉 Photoshop 其实很简单，按照上述方法，也可以试着做一做类似的形状。

上述的矩形选框工具及椭圆选框工具所创建的都是有固定形状的选区，但在实际操作过程中，我们往往需要创建不同形状、没有规则的选区，从而对该部分进行更改。以下几种创建选框的工具可以实现任意形状的选区创建，大家在实际操作过程中可根据个人需求进行选择。

3 不规则选区之套索工具

Photoshop 中的套索工具共三种，分别是套索工具、多边形套索工具、磁性套索工具。套索工具作为最基础的一种工具，在图像处理方面发挥的作用十分关键。

套索工具使用方法：选择工具栏左侧的套索工具，在目标选区边缘的任意位置按鼠标左键，通过移动鼠标位置来建立选区。需要注意的是，在移动鼠标时一定不能松开鼠标左键。完成选区勾画之后，松开鼠标左键，结尾处自动与开始处连接成一个封闭的整体，选区创建完成。

套索工具在创建选区时有着较强的“自主性”，也会出现不稳定性，甚至会发生一定的“手抖”现象，这都是套索工具的工作特性所决定的。所以，在实际的应用过程中，套索工具一般只用来选取目标轮廓，并不做精细化选区创建，多被用于照片合成。

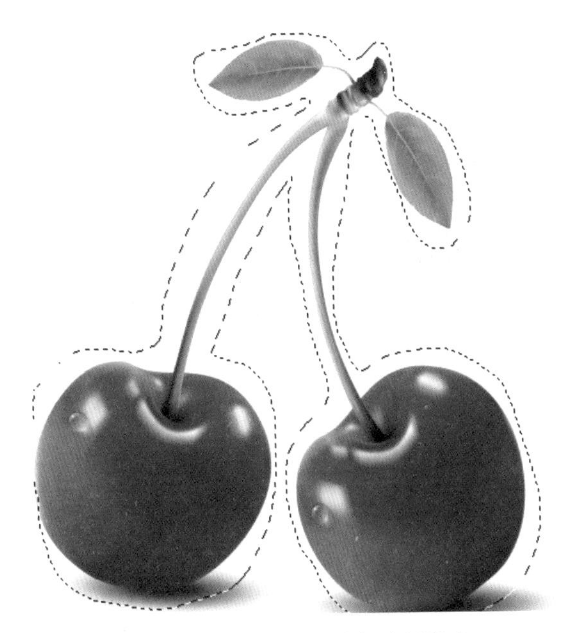

图 3.20　套索工具选择大概轮廓

多边形套索工具本身的名字就已经概括了它的用法，通常可以用来构建各种不规则形状的多边形，操作简单，容易上手。即使是 Photoshop 技术小白，也可以很好地完成目标选区创建。

多边形套索工具应用的原理是“两点确定一条直线”，同上述工具的使用方法也都有一定的相似之处，都需要沿着目标选区的边缘进行绘制。

将工具切换至多边形套索工具，鼠标左键单击一下就可以拉出一条线段，连续单击至首尾相连，即可构建一个完整的多边形选区。删除键可逐条删除选区线段。

使用多边形套索工具还有一个问题需要注意，即线段与线段之间存在一定的夹角，可以通过调整属性栏的羽化值使选区边缘更为柔和。羽化值通常设置在 1~3 像素范围内即可。

图 3.21　多边套索工具创建选区

磁性套索工具有着很强的“磁力”，在使用时只需移动鼠标位置，工具头处即可出现自动跟踪的线条。这条自动跟踪的线条总是沿着颜色差异较大的边缘进行延伸，首尾相连即可完成选区创建。

磁性套索工具对于色彩的敏感度比较高，在创建与周围环境色彩差异较大的目标选区时，磁性套索工具的效率非常高，操作更加智能化。

使用方法：选择磁性套索工具，在目标图像的边缘处点击鼠标左键，之后通过移动鼠标位置来决定线条走向，线条自动根据颜色差异进行延伸。当鼠标回到起点位置时，磁性套索工具的小图标右下角会出现一个小圆圈，这时松开鼠标即可建立一个封闭的选区。

图 3.22　磁性套索工具

磁性套索工具的属性栏：

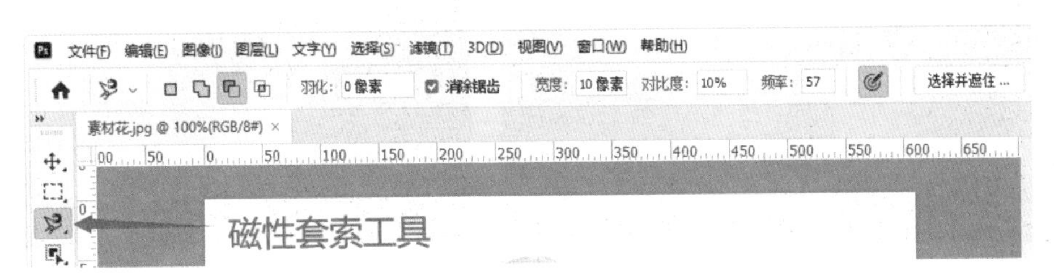

图 3.23　磁性套索工具的属性栏

宽度：设定范围在“0~40”之间，这一数值代表的是以使用者此刻放置鼠标的位置为中心的宽度范围，在此范围之内选择颜色差距较大的边界点作为选区边缘。

对比度：设定范围在“0~100”之间，数值越高，色彩对比效果越好，最终的选取效果也就越好。

频率：设定范围在“0~100”之间，对磁性套索工具在定义选区边界时插入的定位锚点起着决定性的作用，该数值越高，插入的定位锚点也就越多。

小提示：当套索偏离目标选区边缘时，可以按【Delete】键删除最后一个定位锚点，之后单击鼠标左键，手动产生一个锚点固定浮动套索。

4 对象选择工具

在定义的区域内查找并自动选择一个对象。

在使用对象选择工具时，需要先建立一个矩形选框，建立方法与矩形选框工具一致。在完成矩形选框创建的同时，自动对选框内部的图像进行选择。

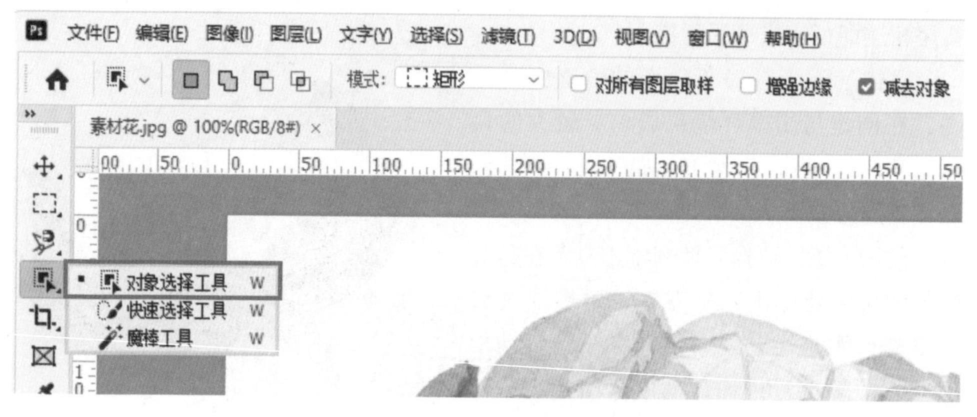

图 3.24　对象选择工具

图 3.25　对象选择工具工作模式

5 魔棒工具

Photoshop 当中的魔棒工具适用于颜色边界明显的选区创建，质量好、效率高。对于一些色彩差异较小、边缘不够明显的图像而言，魔棒工具并不是一个好的选择。使用魔棒工具创建选区，只需要在选择魔棒工具后，在图像对应位置点击鼠标左键即可。

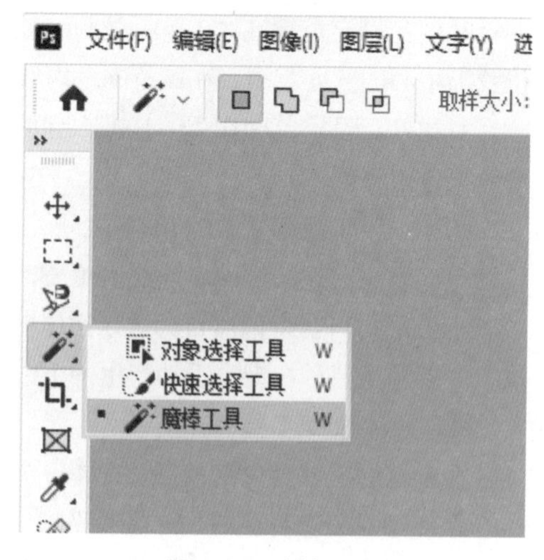

图 3.26　魔棒工具

6 快速选择工具

快速选择工具通过调整画笔笔触、硬度以及间距等参数来点击创建选区。使用快速选择工具时，选区自动向外扩展的同时自动跟随目标选区的边缘位置。快速选择工具使用起来十分简便，故在后期处理照片时应用十分广泛。

图 3.27　魔棒工具属性栏

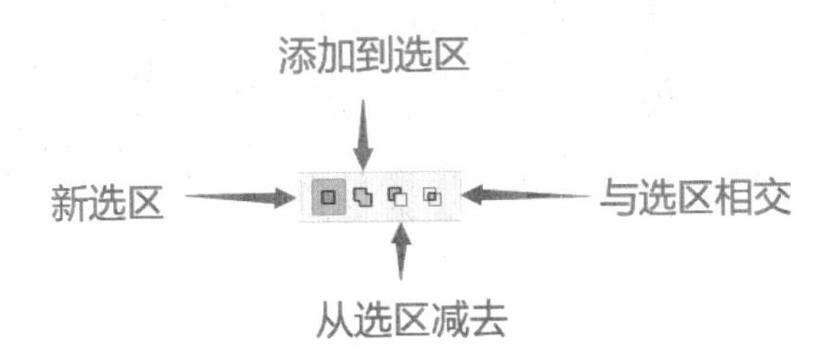

图 3.28　魔棒工具选区运算方式

使用快速选择工具在对目标区域进行选择时，也会因为色彩差异性的大小，导致所创建的部分不够完善，如图 3.29 所示。更改上方属性栏中的运算方式为“从选区减去”，在多余部分进行点击，即可去除。

图 3.29　快速选择工具选取路牌

图 3.30　更改快速选择工具相关属性

3.1.2　精细化选区创建

图 3.31　钢笔工具

钢笔工具作为矢量绘图工具，最大的优势就在于可以绘制出平滑的曲线。钢笔工具绘制的矢量图形就是路径，后期无论是缩放或是变形都能保持原有的平滑效果。钢笔工具对于目标选区每一个细节位置的勾画都十分细致，但其特性决定了绘制速度并不会很快，勤加练习，才能完全掌握这一技能。

选择钢笔工具，如图 3.31 所示。

定位至起点，同时点击鼠标左键，此时出现第一个锚点，钢笔工具指针在此时也发生了改变，变成了一个黑色箭头，可通过移动鼠标位置来设置所要创建曲线的弧度。确定后即可松开鼠标左键，第一条曲线创建完成。这里有一个小技巧，在调整曲线斜度时，按键盘的【Shift】键，可将倾斜角度固定在45°。

使用钢笔工具闭合路径时执行以下操作：将“钢笔工具”定位在第一个建立的锚点上，也就是路径起始的位置。位置重合，钢笔工具指针旁将会出现一个小圆圈，在出现这个小圆圈后点击鼠标左键即可闭合路径。

图 3.32　钢笔工具操作步骤

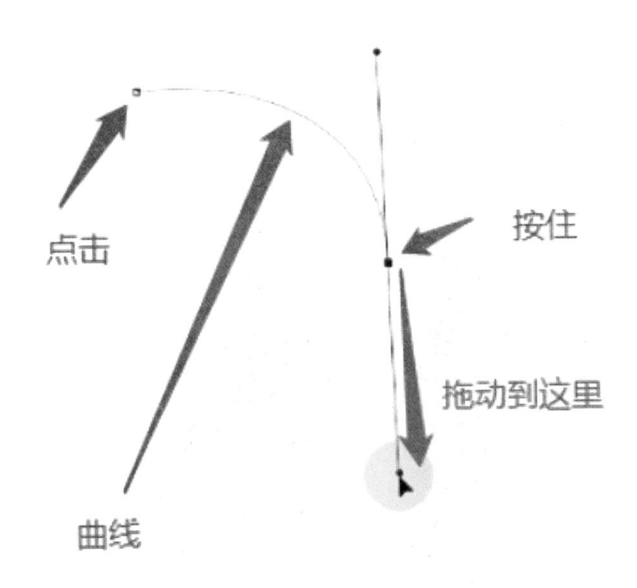

图 3.33　钢笔工具操作

3.1.3 特殊选区创建

除常规形状的选区之外，还有一些特殊情况的区域需要创建。例如，在处理以人物、动物为主体的图片时，需要对头发、毛发等细节较多的部分进行精细化处理，而上述章节当中创建选区的工具并不能很好地应用于此类照片的选区创建。

因此，在对人物发丝、动物毛发进行细节处理时，可以借助图层面板的通道进行选区创建，从而实现后期的一系列编辑工作。在对证件照后期处理、动物系列主题图片后期矫正时，利用通道进行选区创建往往是一个不错的选择，能够保持选区部分原本的质感。

观察以下案例图片，人物本身的头发是十分飘逸的。借助魔棒或是快速选择等工具，会使原本的发丝变得棱角分明，失去美感。而借助图层面板的通道，可以很好地保留头发的细节部分。

打开图片素材，选择菜单栏中的“图层”/“复制图层”，对“背景图层”进行复制，如图 3.35 所示。

图 3.34 案例图片—头发

图 3.35　复制背景图层

切换至通道面板，包括四个通道，分别是 RGB 通道、红色通道、绿色通道、蓝色通道，观察这四种通道的颜色对比度，选择对比最明显的一个通道进行复制。素材图片中蓝色通道的对比度最为强烈，所以我们选择复制蓝色通道，如图 3.36 所示。

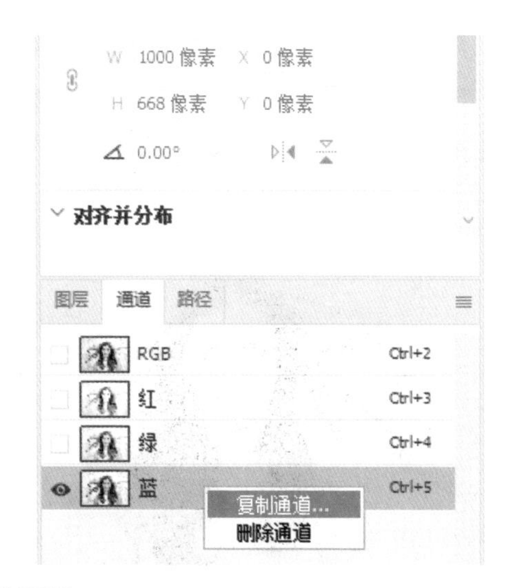

图 3.36　复制通道

快捷键【Ctrl】+【L】调出色阶面板，对图像进行调节，尽可能地使头发的细节部分保留。【Ctrl】+【M】调出曲线面板，对画面整体的明暗对比度进行调节，这一步执行完毕以后人物头发基本已经清晰了。

这时，我们发现图片原背景当中的一些颜色仍保留了下来，对之后的选区建立也会产生影响。可选择工具栏当中的“橡皮擦工具”，将背景当中的多余部分涂成白色，同时将人物部分涂成黑色。

图 3.37 增加对比度

将鼠标放在复制的蓝色通道位置，同时按【Ctrl】键，即可建立选区，点击菜单栏中的“选择”/“反向”即可实现选区翻转。切回图层面板，点击快捷键【Ctrl】+【J】，即可将目标选区添加至新图层当中。效果如图 3.39 所示。

图 3.38 创建头发部分选区

图 3.39 头发部分选区创建完成

3.2 选区操作

在 Photoshop 实际操作过程当中，经常需要对已经创建好的封闭选区进行修改，对目标区域范围之内的颜色、对比度等做出精细调整。这些相关操作是图片编辑工作的基础，同时也是重要组成部分，不断完善每一个细节部分，才能使最终的图像呈现出更好的效果。

3.2.1 扩展选区范围

与图片扩大不同的是，选区扩大遵循对应数值，随该数值的变化而发生改变。

打开素材图片，如图 3.40 所示。

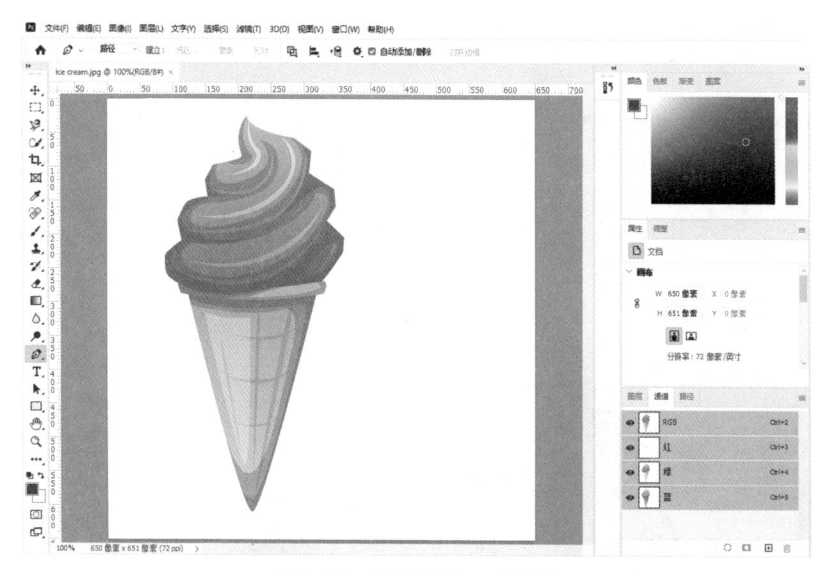

图 3.40　素材图片—冰激凌

由于图片边缘比较完整，所以我们可以直接使用魔棒工具来建立选区。选择左侧工具栏中的“魔棒工具”在图片当中点击一下，之后点击菜单栏中的“选择”“反选”，即可完成对冰激凌部分的选区创建。

图 3.41　创建冰激凌选区

在 Photoshop 菜单栏中点击“选择”/“修改”/“扩展”。

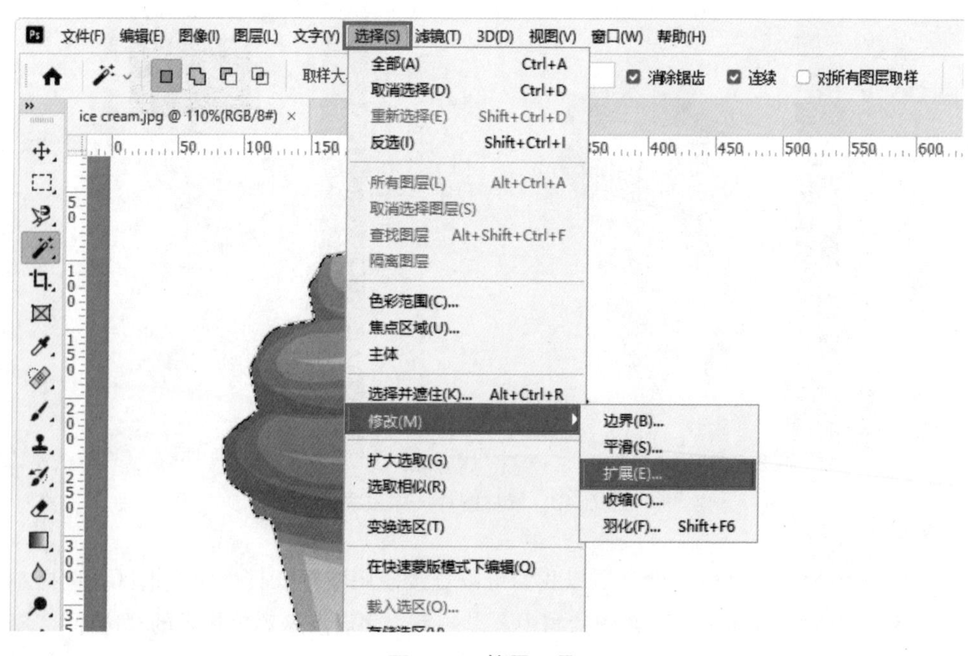

图 3.42　扩展工具

此时弹出一个“扩展选区”的目标窗口，设置需要扩展的像素值，点击确定。这里定义的是10像素。

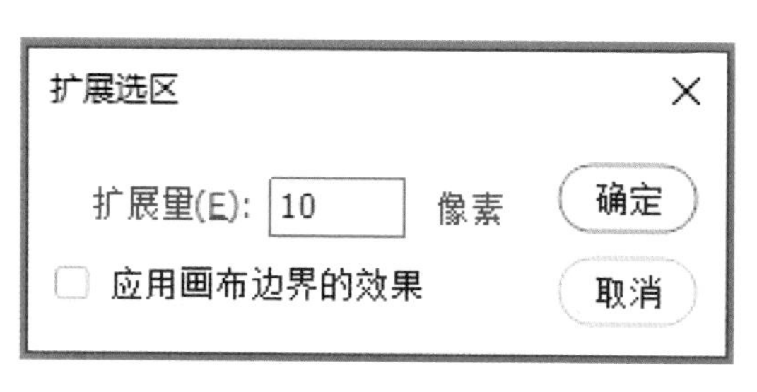

图3.43　设置扩展量

图3.44　扩展效果

扩展之后的选区在原基础之上向外进行了延伸，而延伸的范围就是由刚才“扩展选区”窗口中定义的数值所决定的。

3.2.2　收缩选区范围

有扩展就一定有对应的收缩选项。收缩选区范围与扩展选区范围的操作步骤基本一致。在菜单栏中打开“选择”/“修改”/“收缩”，此时会弹出一个“收缩选区”的窗口，设置对应像素值，即可实现选区收缩。

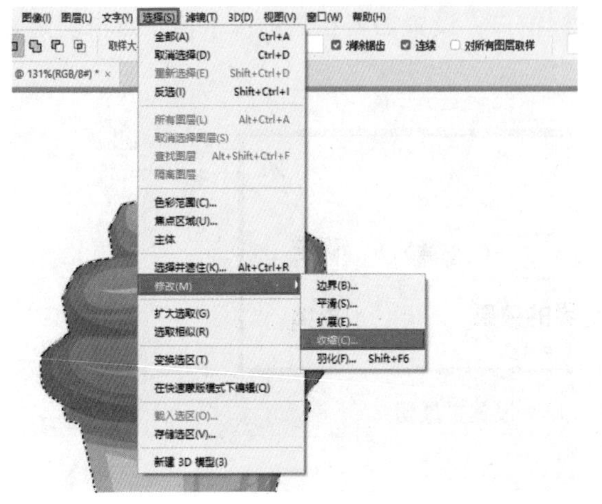

图 3.45 收缩操作

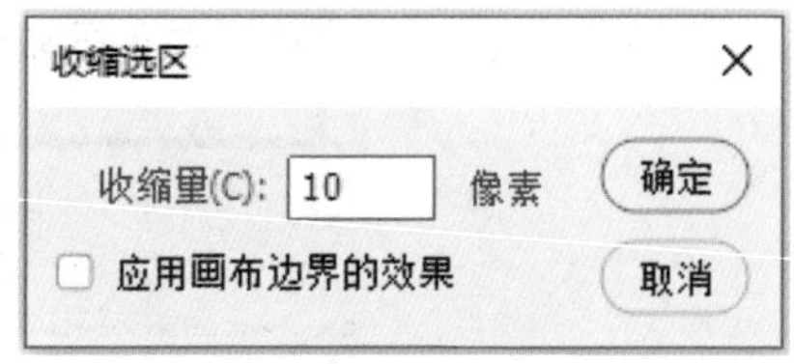

图 3.46 设置收缩量

图 3.47 收缩效果

3.2.3 翻转选区

直接将鼠标放在目标图片区域，点击鼠标右键，在弹出的项目栏当中选择“选择反向”，即可实现选区反转，如图 3.48 所示。

同时也可以通过菜单栏中的“选择”/“反选”来完成这一操作。

图 3.48　选择反向

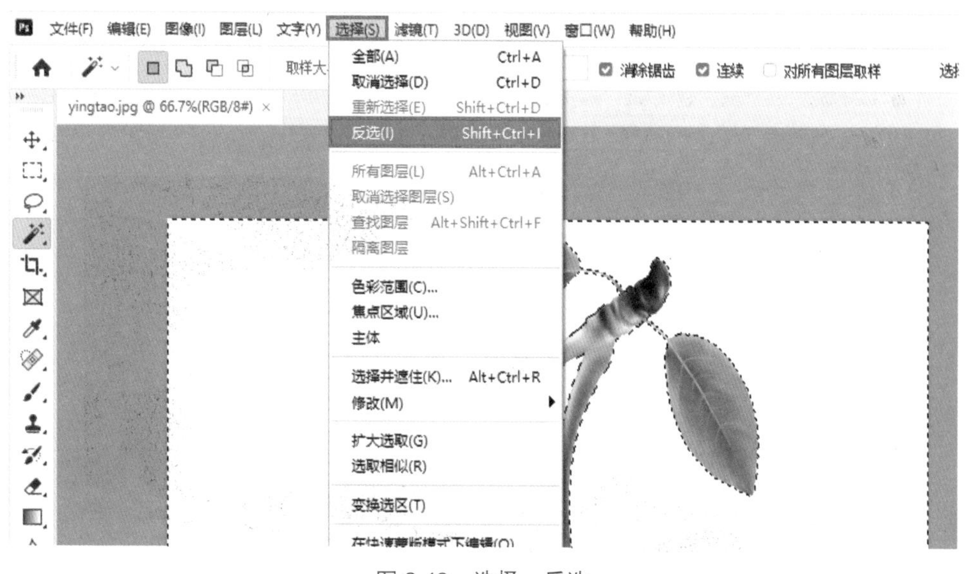

图 3.49　选择—反选

3.2.4 羽化选区边缘

选择工具栏中的矩形选框工具，将属性栏中的羽化参数更改为 0 像素。在图像任意位置创建一个矩形选框，使用油漆桶工具对其进行填色，颜色为白色，羽化参数为 0 像素。选区状态如图 3.50 所示。

图 3.50 羽化 0 像素下的选区效果

在历史记录面板中将图像恢复至打开状态，同时将矩形选框工具属性栏中的“羽化参数”更改为 50 像素，再次使用油漆桶工具对选区进行填充，如图 3.51 所示。

图 3.51 羽化 50 像素下的选区效果

对比不同羽化状态下所创建的选区及填充效果，我们可以清楚地观察到，羽化像素越高，矩形选框的边角部分越圆滑，填充效果也发生了明显变化。这种羽化效果可以使选区边缘更为柔和，不会与选区之外的部分形成强烈反差，视觉上更为舒适。

3.2.5 隐藏选区

点击菜单栏当中“视图”选项，选择“显示”，在右侧弹出的项目栏当中，取消“选区边缘”勾选，即可隐藏选区，再次点击，即可显示选区。

图 3.52　隐藏选区

隐藏选区的快捷键是【Ctrl】+【H】，但使用这一组合键时其他内容也会被隐藏。

3.2.6 取消选区

选择菜单栏中“选择”/“取消选择”，即可将当前选区取消，具体操作如图 3.53 所示。取消选区后的图像状态如图 3.54 所示。

图 3.53　取消选择

图 3.54　取消选区

3.3 选区基础操作

3.3.1 修改选区

添加至选区：使用魔棒工具、套索工具、选框工具等创建选区的工具时，将“选区运算方式”更改为“添加至选区”。

删除选区：使用魔棒工具、套索工具、选框工具等创建选区的工具时，将“选区运算方式”更改为“从选区减去”。

选区交叉选择：使用魔棒工具、套索工具、选框工具等创建选区的工具时，将“选区运算方式”更改为“与选区相交”。

全选：选择菜单栏中的“选择”/“全选”直接选取整个画布。

选区取消：选择菜单栏中的“选择”/“取消选择”将当前选区取消。

反向选择：选择菜单栏中的“选择”/“反选”实现选区翻转。

重新选择：选择菜单栏中的“选择”/“重新选择”直接选取整个画布，详见图3.55所示。

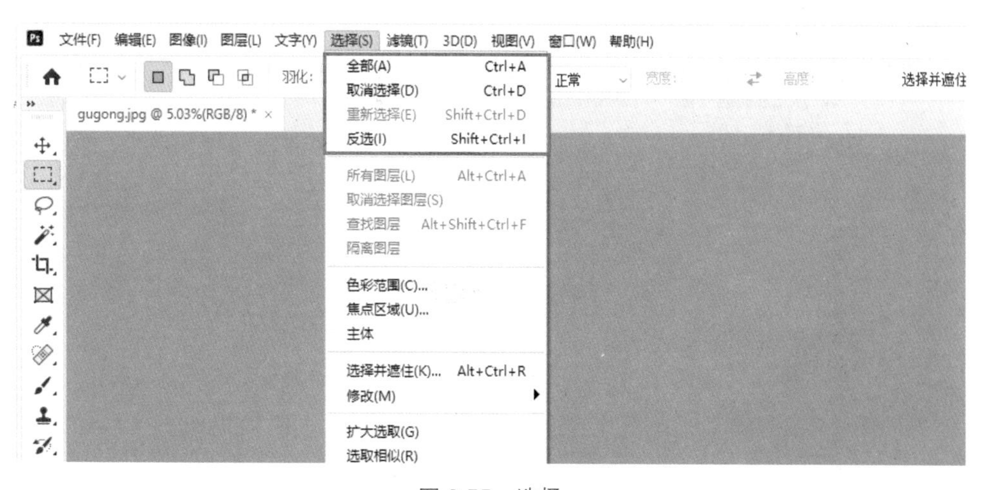

图3.55　选择

3.3.2 移动选区

在对目标图像进行选区创建时，经常需要移动选区位置，这时点击键盘上的空格键，鼠标变为移动工具，即可移动选区至任意位置。我们也可以直接选择工具栏中的移动工具执行选区移动的相关操作。

在空白文件当中创建一个任意大小的矩形选区，如图 3.56 所示。

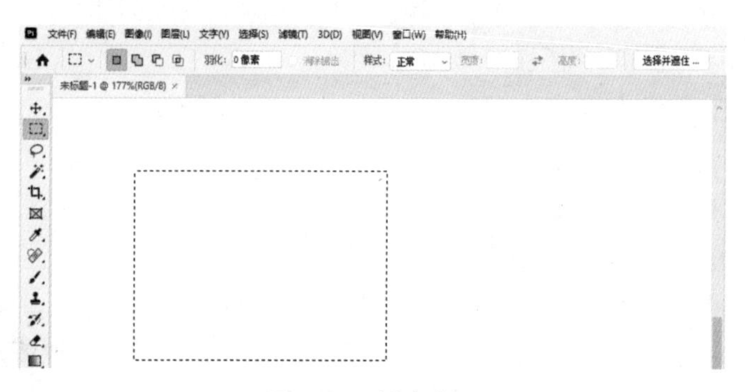

图 3.56　创建选区

选择工具栏中的移动工具，此时选区部分也发生相应改变，如图 3.57 所示。这时，将鼠标放置于图像任意位置长按鼠标左键，移动鼠标位置，即可对选区位置进行移动。

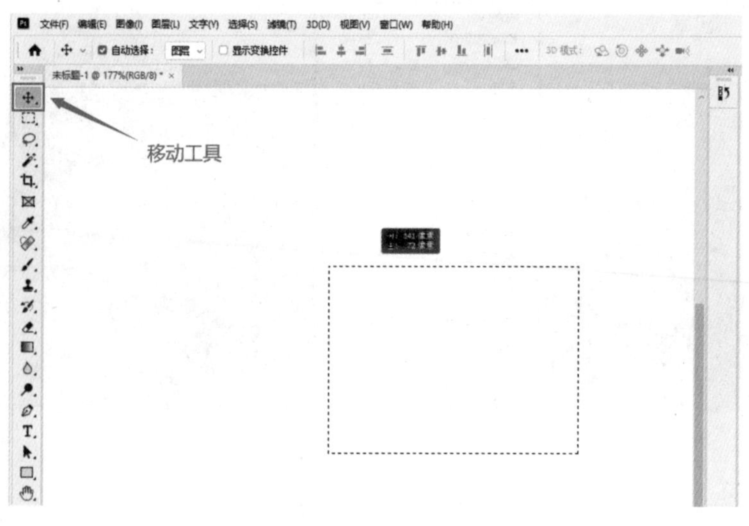

图 3.57　移动选区

3.3.3 变换选区

变换选区操作，也就是目标选区的自由变换，该操作只对目标选区发生作用。当你使用选框工具建立选区，并执行菜单栏当中的“编辑”/“自由变换”功能之后目标选区外部会出现一个矩形框，即可对选区部分执行自由变换操作，如图 3.59 所示。

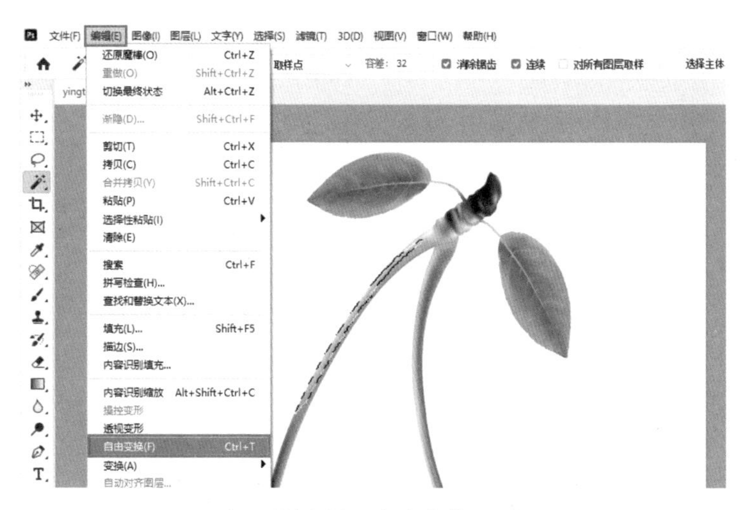

图 3.58　自由变换

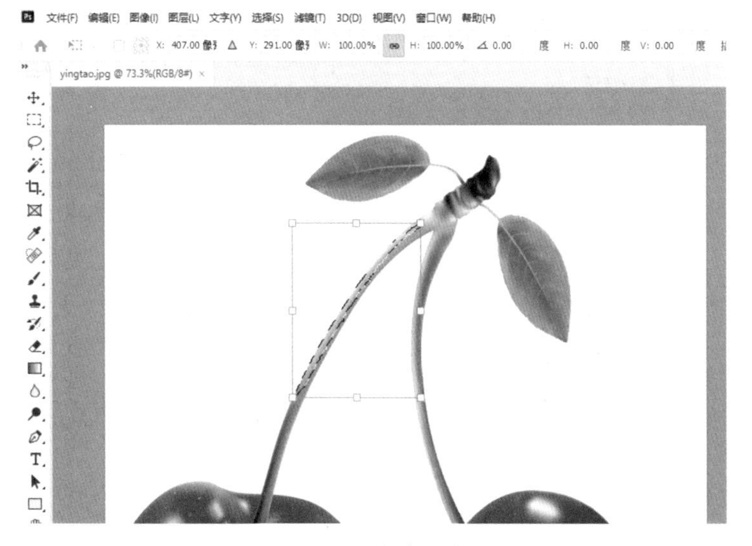

图 3.59　自由变换工作区域

3.3.4 存储选区

在确定相应的选区形状之后，选择菜单栏当中“选择”项下面的“存储选区”，在弹出的窗口栏中输入该选区的名称，即可完成选区存储。

图 3.60　存储选区

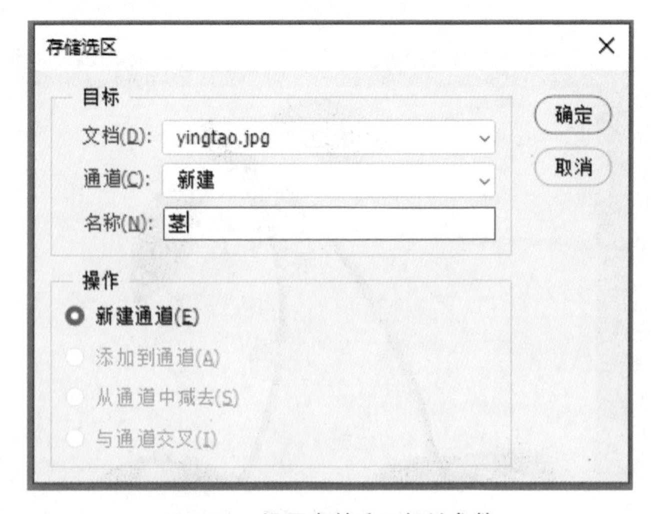

图 3.61　设置存储选区相关参数

这里我们定义该选区部分名称为“茎”，点击确定，点开通道面板，即可看到刚才所创建的选区“茎”。

图 3.62　选区存储完成

3.3.5　载入选区

选择菜单栏中的载入选区，在弹出的窗口当中选择之前章节当中所存储的选区，点击确定，即可在图片当中显示该选区部分。

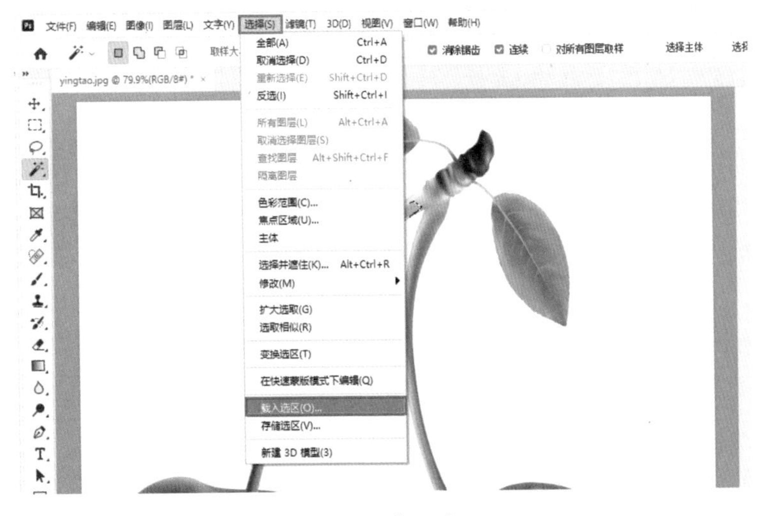

图 3.63　载入选区

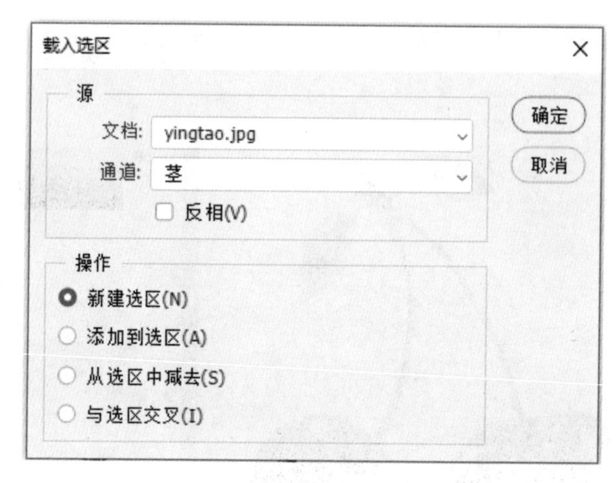

图 3.64 设置载入选区的相关参数

新建选区：作为新选区载入。

添加到选区：与已存在的选区共同构成新的选区。

从选区减去：载入选区部分从原本的选区范围内减去。

与选区交叉：与已存在的选区交叉的部分为新的选区。

3.4 照片合成

3.4.1 移动选区至相应位置

在后期处理海报、摄影作品时，经常需要对画面当中各个部分所处的位置进行调整，尤其是在照片合成过程中非常常见，也能使画面整体布局更加合理。

通过执行以下操作，使冰激凌移动至画面中央：

首先，我们在 Photoshop 当中打开目标素材，解锁并复制“背景图层”。

在目标图层处点击鼠标右键，在弹出的项目栏当中选择“复制图层”。

修改复制图层名称，也可以直接使用默认名称不做任何修改。复制完成后，如图 3.67 所示。

定位至“图层 0 拷贝”，冰激凌部分轮廓清晰，与背景之间颜色差异较大，使用魔棒工具快速建立选区。

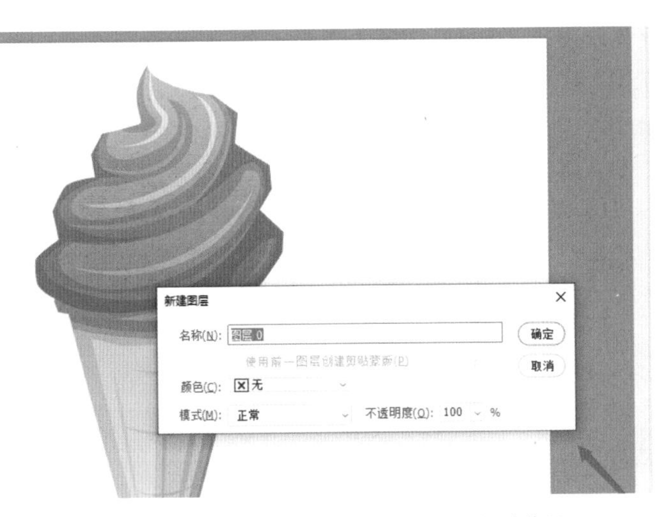

图 3.65　解锁背景

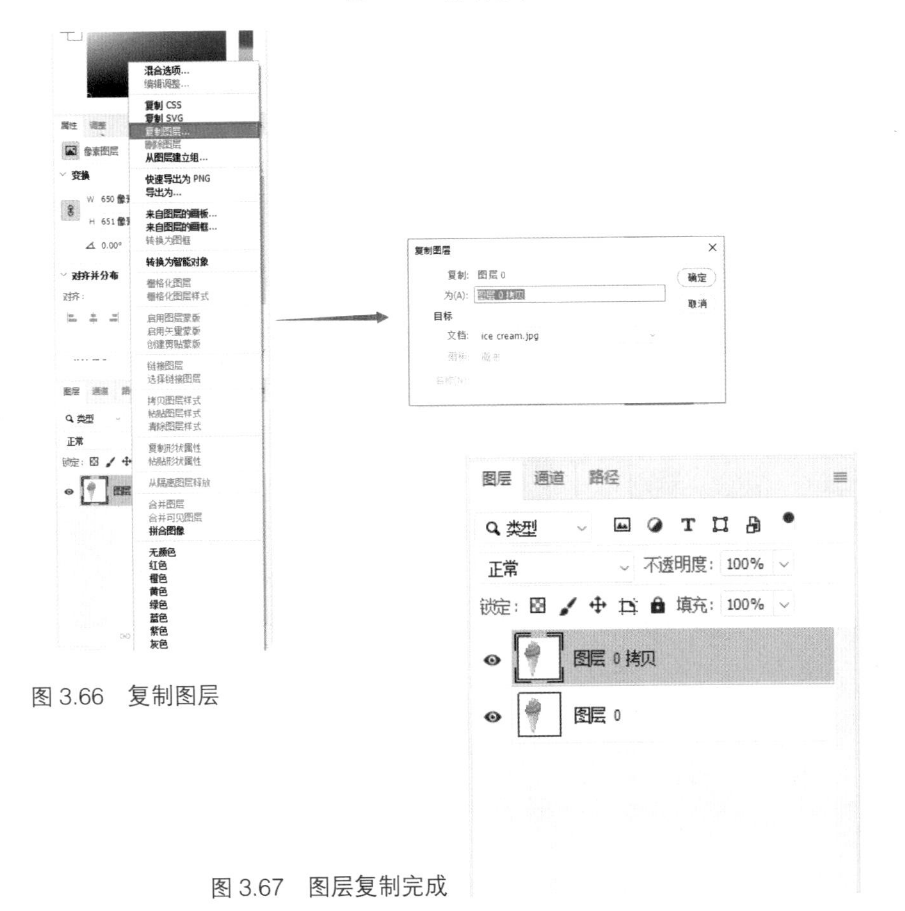

图 3.66　复制图层

图 3.67　图层复制完成

使用“魔棒工具”建立冰激凌部分选区，如图 3.68 所示。

选择菜单栏当中的“选择”/“修改”/“扩展”，扩展选区为 2 像素。切换工具为移动工具，移动冰激凌至图片中央。在移动的过程中可以借助“标尺工具”“网格”等参考工具来将“冰激凌”部分调整至合适位置。

移动之后我们发现，冰激凌原本的位置还有一个冰激淋，这时选择菜单栏中的“选择”“反向”，对背景颜色进行填充，即可完成移动冰激凌的相关操作。

图 3.68　冰激凌选区创建

图 3.69　移动工具

图 3.70　移动目标选区

图 3.71　位置移动

3.4.2 调整选区大小、边缘

保持图片素材冰激凌部分为选中状态，点击菜单栏中的“编辑”/“自由变换”，目标选区周围会出现一个矩形选框。

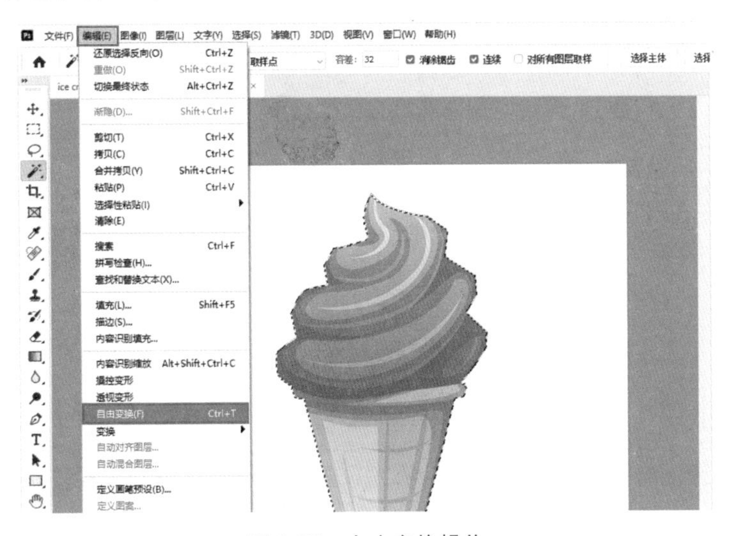

图 3.72　自由变换操作

图 3.73　自由变换工作框

将鼠标放置于矩形选框四个角的任意一个角，同时按【Shift】键，向上或向下拉伸，即可对目标选区的大小做出调整。

图 3.74　缩小选区

选区边缘调整除了常规的扩展、收缩以外，还可以执行羽化操作，使边缘线条更为柔和，缩小选区部分与图片背景之间的差异，使选区部分与图片背景融为一体。

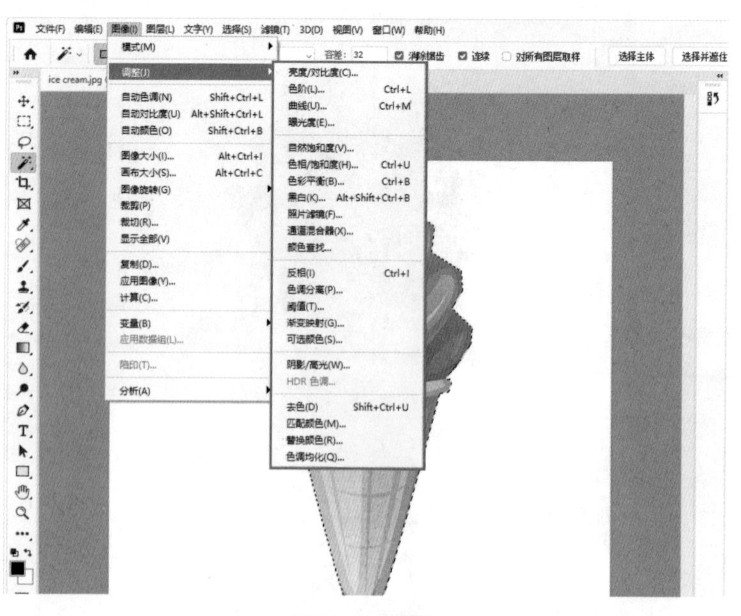

图 3.75　调整

3.4.3　色彩调整

Photoshop 的调色功能基本都被放置在菜单栏的“图像”当中，不同指令下的数值及曲线都可以进行任意改变。同时，在改变的过程中我们也可以清楚地看到图片本身所发生的变化，更有助于确定图片最终效果。

“调色”命令执行相关操作：

1 自动调色——实操

选择菜单栏中的“图像”/“自动色调”。

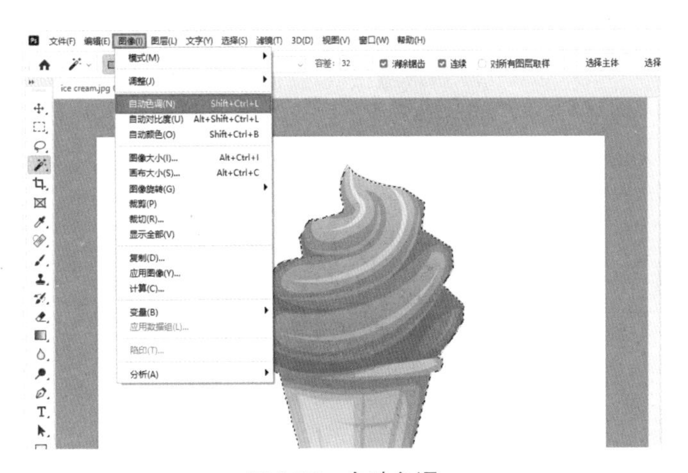

图 3.76　自动色调

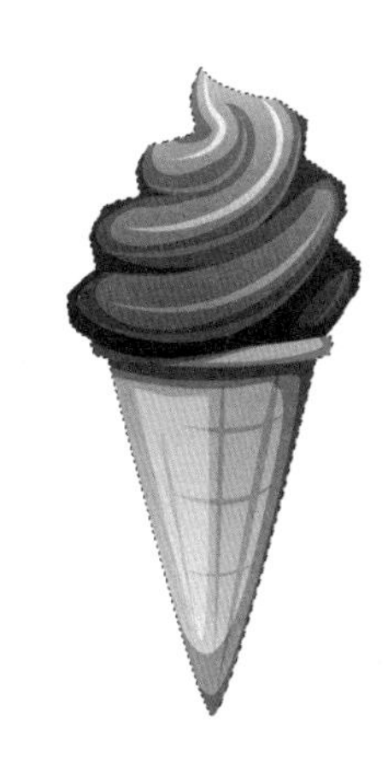

图 3.77　自动色调调色效果

2 图片明暗对比——实操

“图像”/“调整”/“亮度/对比度”。

图片整体光线过暗时，执行这一操作可以很大程度地提升照片亮度，而不会使其他部分发生改变。图 3.78 中“亮度/对比度”窗口的参数滑块是可以左右移动的，在移动过程中可以对图片效果进行预览，操作上更加便捷。

图 3.78　亮度/对比度

3 色阶调整——实操

“图像”/“调整”/“色阶”。

对图 3.79 中色阶窗口的参数滑块进行移动，在这个过程中观察选区部分所发生的改变，从而达到理想效果。

4 曝光度调整——实操

对图 3.80 当中“曝光度”窗口中的参数滑块进行移动，修整曝光过度的照片。

图 3.79　色阶　　　　图 3.80　曝光度

5 曲线调整——实操

RGB 曲线调整（图 3.81）相比上述几种方法，在调整颜色上更为灵活，可以自行控制亮暗部分的比例，使图片整体呈现更好的明暗效果。

曲线调整的几种功能

功能一：提亮（图 3.82）。

功能二：压暗（图 3.83）。

功能三：S 曲线（增加对比度）（图 3.84）。

经 RGB 曲线调整后，图片整体的色彩元素更加丰富，画面整体层次也变得更为分明，对比效果也比较好。然而，这种调色方式也存有相应的局限性，虽然在处理一些对比度较低的照片时能够发挥出良好的作用，但对于那些本身对比度已经很高的图片而言，作用并不是十分明显。

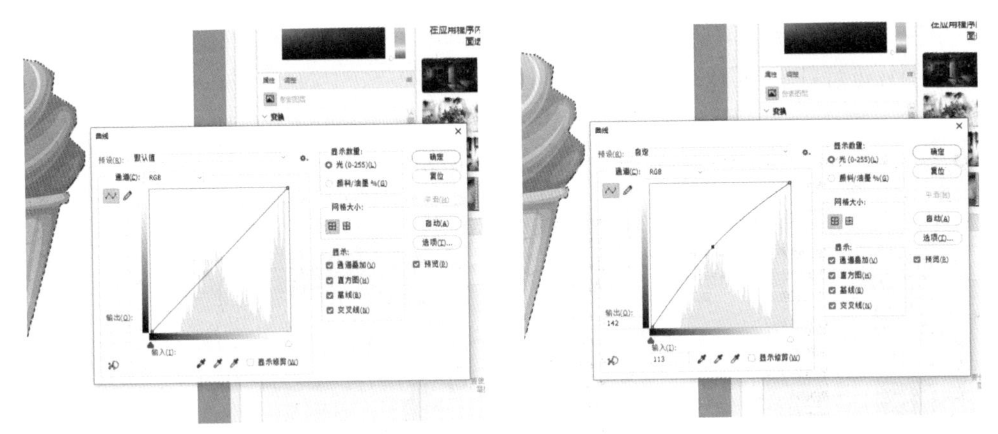

图 3.81　曲线工具

图 3.82　曲线提亮效果

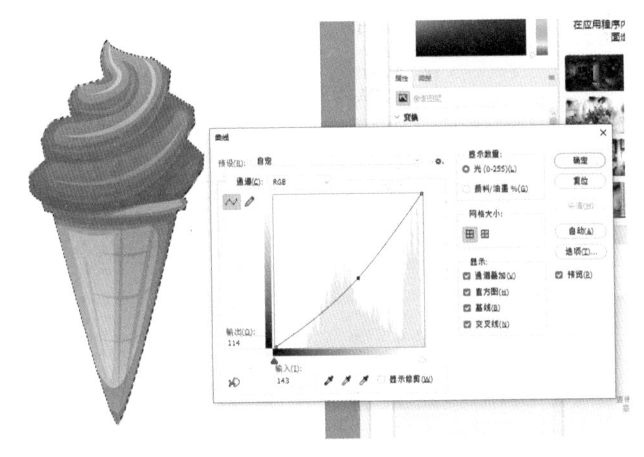

图 3.83　曲线压暗效果

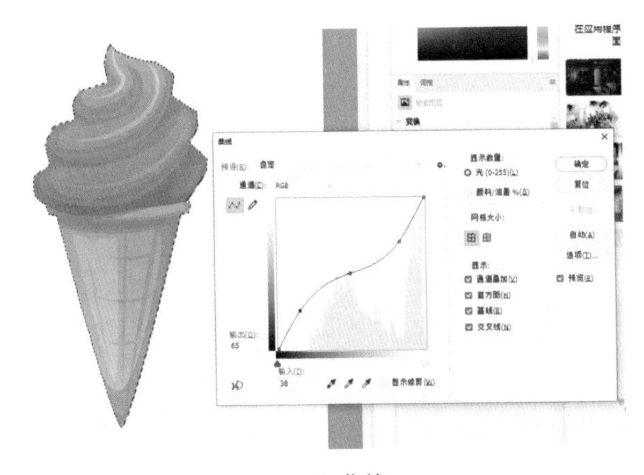

图 3.84　S 曲线

除上述几种常见的调色功能以外，Photoshop 还提供了多种功能的调色工具，能够对照片进行各个方面的调色处理，详见图 3.85 所示。

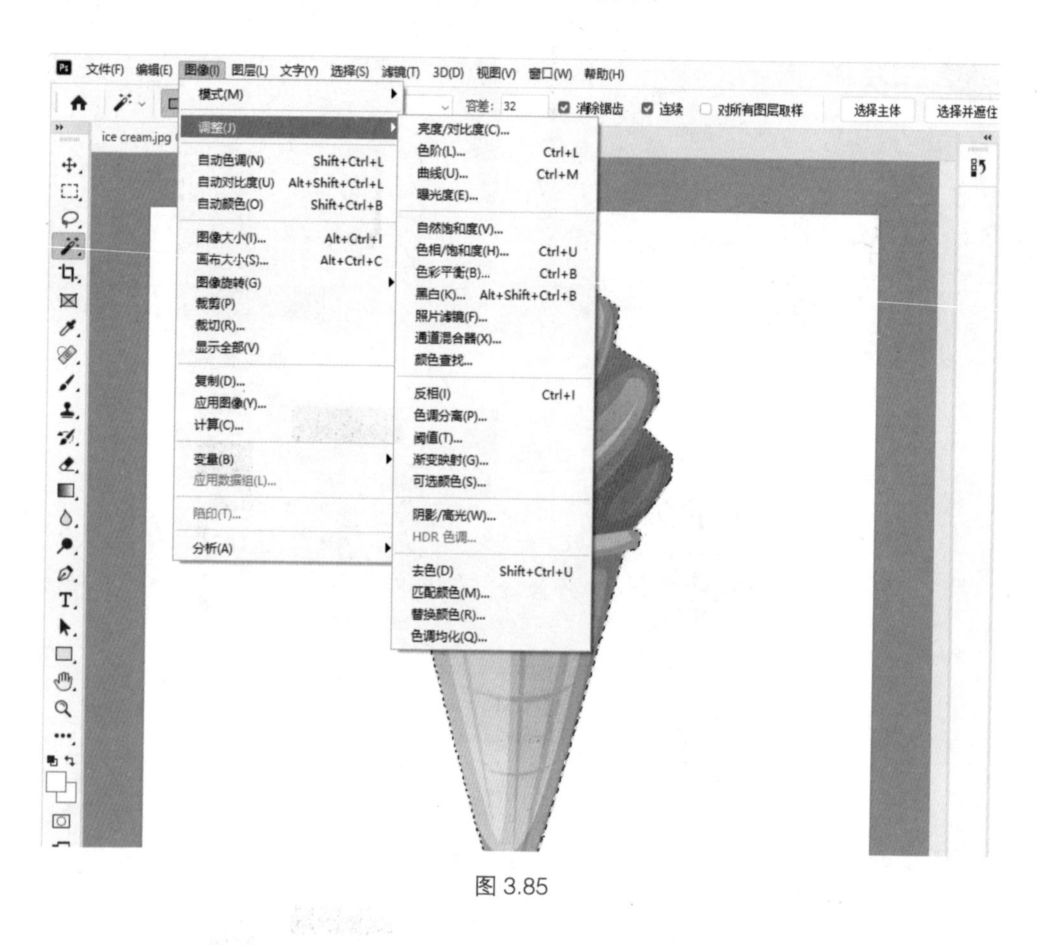

图 3.85

色彩修正的最终目的其实是为了让图片看起来更加舒适，然而由于每个人审美观念的不同，最终制作的图像也是千差万别。这里的“好”并没有一个固定的标准，所以后期处理也并不需要过分拘泥于大众看法，只要遵循初衷，每张照片都是一张好照片。

第四章

图像绘制及调整

Photoshop 主要用于处理以像素为基本元素的数字图像，使用众多的编辑工具及绘制工具，对目标图片执行各种操作。Photoshop 作为一款应用型软件，不仅能够用来修饰图像，同时也能进行图像创作，通过系列操作使图片效果更加突出。

4.1 Photoshop 色彩设置

4.1.1 前景色和背景色设置

前景色及背景色位于 Photoshop 左侧菜单栏下方。前景色一般做为插入颜色而存在，也就是新绘制的图形颜色。背景色指的是所处理照片的底色。图 4.1 当中①部分为默认前景色和背景色（G），默认状态下前景色为黑色，背景色为白色。点击该部分，即可对③前景色、④背景色的颜色进行重置，恢复其为默认颜色。②切换前景色和背景色，点击该按钮，即可实现前景色与背景色颜色之间的互换，可以作用于任何时候。

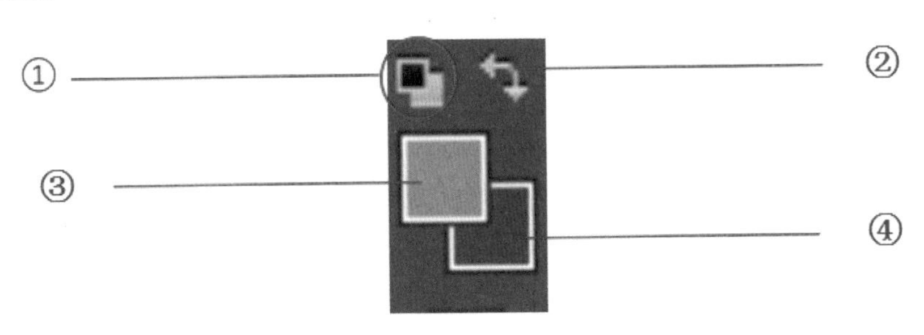

图 4.1　前景色及背景色

4.1.2 拾色器设置颜色

点击 Photoshop 左侧工具栏部分的前景色或背景色，即可打开拾色器面板，在该窗口可以通过 HSB、RGB、Lab、CMYK 四种常用模型的参数来进行目标颜色选取。拾色器可以完成对前景色、背景色以及文本颜色的设置，同时也可以为不同的工具、命令预设颜色。

HSB 为标准色轮，H（hues）代表色相，S（saturation）代表饱和度，B（brightness）代表亮度。这一色彩模式当中“S”和“B”呈现的数值越高时，色彩饱和度也就越高，整体颜色较为艳丽，能对人的视觉产生强烈冲击，有醒目的效果，不宜长时间注视。

RGB 色彩模式也就是我们常说的三原色原理，通过对红、绿、蓝三种颜色进行叠加从而得到各种不同的颜色。这一色彩模式基本包括了人类视觉所能感知到的所有颜色，在工业生产、日常生活当中的应用比较广泛。

Lab 色彩模式包含某个颜色域内的所有颜色。自然界当中的任何一种颜色都可以在 Lab 色彩模式当中进行展示，在计算机技术方面的应用最为广泛。L 代表亮度，a 表示从洋红色至绿色的范围，b 代表从黄色至蓝色的范围。Lab 色彩模式完美地弥补了 RGB 和 CMYK 两种色彩模式的缺陷。

CMYK 色彩模式也被称为印刷四色模式，C 代表青色（Cyan），M 代表洋红色（Magenta），Y 代表黄色（Yellow），K 代表黑色（Black）。

但在实际应用过程中也存在一些特殊情况，青色、黄色、洋红色进行叠加所得到的颜色更偏向于褐色，与标准黑色之间仍存在一定的差距，这也就使得 CMYK 色彩模式推出了一种全新的色彩模块——黑色。黑色的作用其实是为了加深暗部色彩所存在的。所以，CMYK 模式也被称为减色模式。

当阳光照射不同物体时，物体本身会吸收一定部分的光线，并将剩下的光线进行反射，这些被反射出来的光线也就是我们所看到的物体的颜色。图像印刷采用的基本都是这种色彩模式，能最大程度地避免色彩丢失。

点击图 4.1 当中的③④位置均会弹出对应的拾色器窗口，调整目标颜色时需要先将滑块移动至目标颜色部分，之后通过移动左侧画面当中小圆圈的位置来确定最终颜色。点击“确定”按钮，即可完成对目标颜色的选取。如果已经知道目标颜色的 HSB 值、RGB 值、Lab 值、MYK 值，可以在右侧的色彩模式部分输入相应数据，精确定义颜色，如图 4.2 所示。

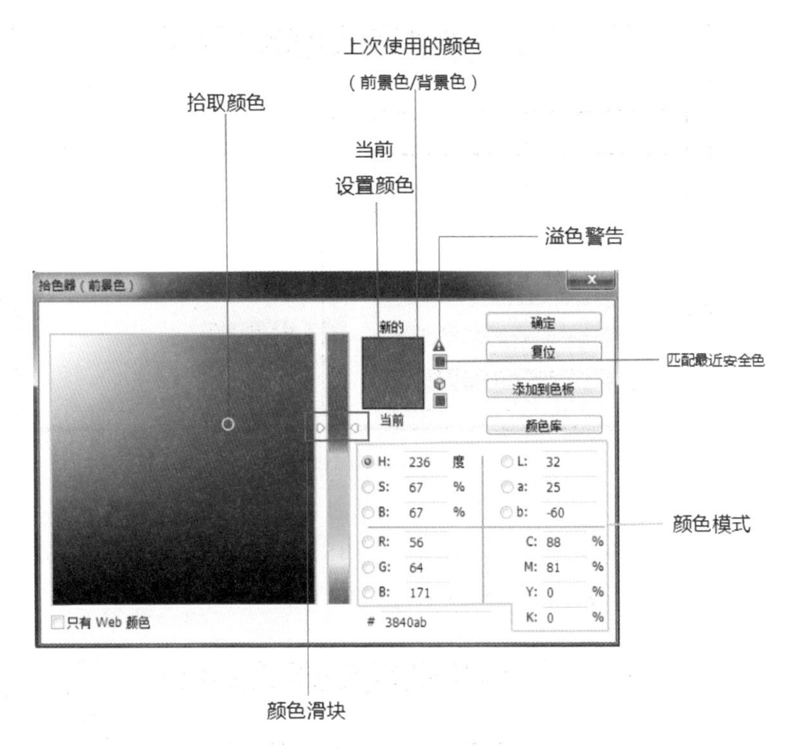

图 4.2　拾色器（前景色）

“拾色器”面板还有一个“颜色库”按钮，点击即可切换至“颜色库”对话框。同时“颜色库”窗口也有“拾色器”按钮，两个色彩面板可以相互切换。

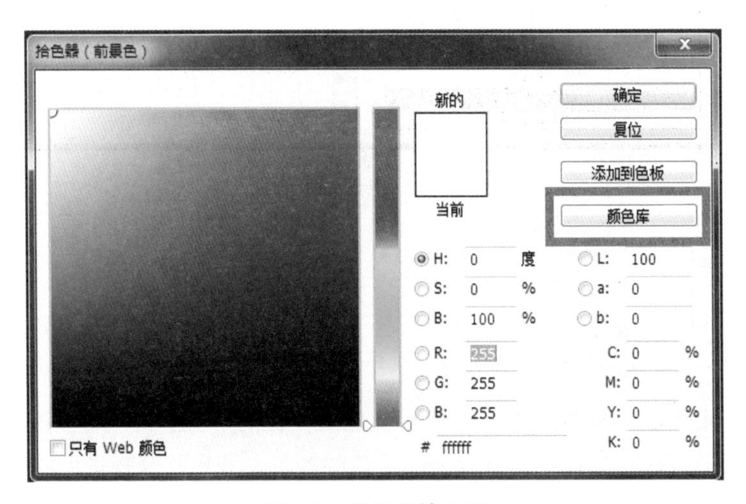

图 4.3　前景色拾色器

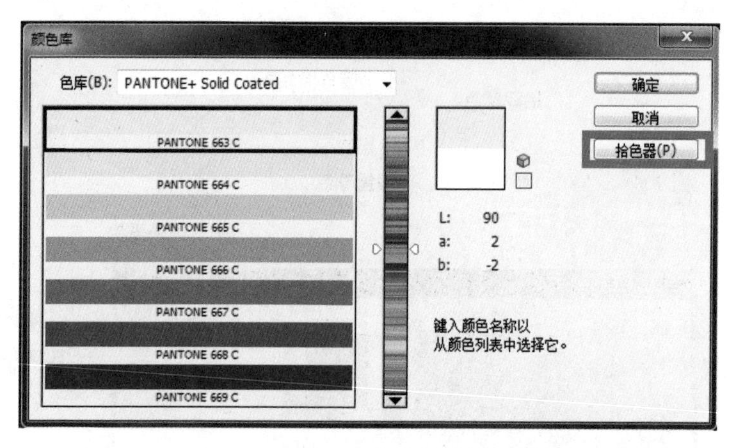

图 4.4 颜色库

在“颜色库”面板中的色库下拉列表当中选择一个颜色系统，也可以用来选取颜色。移动滑块至目标颜色位置，在色谱当中选择最终的颜色。

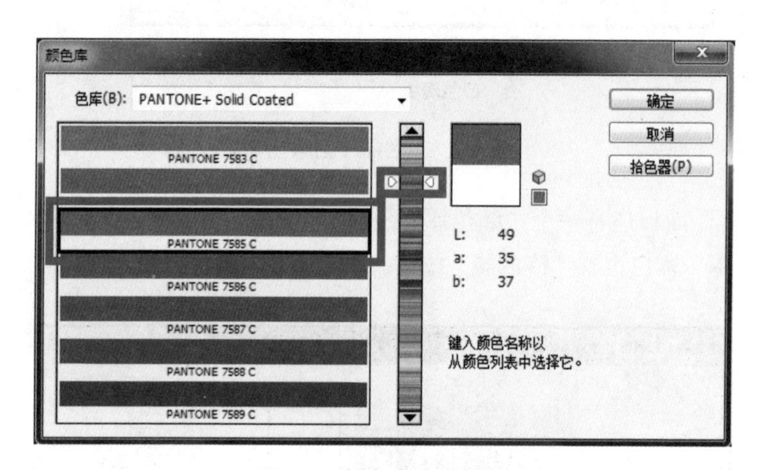

图 4.5 颜色库选取颜色

4.1.3 色板选取颜色

色板使用方法与拾色器有一定的相似之处。保持工具状态为左侧的吸管工具，在色板位置进行任意选择，即可改变前景色的颜色。若想改变背景色的颜色，只需要在选择颜色时一并按【Ctrl】键即可。

删除色板：将所要删除的色板移动至面板下方的“删除色板”按钮，即可删除该色板。

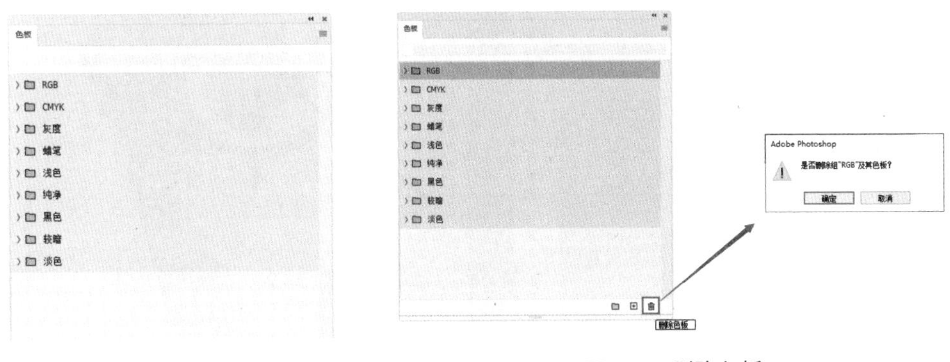

图 4.6　色板　　　　图 4.7　删除色板

创建新色板：单击色板下方的“创建新色板”，并在弹出的窗口中对新建色板的相关信息进行设置。

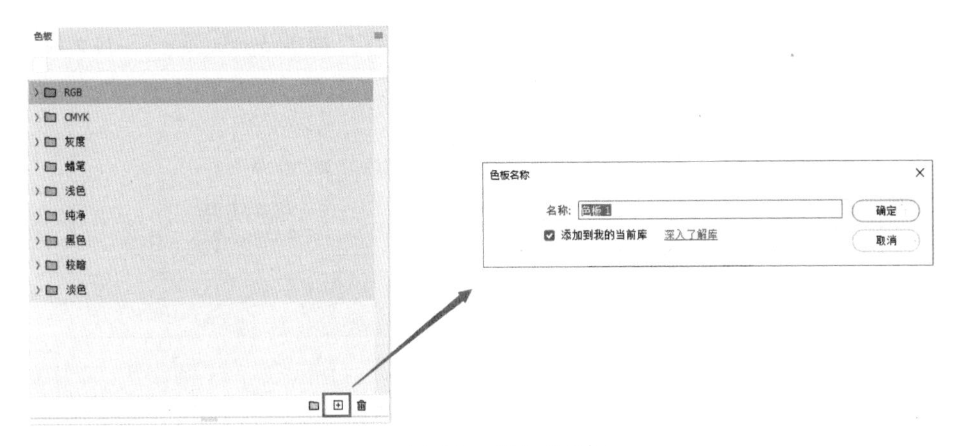

图 4.8　创建新色板

4.1.4　吸管工具选取颜色

吸管工具可以在图像或是调板当中吸取颜色。使用 Photoshop 当中的吸管工具，在目标颜色区域进行点击，即可将前景色更改为目标区域的颜色。如果想要改变背景色的颜色，只需要在吸取颜色的同时按【Alt】键。

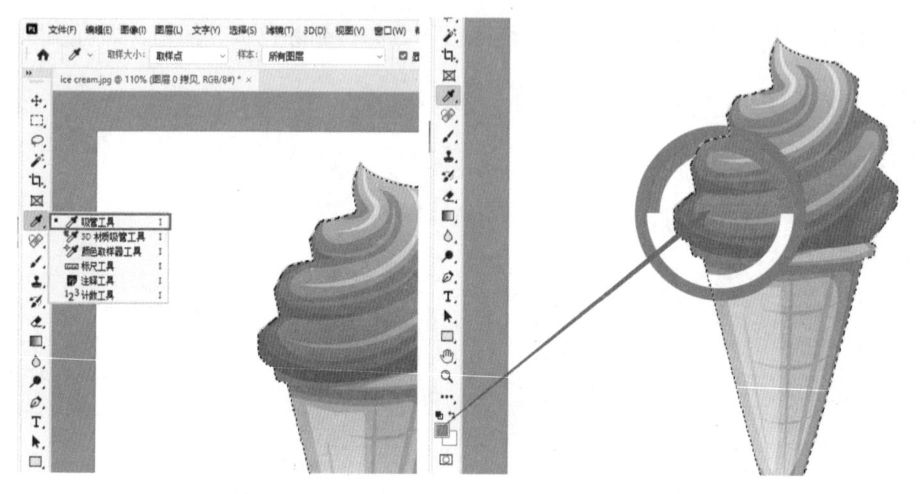

图 4.9　吸管工具　　　　图 4.10　吸管工具设置前景色

选择吸管工具后，上方选项栏部分也发生了相应改变，“取样大小”中的各个选项改变着吸管取样的大小。“取样点”表示以取样点位置所对应的一个像素的颜色为准，在进行颜色选取时较为精确。“3×3 平均”“5×5 平均”“11×11 平均”“31×31 平均”“51×51 平均”“101×101 平均”表示读取采样点周围 3×3、5×5、11×11、31×31、51×51、101×101 像素范围内颜色的平均值。

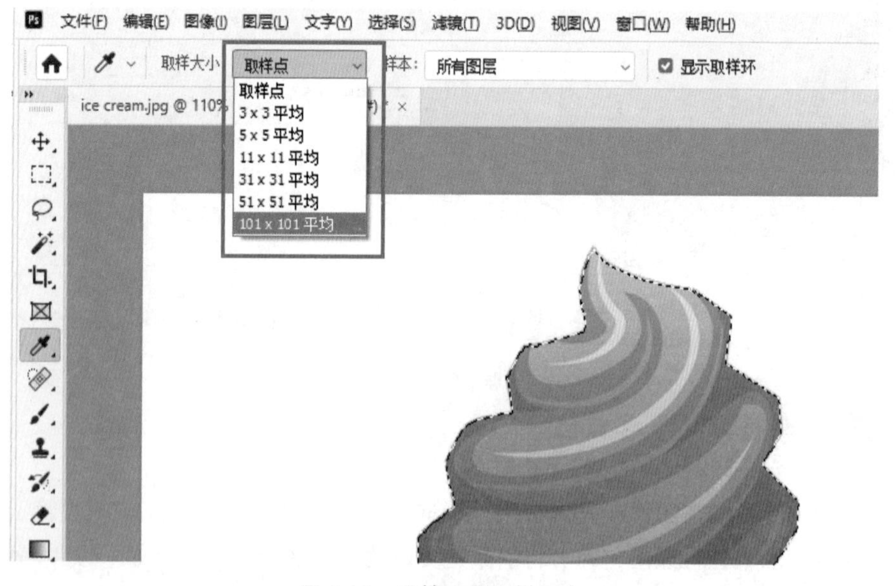

图 4.11　吸管工具取样大小

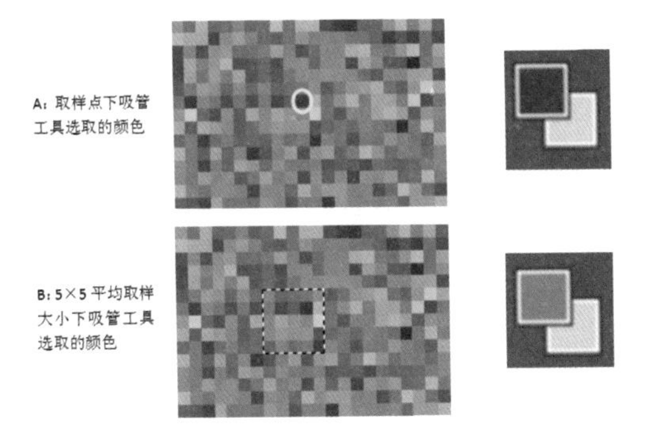

图 4.12　5×5 平均取样大小下吸管工具选择的颜色

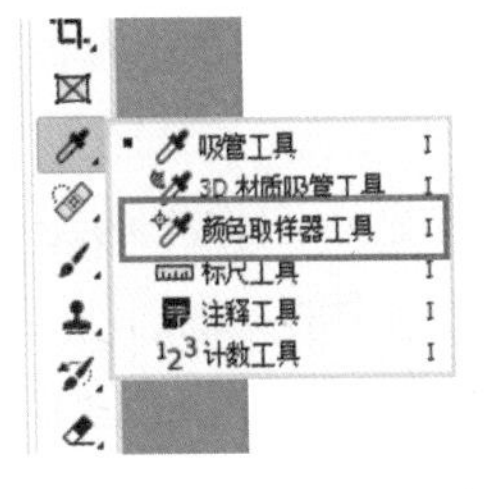

图 4.13　颜色取样器工具

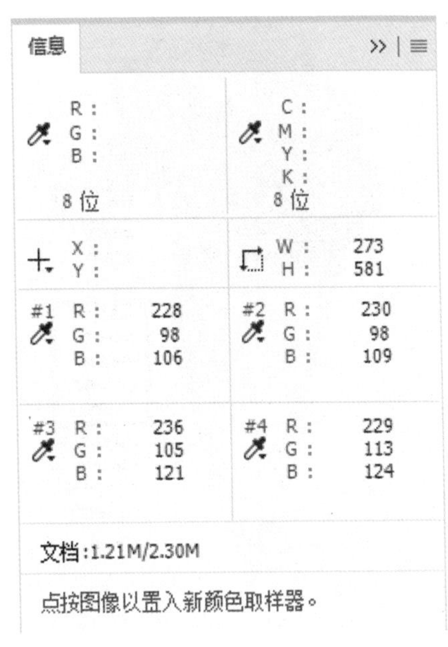

图 4.14　颜色取样器工作面板

在处理照片的过程中，如果需要了解该颜色的详细信息，可以借助颜色取样器工具。颜色取样器工具在图片编辑的过程中一般被用以对比多个部位之间的颜色差异，可以同时检测多个部分（例如高光部分、暗调部分）的颜色。观察数据变化即可对不同部位的颜色进行监控，从而保证各部分的颜色处于合适的范围之内，避免出现过度调整或色彩溢出的现象。颜色取样器工具最多可以对图片当中的 4 个位置进行取样，对应颜色信息将在右侧信息面板当中进行显示。

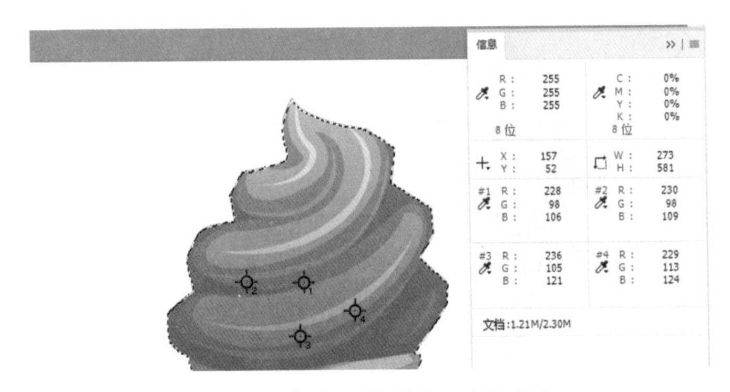

图 4.15　颜色取样器的四个取样点

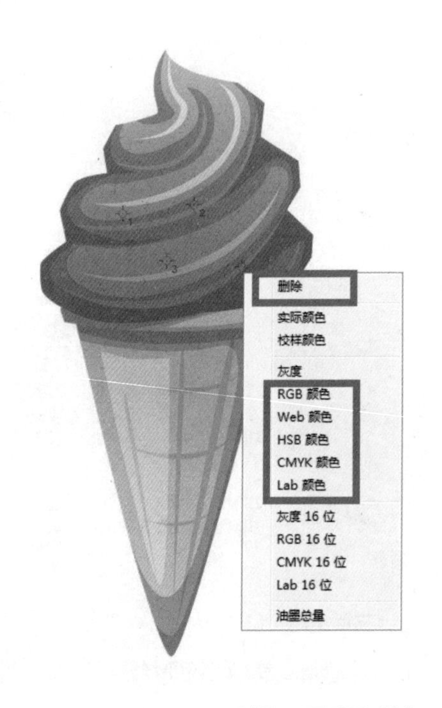

图 4.16　删除、更改取样点

更改取样点的位置：将鼠标放置在标记点上，等鼠标自动变成箭头形状即可实现对取样点的移动。

删除取样点：使用颜色取样器选择的每一个颜色都会有一个标记点，在右侧弹出的项目栏当中点击“删除”，即可完成删除操作。

更改颜色信息样式：在日常应用当中，RGB 色彩模式广泛应用于各个领域，所以在默认状态下，颜色信息面板显示的也是 RGB 色彩模式的三个数值。

隐藏或显示图像中的颜色取样器：菜单栏当中的“视图”/“显示额外内容”，选中状态下颜色取样器处于可见状态，复选该选项即可隐藏。

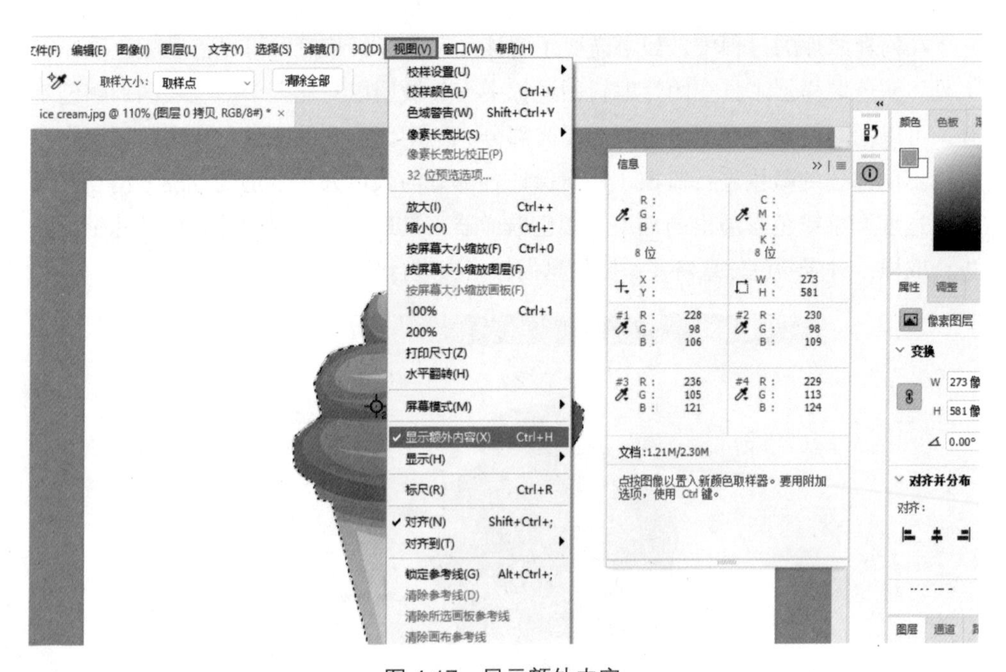

图 4.17　显示额外内容

4.2 绘图

画笔工具在 Photoshop 中多被用来执行上色、线条绘制等操作。通过更改画笔工具的相应属性，从而创作出各种图像效果。但正因画笔工具功能层面的强大，所以更需实操和不断积累，才能真正使用好这一工具。本章节将详细介绍画笔工具的常用属性及操作技巧，帮助初学者更好地理解及应用画笔工具。

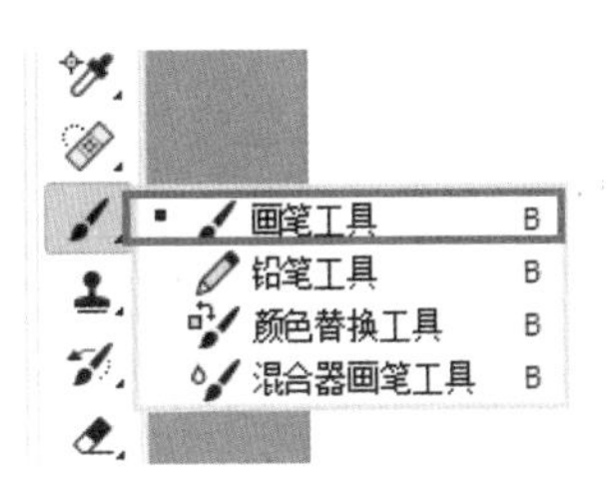

图 4.18　画笔工具

选择画笔工具后，菜单栏下方自动弹出画笔的常用属性，其中最常用的两个属性是“大小”和“硬度”，前者决定画笔大小，后者决定画笔边缘过渡效果。

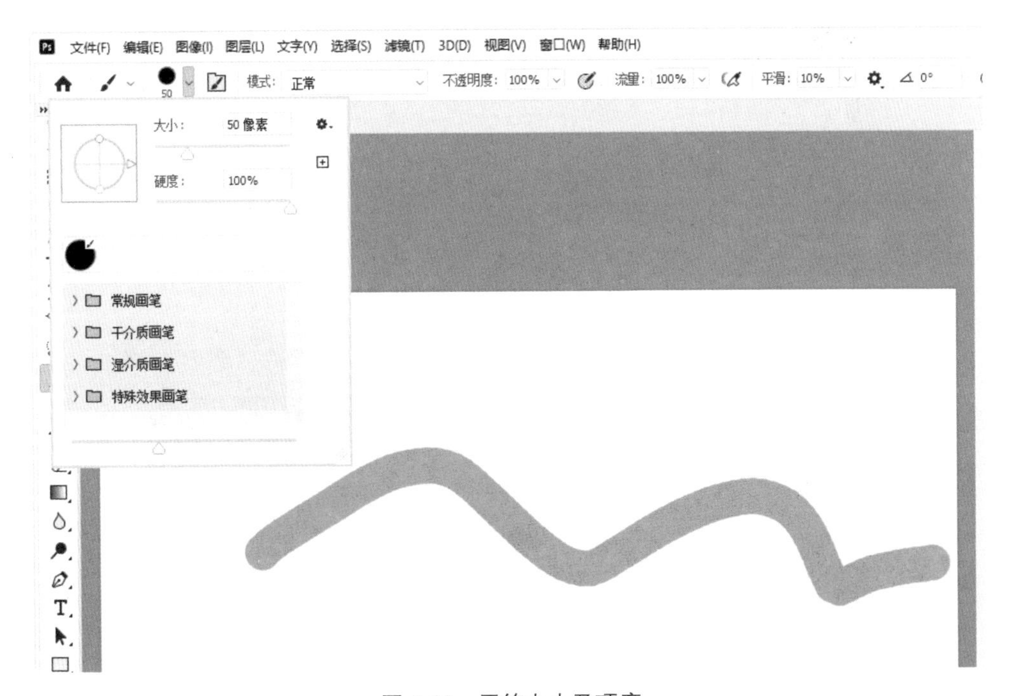

图 4.19　画笔大小及硬度

大小固定 30 像素标准下，其它属性发生变化时的画笔效果参见图 4.20、图 4.21、图 4.22、图 4.23、图 4.24 所示。

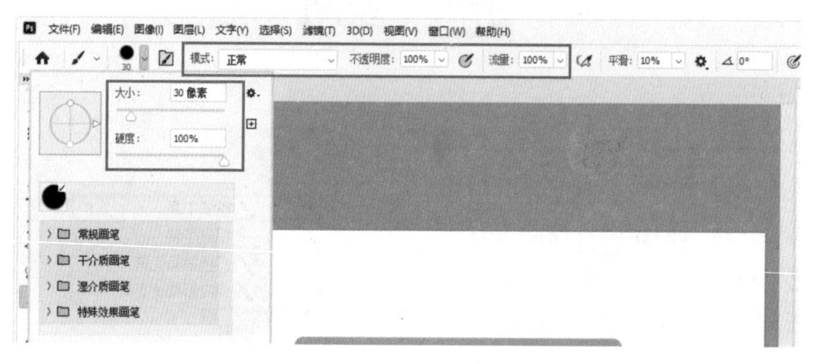

图 4.20 硬度：100% 模式：正常 不透明度：100% 流量：100%

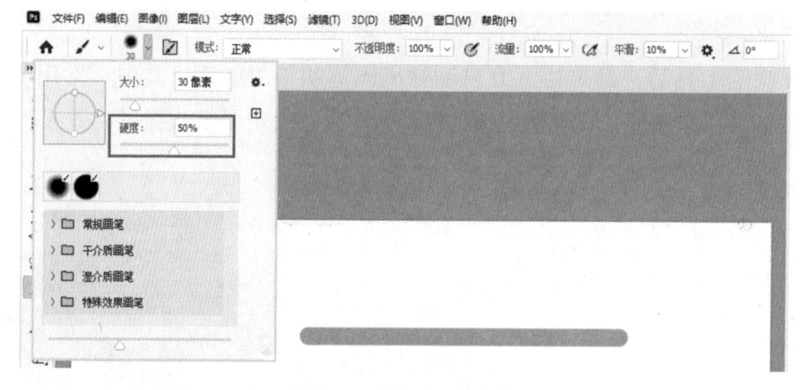

图 4.21 硬度：50% 模式：正常 不透明度：100% 流量：100%

图 4.22 硬度：0% 模式：正常 不透明度：100% 流量：100%

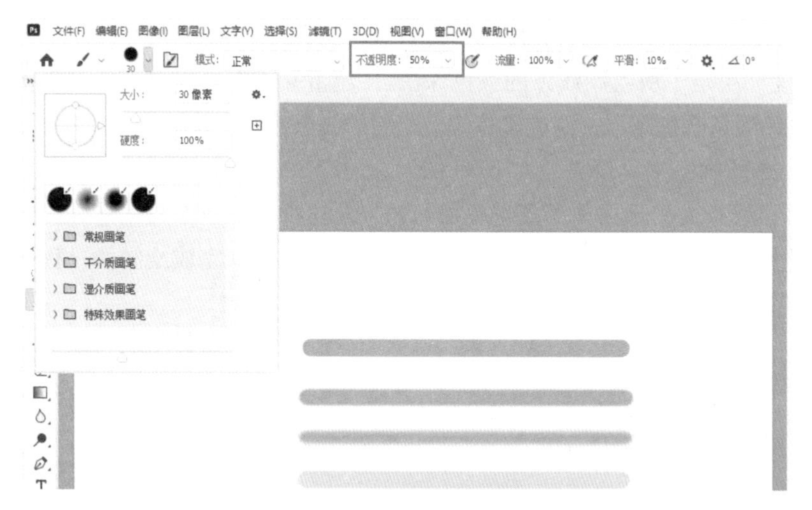

图 4.23　硬度：100%　模式：正常　不透明度：50%　流量：100%

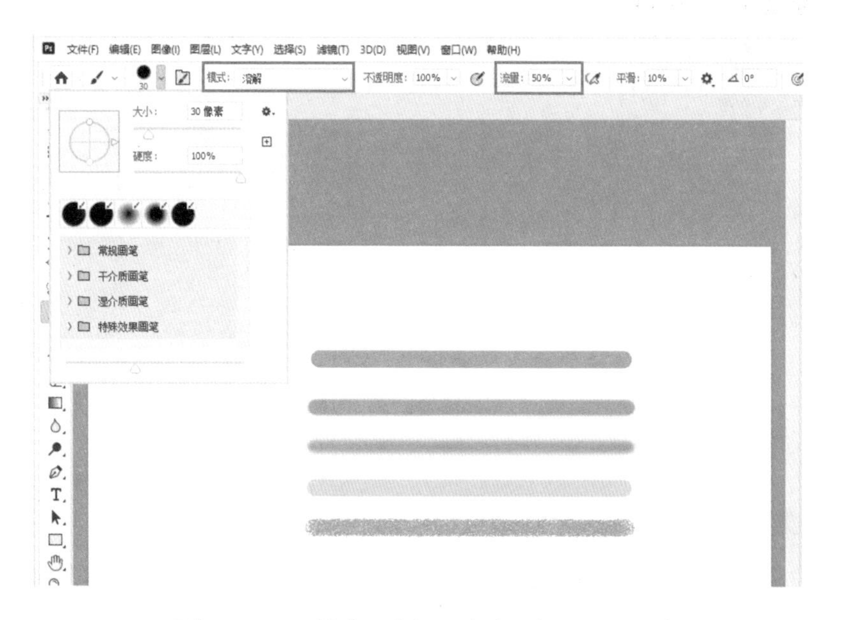

图 4.24　硬度：100%　模式：溶解　不透明度：100%　流量：50%

画笔工具属性当中的“大小”决定所绘线条的粗细，以像素为单位。画笔“硬度”一方面改变着所绘制线条的边缘效果，另一方面在视觉上也有了一定的缩减。但这其实并不是说画笔的粗细发生了改变，而是由于硬度变化，使线条边缘部分整体呈现出一种虚化状态，视觉上更细。这种效果放在实际绘制过程中，硬度高的像是用了很大的力气落笔，硬度低的看起来似乎只用了一点点的力气。画笔工具的“不透明度”决定了所绘制线条的颜色深浅。“流量”控制画笔颜色的轻重，流量越高，绘制的线条颜色越深，而流量越低，绘制的线条颜色也就越浅。

图 4.25 的画笔工具设置为大小 30 像素，硬度 100%，模式为溶解，不透明度设置为 20%，线条交叉处出现了颜色叠加的效果。这种叠加效果是画笔分次绘制交叉的情况下所出现的。而在鼠标左键按下开始绘制直到松开完成绘制的过程中无论线条交叉多少次都不会产生色彩叠加的效果。

图 4.25　画笔单次绘制及多次绘制

在工具栏当中选择画笔工具之后，上方属性栏当中会自动弹出画笔工具的系列属性设置，“硬度”属性下方是不同的画笔形状，其中有星形、鹿形等多种画笔效果，通过改变画笔的不透明度、流量、像素大小等属性，即可控制所绘制图像的颜色深浅、稀疏程度、大小等，从而使所绘制的图像接近预期效果。

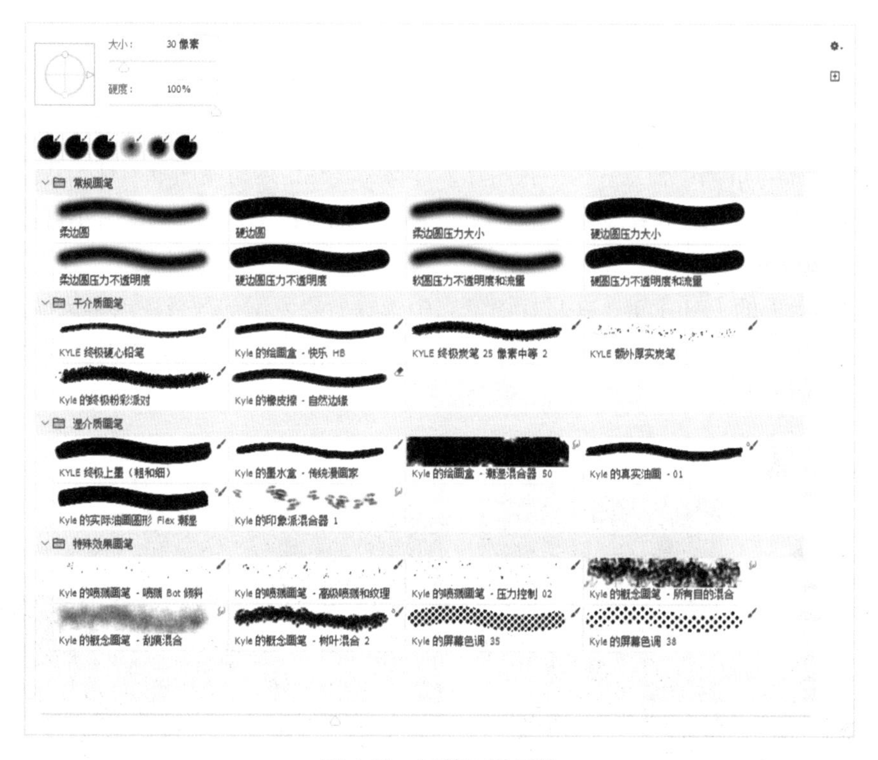

图 4.26 画笔工具属性

4.3 图像修复

早在文艺复兴时期，人们就有了修复意识，通过一些辅助工具对那些历史悠久的艺术品进行修复。后期随着计算机技术的发展变革，修复功能也逐渐延伸至电子图像领域。图像修复现已是计算机图形学和计算机视觉中的一大研究热点，Photoshop 也被越来越广泛地应用于图像修复当中，如去除多余部分，使图片状态保持完美等。

4.3.1 去除照片瑕疵及多余场景

日常拍摄时，你是否经常会遇到这样的尴尬情况：出门游玩想要拍一张好看的照片，却变成了人山人海的游客照；精心选好了构图，但关键位置却出现了一只垃圾桶。仿制图章工具能完美地消除这一尴尬，利用周围图像覆盖瑕疵部分或多余部分，保证照片的整体协调性。

仿制图章工具的使用方法：

在 Photoshop 当中任意导入一张图片，选择工具栏中的仿制图章工具，并设置画笔相应属性。这里将画笔属性设置为大小 259 像素，硬度 100%。画笔大小可依据所要复制形状的大小进行调整。

按键盘上的【Alt】键，在目标图像当中选择所要复制的区域，点击鼠标左键，此时仿制图章工具会完成对该部分的复制。完成后松开【Alt】键，在图像其他部分进行点击即可出现所复制部分，如图 4.28 所示。

图 4.27　设置仿制图章工具属性

图 4.28　仿制图章复制图形

图 4.29　自由变换图像

在定义好所要复制的区域以后新建图层，在新建图层里进行复制，执行菜单栏中的“编辑”/“自由变换”可以自由更改所复制部分的形状。

需要注意的一点是，在使用仿制图章工具时，经常会需要重新定义取样点。选中仿制图章工具属性栏中的“对齐”，无论对图像进行了多少次绘制，都可以重新定义一个全新的取样点。当“对齐”处于取消选择状态时，每次绘制时所使用的都是同一个样本像素。

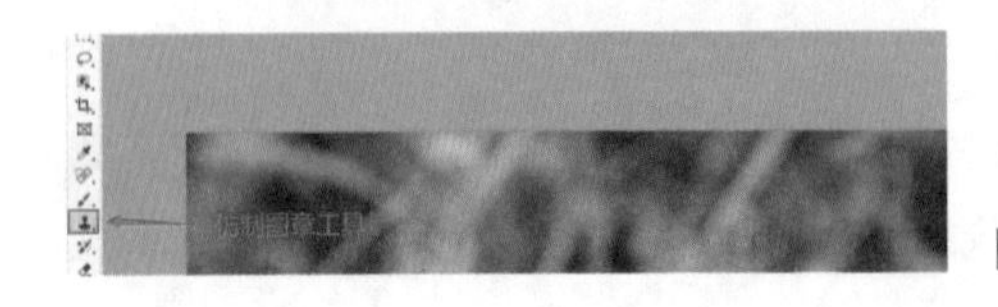

图 4.30　仿制图章工具属性

4.3.2 面部修饰

随着大众审美需求的提升，面部精修的标准也逐步发生了改变。除了去除面部明显瑕疵之外，更追求保持人物本身特色，尽可能地缩小图片同本人之间的差异，还原照片的真实感。然而，皮肤状态是影响拍摄效果的重要因素，无论男性还是女性，总是避免不了黑眼圈、肌肤暗沉等现象。这种状态下拍摄出来的照片也十分不理想，后期处理就显得尤为重要。

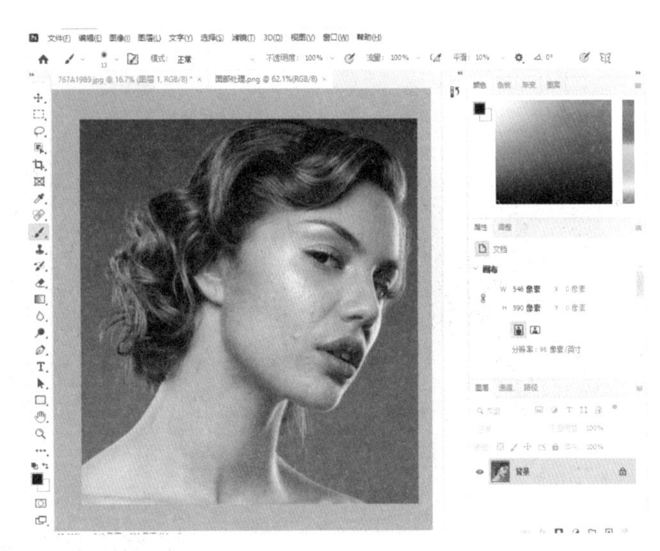

图 4.31　面部修复素材

在 Photoshop 当中打开素材图片，如图 4.31 所示。

首先，我们需要对人物面部的痘痘及瑕疵进行处理。

复制“背景图层”，在“图层 1”上进行相关操作。这一操作快捷键为【Ctrl】+【J】。

图 4.32　复制背景图层

选择工具栏中的“污点修复画笔工具”，在面部较为明显的痘印部分进行点击，效果如图 4.33 所示。

如果是对人物面部进行细节部分的调整，可点击菜单栏中的“图像”“调整”/“黑白”，之后新建图层，图层模式选择柔光。

图 4.33 修复痘印

图 4.34 更改图层模式

点击“图像”/“调整”/“曲线”，调整图像本身的明暗度。

选择画笔工具，调整不透明度为 10%，流量为 5%，明亮部分使用白色画笔，暗黑部分使用黑色画笔进行涂抹。

更改唇色：使用钢笔工具描出唇形，通过该路径新建“嘴唇”图层。鼠标选中“嘴唇”图层，填充颜色，RGB 参数为：233，99，99。模式设置为“正片叠加”，添加图层蒙版来修饰多余部分。

添加曲线，调整“蓝色曲线”使皮肤变白，调整整体曲线使明暗部分更加突出。

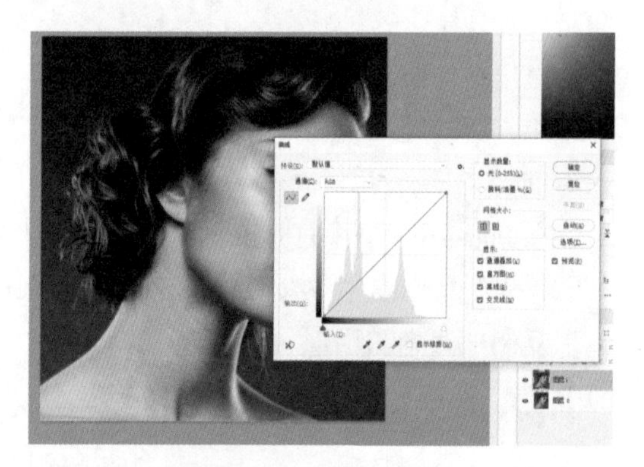

图 4.35 调整面部曲线

图 4.36 对比效果

4.3.3 图像擦除效果

擦除类工具，即用于抹除图像当中的某些部分，就像用橡皮擦擦去铅笔痕迹一样。在图片处理的过程中，直接使用橡皮擦工具的机会并不多，一般需要借助“蒙版工具”来使用。

橡皮擦工具：依据鼠标移动路径执行擦除工作，一般有三种使用模式，分别是画笔、铅笔、块（块模式下的橡皮擦工具为一个固定大小的正方形）。在普通图层上使用橡皮擦工具，被擦掉的部分将直接消失。

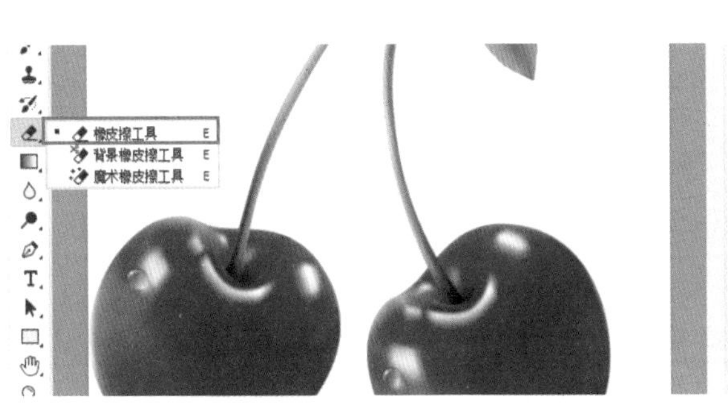

图 4.37　橡皮擦工具属性栏

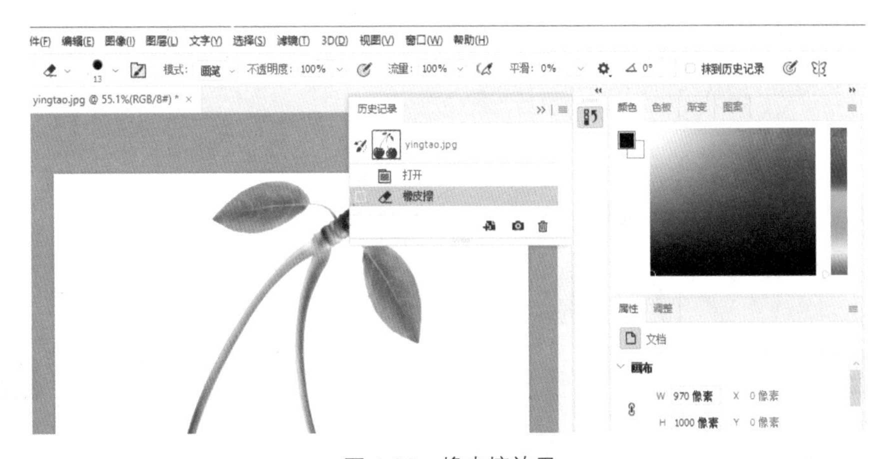

图 4.38　橡皮擦效果

背景橡皮擦工具基于色彩容差来使用，抹除取样点以及容差范围内的像素，可直接应用于“背景图层”。随着这一工具在图层当中展开应用，该图层也自动变为普通图层。

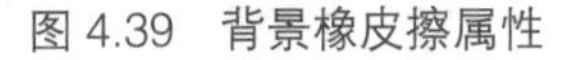

图 4.39　背景橡皮擦属性

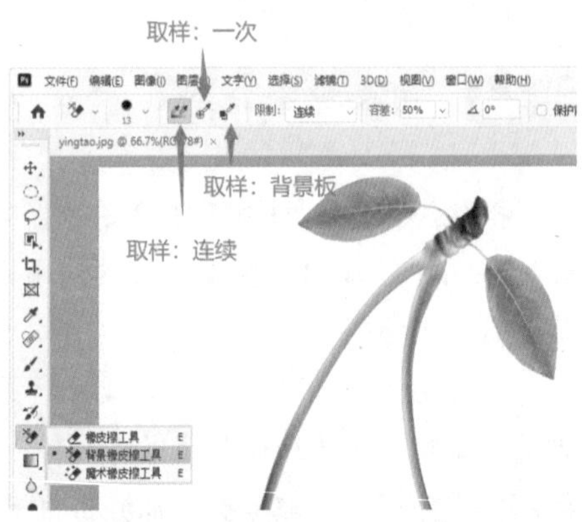

图 4.40　背景橡皮擦取样范围

取样设置为“一次”时，背景橡皮擦工具只会抹除符合条件的部分。取样设置为“连续”时，只对取样点周围的区域产生作用。取样设置为“背景色板”意味着将背景色作为取样色来进行使用。

相比背景橡皮擦工具，魔术橡皮擦工具所得到的也是透明区域，同时也可以直接作用于背景层。该工具与上面提到的橡皮擦工具以及背景橡皮擦工具相比，最大的不同之处就在于可直接对全图像进行操作。通过点击鼠标左键将容差范围内的部分擦除，而不需要移动鼠标位置。不透明度决定了删除程度，100% 意味着全部删除，50% 将得到半透明效果。

图 4.41　魔术橡皮擦工具属性

图 4.42　魔术橡皮擦工具效果

4.4　填充与描边效果

4.4.1　渐变工具

渐变工具可以实现色彩的自然延伸。在填充颜色的时候，可以实现一种颜色到另一种颜色的自然过渡，也可以实现多种颜色的逐步混合。

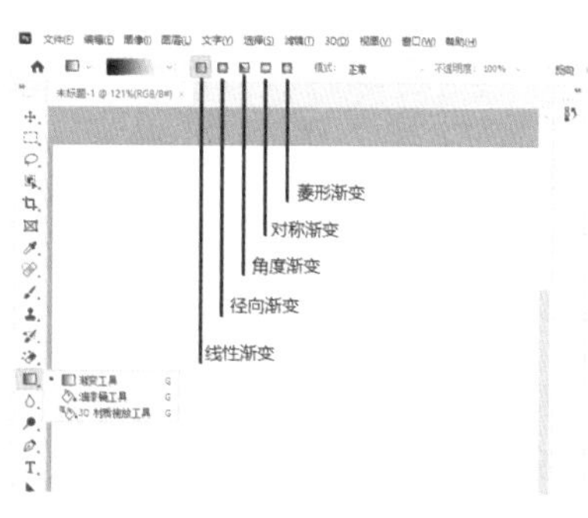

图 4.43　渐变类型

渐变工具的使用：

第一步：新建空白文档，同时选择渐变工具。

第二步：设置好相应的渐变属性之后，在文档当中按鼠标左键，依据预期渐变设定进行颜色填充。拉伸方向的改变会随之改变渐变方向。

第三步：选择图 4.45 所示位置的下拉按钮，即可更改渐变模式。

图 4.44　渐变填充

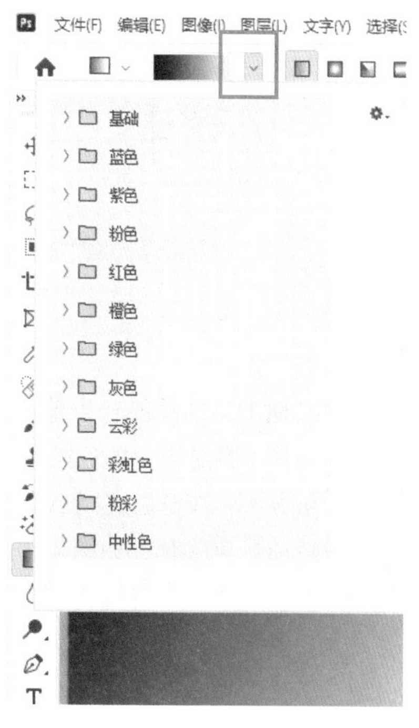

图 4.45　渐变模式

第四步：在图 4.46 所示颜色渐变的位置双击鼠标左键，打开渐变编辑器，自定义渐变颜色。

图 4.46　打开渐变编辑器

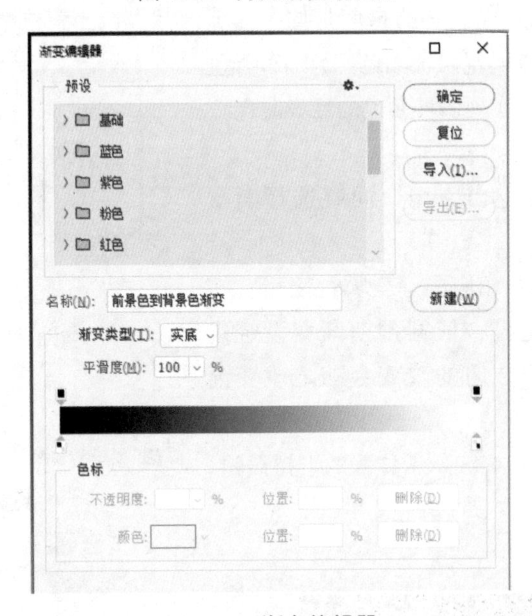

图 4.47　渐变编辑器

4.4.2　油漆桶工具

油漆桶工具的功能较为单一，颜色对应前景色。对于已经创建好的封闭选区而言，油漆桶工具是进行填色操作的不二之选。

使用方法：在空白文档当中创建矩形选区，如图 4.48 所示。

设置前景色颜色，如图 4.49 所示。一方面可以在颜色区域内部进行选择，同时也可以直接在拾色器右侧输入具体的数值来设置颜色。

在左侧工具栏中选择“油漆桶工具”，在矩形选框范围内点击鼠标左键，即可完成填色，如图 4.50 所示。

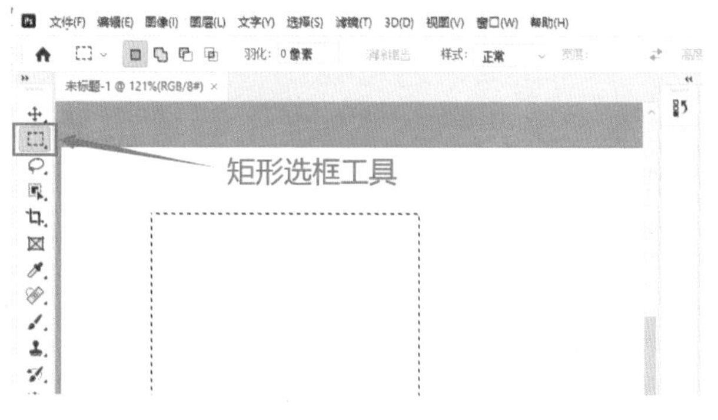

图 4.48　创建矩形选框

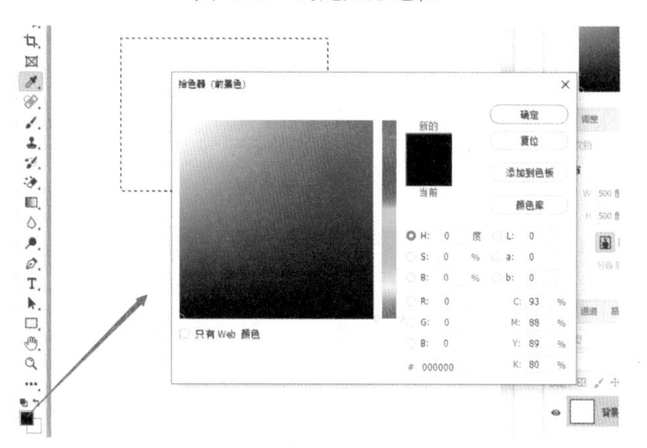

图 4.49　设置前景色

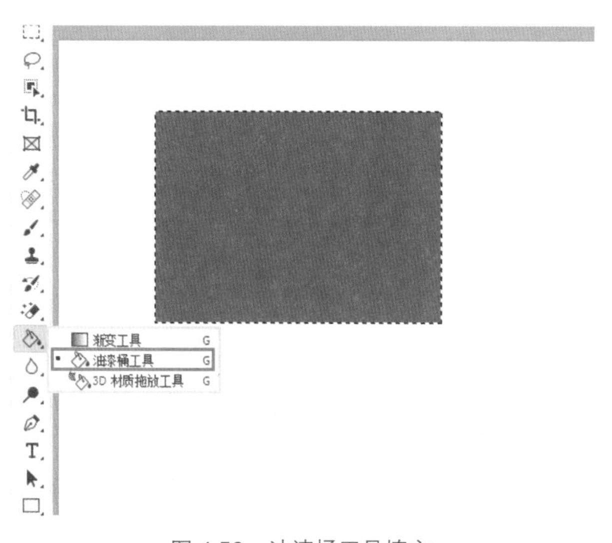

图 4.50　油漆桶工具填充

4.4.3 “描边”

在后期处理照片时，经常需要对图像主体的边缘进行颜色填充，那么怎么才能快速地为图片注入灵魂呢？我们打开素材图片，为图片当中的冰激凌元素创建一个新的边缘。

选择菜单栏中的“编辑”/“描边”命令，在弹出的窗口当中设置相应属性，这里我们将宽度设置为2像素，颜色为绿色，位置选择居中，如图4.52所示。

图4.51 创建冰激凌部分选区　　图4.52 描边

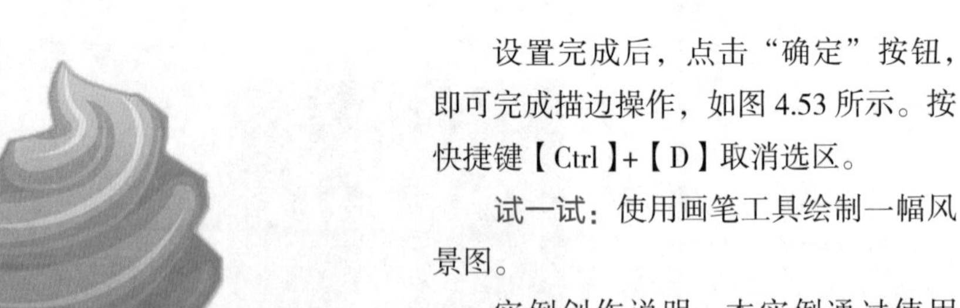

图4.53 描边完成

设置完成后，点击“确定”按钮，即可完成描边操作，如图4.53所示。按快捷键【Ctrl】+【D】取消选区。

试一试：使用画笔工具绘制一幅风景图。

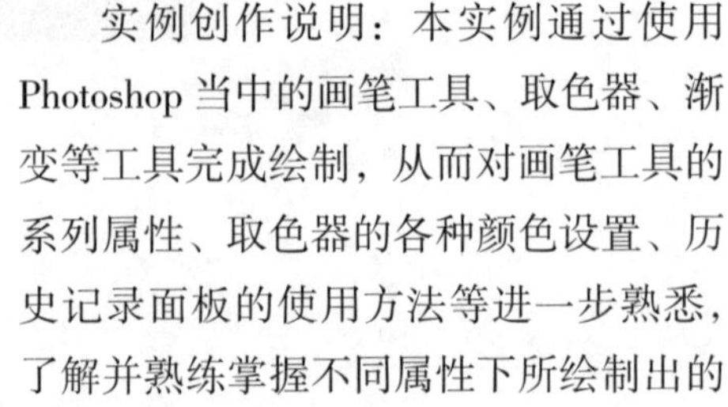

实例创作说明：本实例通过使用Photoshop当中的画笔工具、取色器、渐变等工具完成绘制，从而对画笔工具的系列属性、取色器的各种颜色设置、历史记录面板的使用方法等进一步熟悉，了解并熟练掌握不同属性下所绘制出的

图形效果，以及相关工具的实际应用方法和技巧。

图 4.54　风景效果图

新建一个空白文档，名称：风景，宽度：1920 像素，高度：1080 像素，分辨率：300 像素 / 英寸，颜色模式：RGB 模式，背景内容设置为白色。各项数据设置完成后点击“确定”按钮，完成文档新建，如图 4.55 所示。

图 4.55　新建

图层面板单击“创建新图层”按钮，将该图层命名为背景。将前景色设置为橘黄色，RGB 参数：R：234，G：111，B：52。设置完成后点击“确定”按钮。

将背景色填充为刚刚所设置的前景色颜色，快捷键【Alt】+【Delete】可以帮助我们在最短时间内完成这一操作。填充效果如图 4.57 所示。

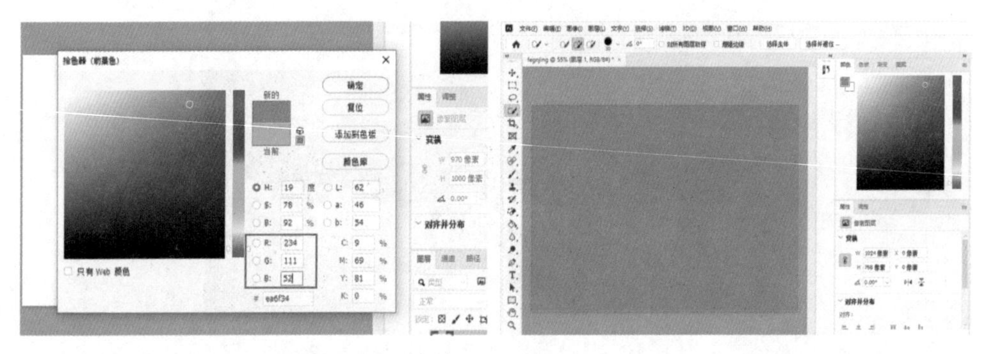

图 4.56　设置前景色　　图 4.57　背景填充

创建新图层，命名为“山 1”，使用画笔工具画出一座无规则山的形状，画笔颜色的 RGB 参数 R：212，G：227，B：54。效果如图 4.58 所示。

创建新图层“山 2”，使用钢笔工具画出一座无规则山的形状。需要注意的是，这一次绘制的山可以适当遮挡上一步骤绘制好的山，但不能全部覆盖。绘制完成后，按快捷键【Ctrl】+【Enter】键，即可将形状转化为选区，如图 4.59 所示。

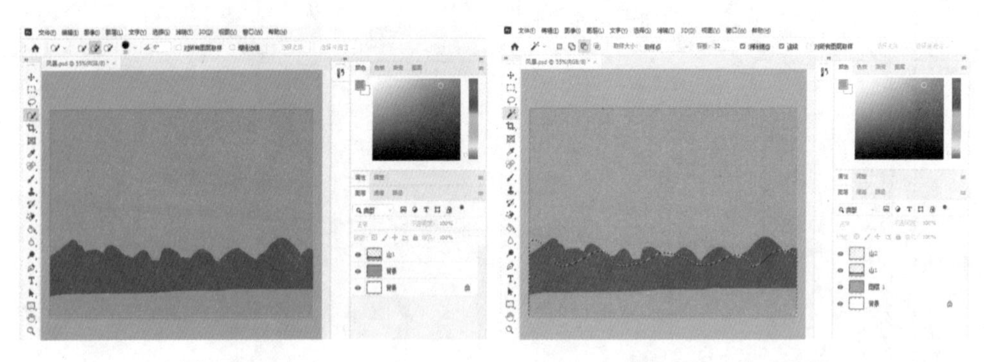

图 4.58　山 1　　图 4.59　山 2 选区

选择工具箱渐变工具，在上方属性栏中点击渐变编辑器，设置相应颜色，如图 4.60 所示。

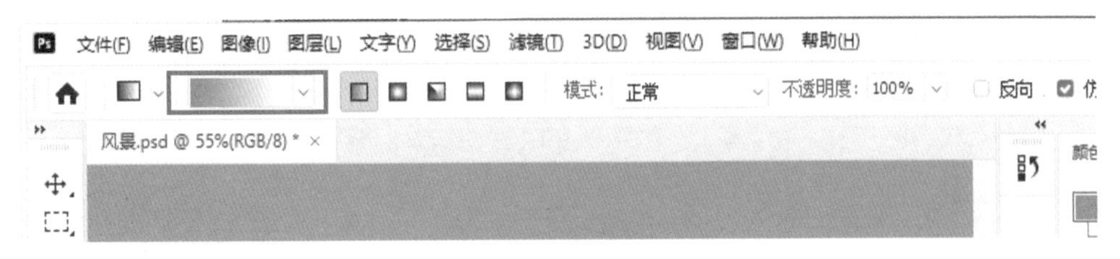

图 4.60　编辑渐变

设置 A 处的 RGB 参数为 R：99，G：120，B：26；B 处的 RGB 参数为 R:212，G：227，B：54。设置完成之后点击“确定”按钮，如图 4.61 所示。选中图层“山 2”，在选区部分按键盘上的【Shift】键，从下至上拉出渐变。快捷键【Ctrl】+【D】取消选区。效果如图 4.62 所示。

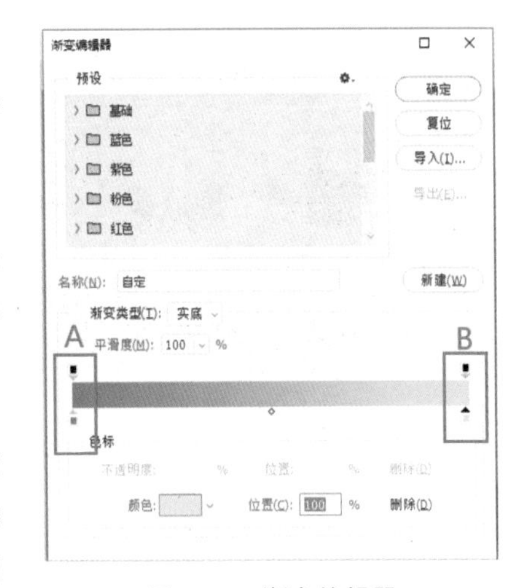

图 4.61　渐变编辑器

新建图层“云朵”。调整画笔工具像素，这里设置的是 57 像素，模式正常，不透明度 100%，流量 100%，设置前景色为白色，RGB 参数：R：246，G：241，B：238。绘制如图 4.63 所示云朵部分。

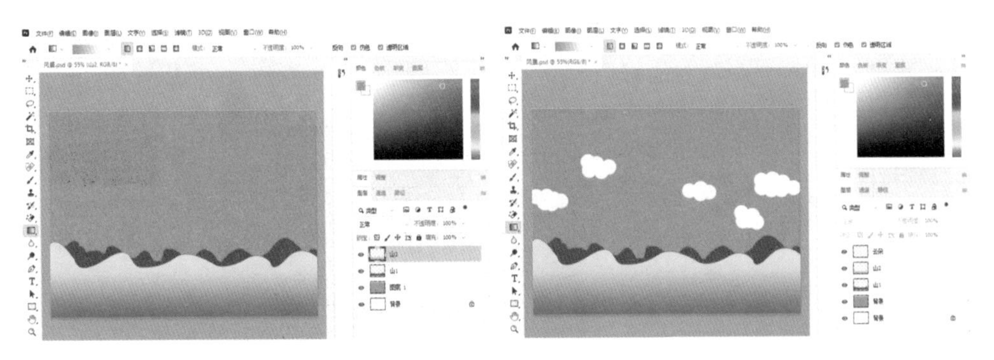

图 4.62　渐变效果　　图 4.63　云朵

新建图层“河流”，使用钢笔工具绘制河流路径，绘制完成后转化为选区，如图 4.64 所示。

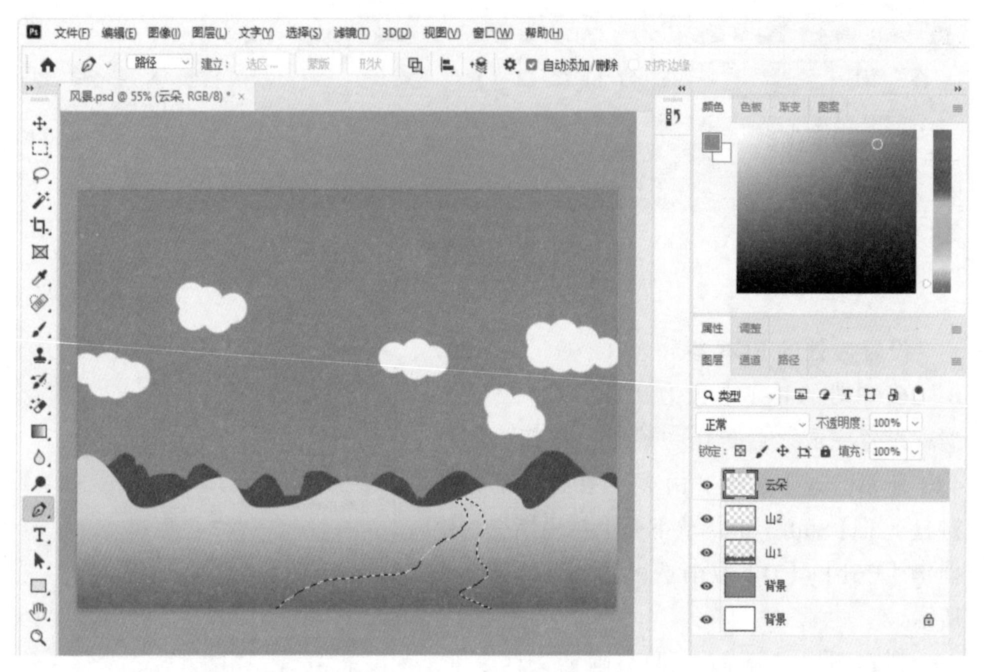

图 4.64　河流选区

选择渐变工具，打开渐变编辑器，设置图 4.65A 部分 RGB 参数为 R：235，G：185，B：74；B 部分 RGB 参数为：R：227，G:120，B：51。在河流选区的位置从下至上进行拉伸，进行渐变颜色填充，效果如图 4.66 所示。

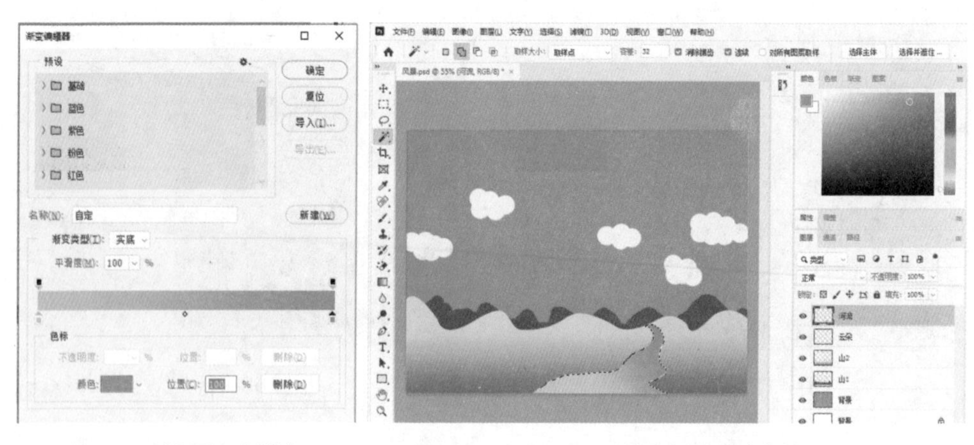

图 4.65　设置河流渐变　　　　图 4.66　填充河流渐变颜色

新建图层“树”，使用钢笔工具绘制树干部分，设置前景色为棕色，RGB 参数为：R：122，G：55，B：20。快捷键【Alt】+【Delete】可以快速完成树干部分的填色。继续使用钢笔工具绘制树冠部分。两部分的颜色可以根据个人喜好进行任意搭配，如图 4.67 所示。

绘制树木倒影，使用钢笔工具绘制树木阴影部分路径，并进行颜色填充，如图 4.68 所示。

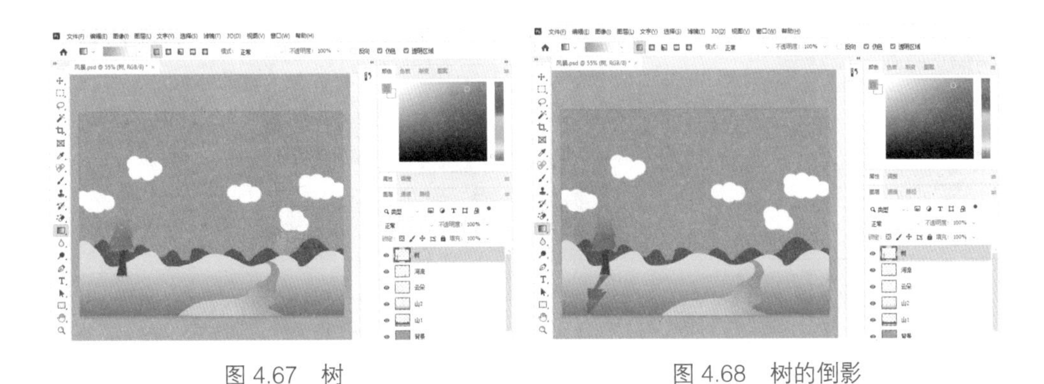

图 4.67　树　　　　图 4.68　树的倒影

选中图层“树”进行复制，调整“树图层副本”的大小和位置，如图 4.69 所示。

图 4.69　树图层及副本

将图层放置于“背景图层”位置，在画布整体右上方的位置绘制一个直径略大的椭圆，打开菜单栏中的“滤镜”/“渲染”/“镜头光晕”，将亮度设置为100%，镜头类型选择“50—300 毫米变焦（Z）”，如图 4.70 所示。

图 4.70　镜头光晕

图 4.71　效果图

第五章

蒙版及通道应用

5.1 认识蒙版

通常将选框内部区域称为选区，选框外部区域称为蒙版。蒙版对选区部分不产生作用，也可以理解为是对选区部分的一种保护。在后期处理照片时，图像某些部分并不需要进行修改，而在执行相关操作时，又不可避免地会影响到这些部位，所以就需要对这些部位进行“特殊保护”。在需要被保护部分的边缘，建立起一道“屏障”，蒙版就可以满足这一需求。如果将图层比作覆盖在图像上的透明薄膜，那么蒙版就像是覆盖在目标区域上的“一层布”。后续进行相关操作时，被蒙版遮盖的部分便不会发生任何改变。

Photoshop 的蒙版其实是将不同灰度色值转化为不同的透明度，并将其作用于所在图层。

蒙版不仅可以实现保护选区的作用，同时也能很好地营造一些创意十足的色彩效果。蒙版工具可以很好地完成选区创建、边缘淡化效果制作、图层融合等操作。需要特别注意的一点是，一个图层当中只能存有一个蒙版。

5.1.1 创建、删除、停用蒙版

为了帮助大家更好地理解蒙版，我们通过一个简单的案例来进行展示。

首先，新建一个背景色为白色、大小任意的空白文件，解锁背景图层并复制，更改图层名称为“图层 1”“图层 2”。

填充“图层 2”为橙色，可以通过快捷键【Alt】+【Delete】对其进行前景色填充，如图 5.2 所示。

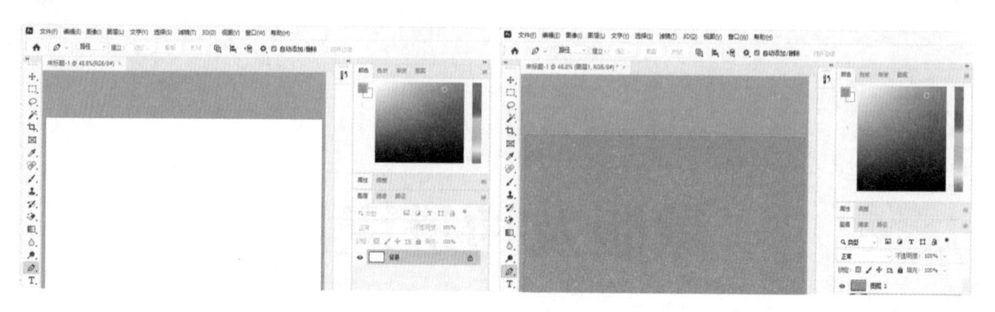

图 5.1　新建空白图层　　　图 5.2　将图层填充为橙色

选择图层面板下方从左至右第三个按钮“添加图层蒙版”，如图 5.3 所示。

在添加完图层蒙版之后，我们发现左侧的前景色与背景色颜色也发生了改变，前景色变成了黑色，而背景色变成了白色，如图 5.4 所示。

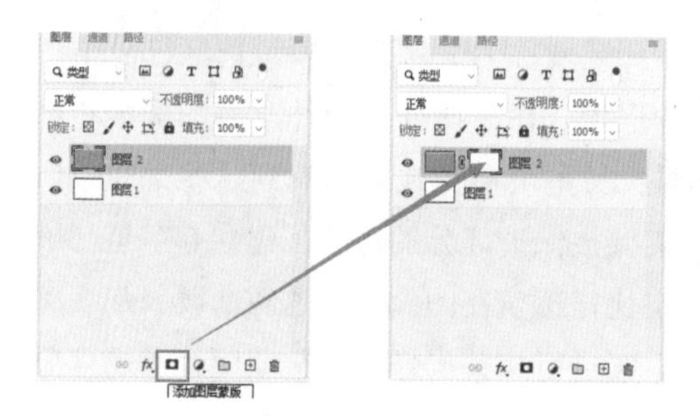

图 5.3　添加图层蒙版

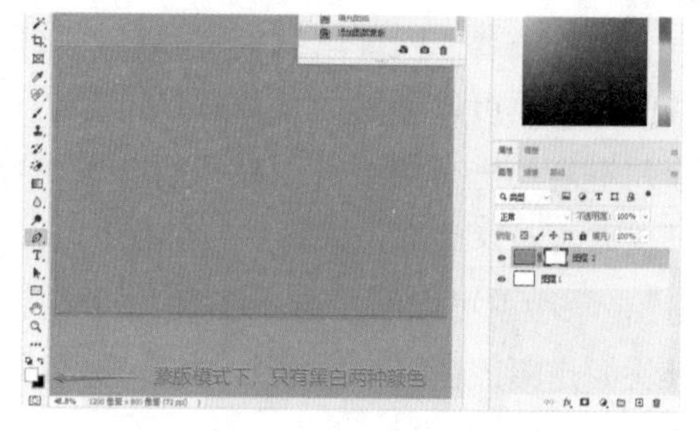

图 5.4　图层蒙版的两种颜色

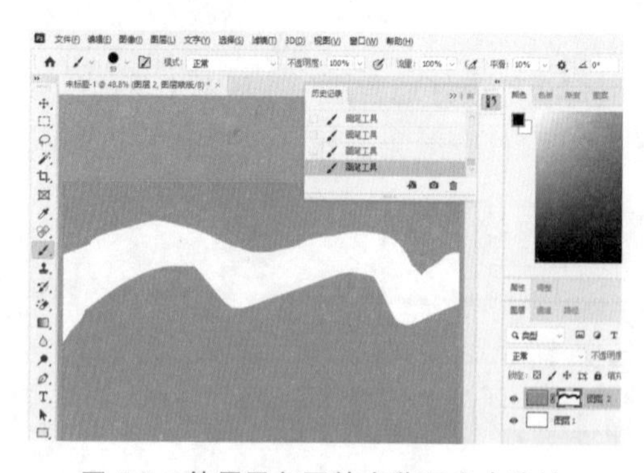

图 5.5　使用黑色画笔在蒙版当中涂抹

蒙版的使用：选择工具栏当中的画笔工具，在“图层 2”的蒙版上涂抹，画笔工具颜色对应前景色为黑色，效果如图 5.5 所示。观察右侧的图层蒙版缩略图，使用画笔工具绘制的几笔在图层蒙版当中呈现的是黑色，覆盖了原本“图层 2”的一部分，对应“图层 1”中的白色部分显示在了画面当中，如图 5.5 所示。

那么当画笔工具是白色时，图像会发生怎么样的变化呢？切换前景色与背景色，将画笔颜色转变为白色，其它数据不做更改，在画面当中进行绘制，如图 5.6 所示。在画笔绘制的过程中，原本已经被遮盖的部分又重新显示了出来。这也就是说，在蒙版当中，黑色用来遮盖图层，而白色则用来显示图层。

删除“图层 2”中的图层蒙版，将鼠标放置在图层蒙版上右击，在弹出的窗口中选择“删除图层蒙版”，即可实现这一操作，如图 5.7 所示。

再次打开一张素材图片，将鼠标放置在图 5.8 所示的文件名称位置，长按鼠标左键，向下方移动鼠标位置来缩小图片。

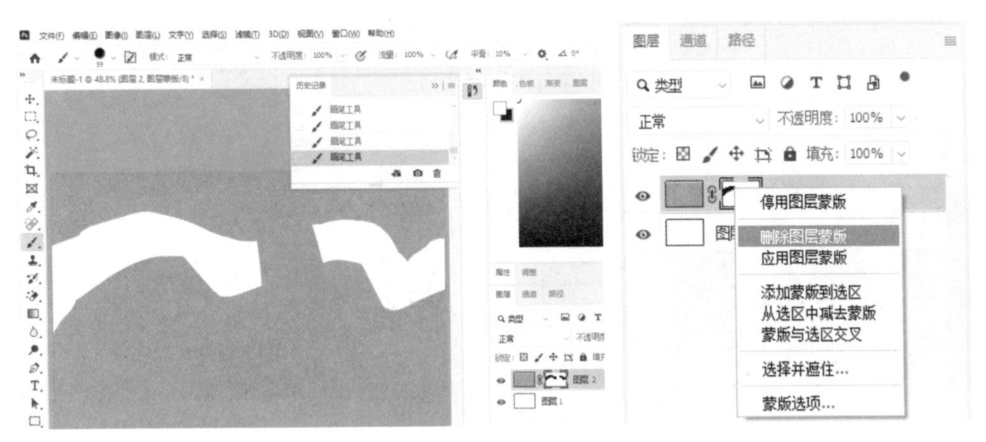

图 5.6　白色画笔在蒙版当中的绘制效果　　图 5.7　删除图层蒙版

图 5.8　素材图片　　图 5.9　缩小图片

选择工具栏中的“移动工具”，放置于名称为花盆图片中的任意位置，同时长按鼠标左键，将其移动至另一图像，如图 5.11 所示。

在“图层 3”中新建图层蒙版，如图 5.12 所示。

使用椭圆选框工具在画面当中创建一个合适的选区部分，选区形状及大小没有限制，如图 5.13 所示。

图 5.10　移动图片　　　　图 5.11　移动图片完成

图 5.12　新建图层蒙版　　　　图 5.13　创建选区

执行菜单栏中的“选择”/“反选”，如图 5.14 所示，实现选区翻转，效果如图 5.15 所示。

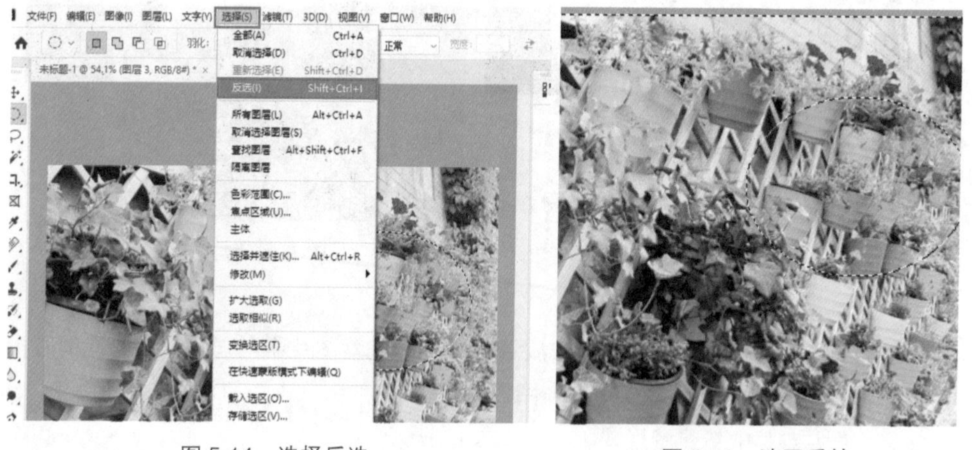

图 5.14　选择反选　　　　图 5.15　选区反转

使用油漆桶工具将选区部分填充为前景色，如图 5.16 所示。

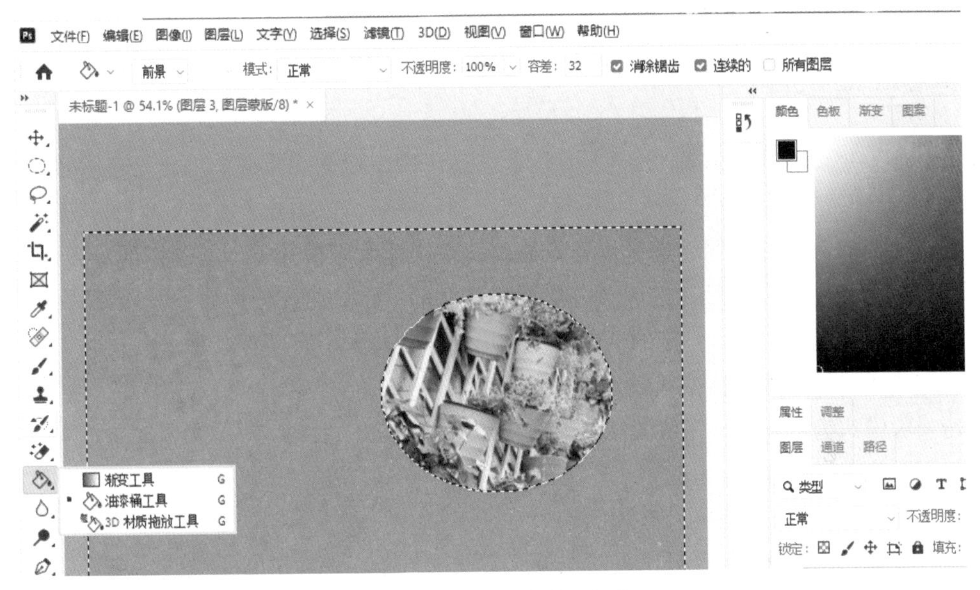

图 5.16　黑色覆盖选区部分

观察右侧图层位置，蒙版中的黑色部分对应图像当中的橙色部分，视觉上更像是遮盖了“图层 3”当中的一些部分，从而使“图层 2”对应的部分显示了出来。也就是说，在图层蒙版当中，黑色所起到的是遮盖作用，而白色发挥的则是显示作用。

停用蒙版：将鼠标放置于图层面板的蒙版位置，如图 5.17 当中红色选框的部分，在该位置点击鼠标左键，将蒙版更改为选中状态，之后点击鼠标右键，在弹出的菜单栏当中点击“停用图层蒙版”，即可停止使用当前蒙版。停用图层蒙版后，在图像当中所执行的其他操作保留，参见图 5.18 所示。

图 5.17　停用图层蒙版

图 5.18　图层蒙版停用

5.1.2 四种蒙版操作

如果想要对一个人的 Photoshop 技术进行评价，那么蒙版部分一定是考察重点。蒙版部分又被分为四种，分别是快速蒙版、图层蒙版、剪贴蒙版、矢量蒙版。

快速蒙版：可以用于选区创建及修改，在快速蒙版模式下，原图像部分为目标选区部分，红色区域是非选区部分。需要注意的一点是，在使用快速蒙版模式编辑之前，图像当中需要有一定的选区存在，选区部分及大小均没有限制。

使用快速蒙版编辑模式创建目标选区：在 Photoshop 当中打开目标图片，使用快速蒙版模式进行编辑，保留图像当中的花朵部分为选区。

具体操作步骤

步骤 1：打开目标图片，如图 5.19 所示。

步骤 2：使用快速选择工具对花瓣部分进行选择，如图 5.20 所示。

图 5.19　打开素材图片

图 5.20　创建选区

步骤 3：点击左侧工具栏中的“以快速蒙版模式编辑”，也可以之间按键盘上的【Q】键，如图 5.21 所示。

快速蒙版模式下的 Photoshop 状态，如图 5.22 所示。

步骤 4：使用画笔工具进行图片选区处理。保留下来的选区部分有很多多余的地方，仍需要做更细致的处理，可通过放大图片来对细节部分进行更为精细的处理。此时，可以利用键盘上的中括号来调整画笔像素大小，越是细微的地方所需要的画笔像素也就越小。白色画笔增加选区，黑色画笔用来减少选区。

步骤 5：再次点击快速蒙版，如图 5.24 所示。

图 5.21 以快速蒙版模式编辑

图 5.22 快速蒙版模式下的图像效果

图 5.23 使用黑色画笔及白色画笔进行调整

图 5.24 选区创建完成

快速蒙版工具可以对目标选区的细节部分进行更细致的修饰，使所创建的选区更加合理。

图层蒙版：常用于图片细节部分的调整。例如眼睛、嘴唇等位置的处理，大多是借助图层蒙版来完成的。

从功能层面上来讲，图层蒙版与橡皮擦工具有着一定的相似之处，都可以将图像当中的某些部分擦除。

二者的区别在于能否还原。橡皮擦工具将图片上不重要的部分擦除之后，除恢复操作以外是无法复原所擦除部分的，而图层蒙版却可以轻松实现不同部分的擦除及还原。

小案例

使用图层蒙版合成图片。

本案例借助 Photoshop 中的蒙版工具、橡皮擦工具、自由变换工具、移动工具等共同完成蝴蝶和花两部分的合成。在 Photshop 当中打开所要合成的两张素材图片，如图 5.25 所示。

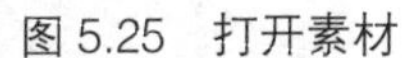

图 5.25　打开素材

图 5.26　复制图层

图 5.27　移动工具

打开名称为“hua”的图片，并对“背景图层”进行复制，如图 5.26 所示。

选择移动工具将名称为“hudie”的图像移动至名称为“hua”的图像当中，如图 5.27、图 5.28 所示。

移动后的效果如图 5.29 所示。

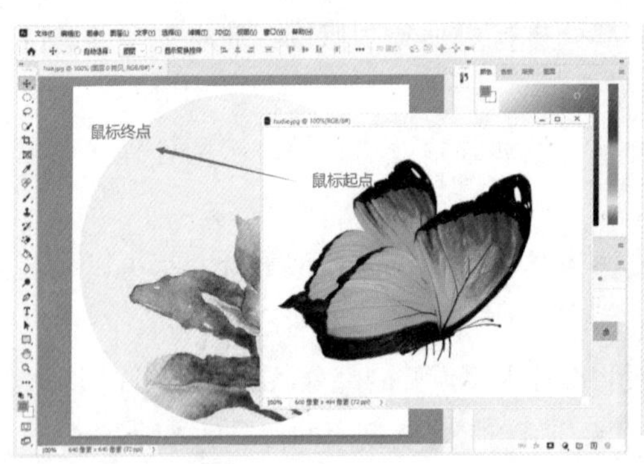

图 5.28　移动图片

图 5.29　移动效果

现在的蝴蝶比较大，整体的白色背景也很不协调，我们可以选择菜单栏中的“编辑”/“自由变换”来对蝴蝶的大小进行调整，如图 5.30 所示。

调整位置及大小后的效果如图 5.31 所示。

在蝴蝶部分双击，完成自由变换操作。

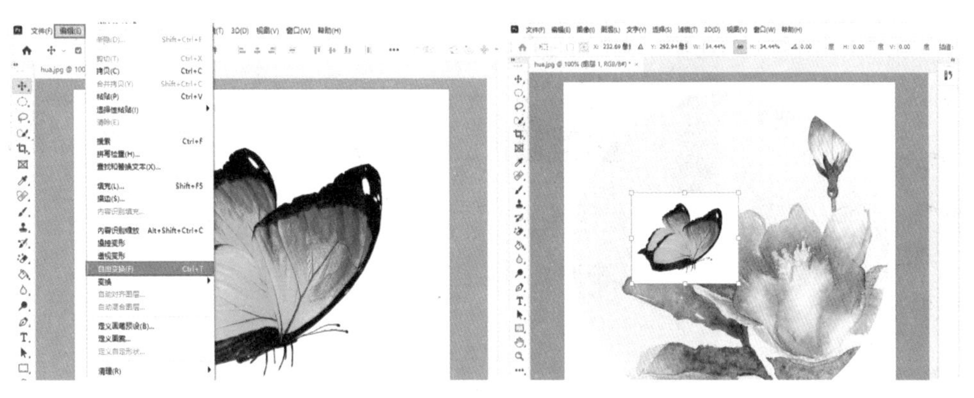

图 5.30　自由变化蝴蝶部分　　　图 5.31　完成自由变换操作

在“图层 1”上新建蒙版。选中“图层 1”，点击下方的“添加图层蒙版”，如图 5.32 所示。

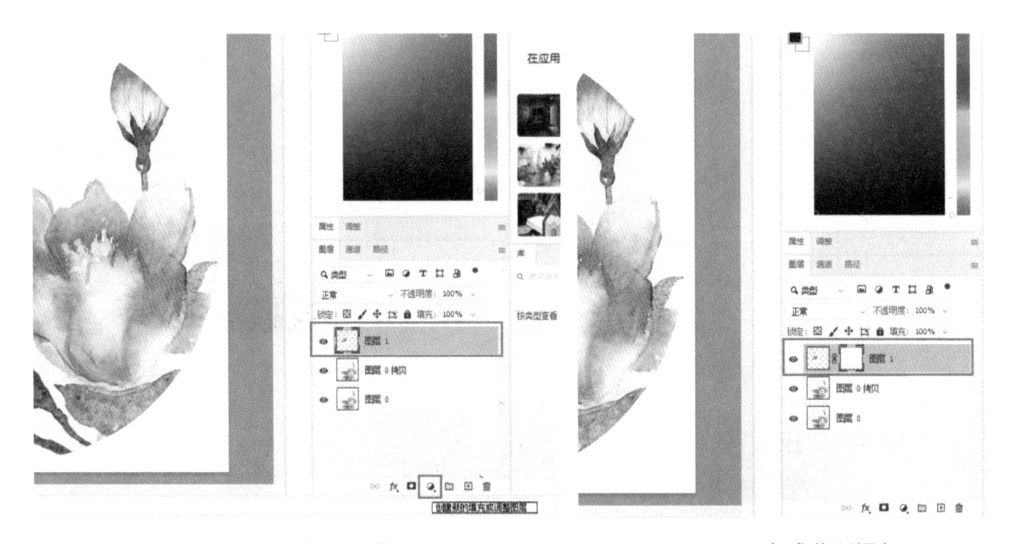

图 5.32　添加图层蒙版　　　图 5.33　完成蒙版添加

在“图层 1”的蒙版部分当中使用画笔工具对蝴蝶边缘部分进行调整，通过调整画笔工具的像素来对细节部分进行修饰，擦除蝴蝶部分的白色背景，使蝴蝶与画面成为一体，如图 5.34 所示。

将混合模式更改为“正片叠加”，营造蝴蝶翅膀的透明感，如图 5.35 所示。

合成效果如图 5.36 所示。

图 5.34　使用黑白画笔调整蝴蝶边缘　　　　图 5.35　正片叠加

图 5.36　合成效果图

剪贴蒙版：对图像的图层数量有一定的要求，最少需要两个图层。位于上方的图层决定形状，位于下方的图层决定形状内容。

打开素材图片并解锁背景，在“背景图层”的位置双击鼠标左键，即可弹出图 5.37 所示窗口，点击“确定”即可解锁。

图 5.37　解锁素材图片背景

点击图 5.38 中红色框部分的“创建新图层”，完成图层新建。

将鼠标放置在“图层 1”上，并长按鼠标左键将“图层 1”移动至“图层 0”的下方，如图 5.39 所示。

使用自定形状工具在“图层 1”绘制一个任意形状。先选择图 5.40 左侧工具栏中的自定形状工具，之后选择形状，在“图层 1”当中进行绘制，如图 5.41 所示。这里为了更好地显示“图层 1”的形状，暂时将“图层 0”隐藏了起来。

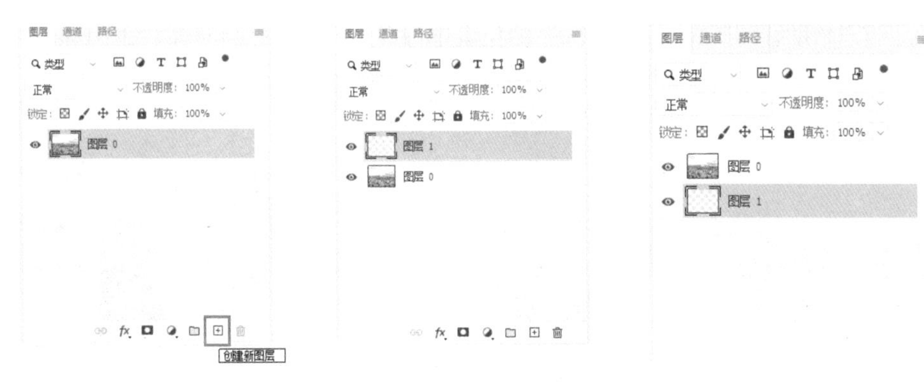

图 5.38　新建图层　　　　图 5.39　移动图层位置

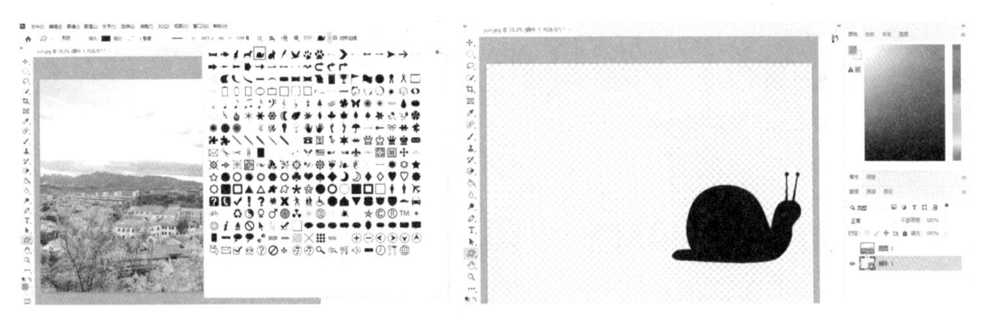

图 5.40　自定形状工具　　　　图 5.41　创建自定形状

将“图层 0”左侧的小眼睛点亮，恢复成显示状态，将鼠标放置于“图层 0”的位置并点击鼠标右键，在弹出的项目栏当中选择“创建剪贴蒙版”，如图 5.42、图 5.43 所示。剪贴蒙版在后期处理照片时多用于制作画框效果、内置效果、外框效果等。

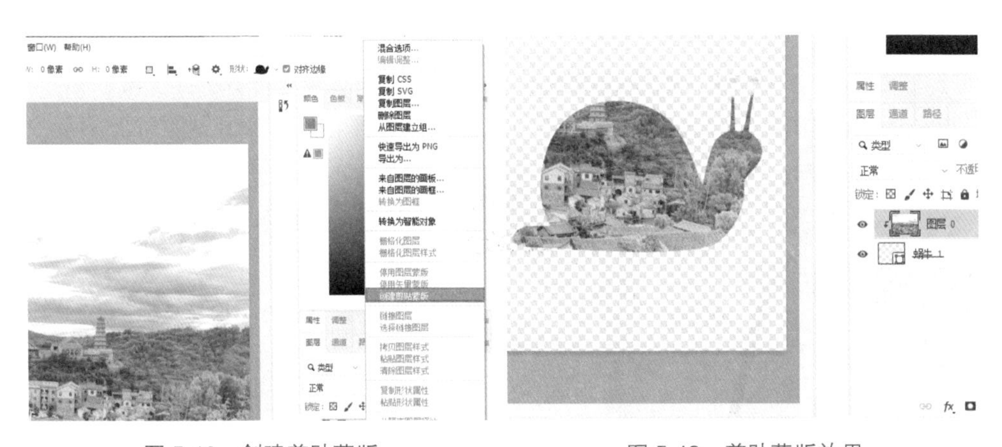

图 5.42　创建剪贴蒙版　　　　图 5.43　剪贴蒙版效果

可以借助移动工具对“图层 0”的位置进行调整，如图 5.44 所示。

释放剪贴蒙版的方法也很简单，鼠标选择“图层 0”并点击鼠标右键，在弹出的项目栏中选择“释放剪贴蒙版”，如图 5.45 所示。

图 5.44　移动图像　　　　图 5.45　释放剪贴蒙版

图 5.46　剪贴蒙版释放后的图像效果

因为在图 5.44 当中对“图层 0”进行了移动，所以剪贴蒙版释放后“图层 0”仍位于移动后的位置，如图 5.46 所示。

矢量蒙版：也被称为路径蒙版。矢量蒙版可以任意缩放，但图形本身的清晰度却不会因此受到影响。矢量蒙版由钢笔、自定形状等矢量工具创建，与图片本身的分辨率没有关联。也就是说，图像本身不会因为所执行的放大或缩小操作而出现模糊现象。矢量蒙版在图标 Logo 的制作当中应用较为广泛。

打开素材图片并复制背景图层。

选择“钢笔工具”，工具模式选择路径，创建雨伞部分路径。

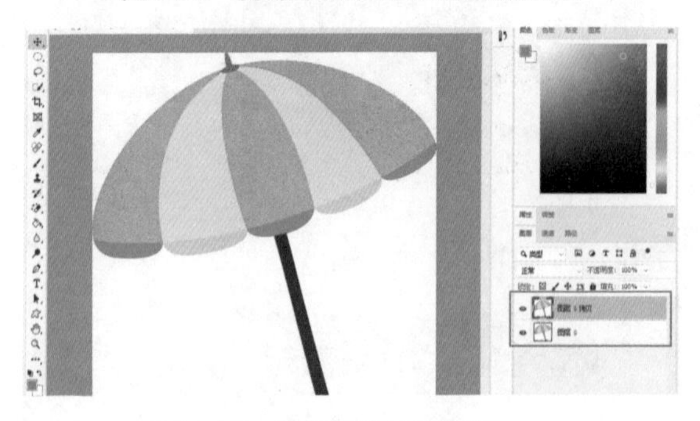

图 5.47　复制图片素材图层

创建完成之后点击上方属性栏中的建立蒙版。

图层当中“图层 0 副本”中的蒙版即矢量图标。

将“图层 0”左侧的眼睛图标去掉，放大图片细节部分进行观察，我们会发现所创建的路径并不是很完美，边缘位置仍有诸多缺陷。

选择钢笔工具中的“添加锚点工具”对路径做出更改。

图 5.48　使用钢笔工具创建路径

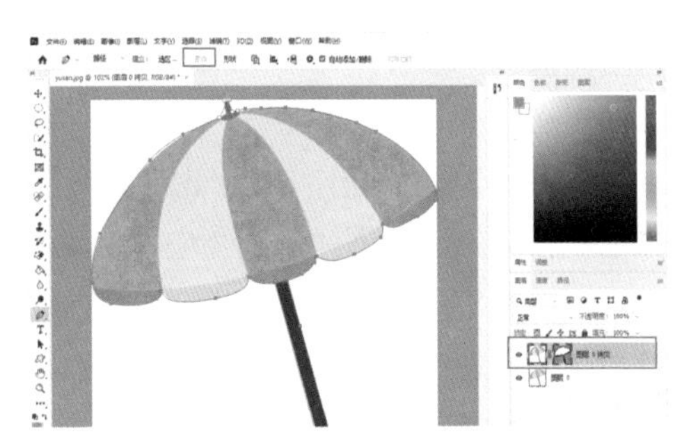

图 5.49　建立矢量蒙版

图 5.50　更改选区部分

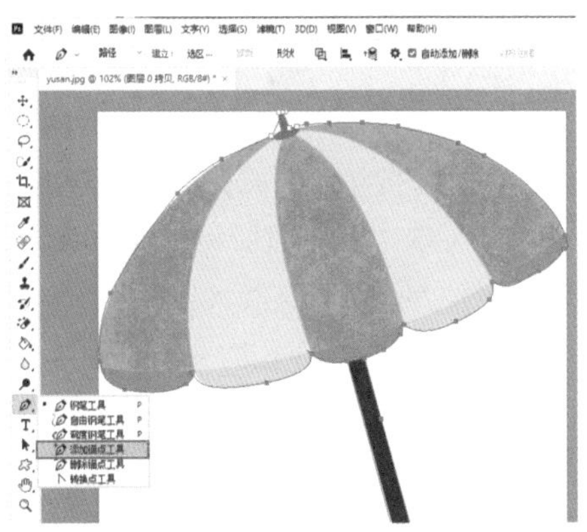

图 5.51　添加锚点工具

矢量蒙版可以用来隐藏除当前路径范围外的图像部分。

简单来讲，通过选区创建的蒙版被称为图层蒙版，使用路径创建的蒙版则是矢量蒙版。矢量蒙版的优势就在于可以对蒙版部分进行更加精细化的调整，但却不能做任何透明度的改变。

图 5.52　更改路径

5.2 认识通道

在前面的章节当中，我们已经对通道有了一个简单的了解，同时也进行了实操。其实，通道工具除了可以创建头发丝之类的细节部分较多的选区之外，还有更加广泛的用途。

在 Photoshop 当中，不同图像模式下的通道也都是不同的。通道也被广泛用于图像色彩存储及选区创建存储当中。除这些常规功能以外，通道还可以用来制作特效，多被用在文字的特殊效果制作当中。通道与图层最大的差别在于颜色属性，图层当中的各个像素点以 RGB 三原色的数值进行显示，而通道当中的像素颜色则是由一组原色的亮度值所组成的。

5.2.1 颜色通道、Alpha 通道

通道位于 Photoshop 面板的右侧，同图层、路径在一个工作区域里。通道部分下方共有四个按钮，可以执行各种功能。

图 5.53 当中通道面板下方的四个功能分别是：

将通道作为选区载入：点击该部位即可将所选通道内的选区载入。

将选区存储为通道：点击该按钮即可将图像当中的选区保存在通道当中。

图 5.53 通道

创建新通道：该按钮可以用来创建 Alpha 通道。

删除当前通道：删除当前状态下所选中的通道，需要注意的一点是复合通道不能被删除。

通道当中的第一个通道是复合通道，也就是红、绿、蓝三个原色通道混合起来的效果，原色通道以灰度图进行表示。

复合通道当中并不包含其他方面的信息，从功能层面来讲，复合通道更像是一个快捷方式，能够快速预览并且对所有颜色通道进行编辑。在对其他通道进行编辑处理的过程中，这一通道可以使图像快速恢复至默认状态。当然，不同模式下的图像通道也都是不同的，RGB 格式下的图像有 RGB、R、G、B 四个通道；CMYK 格式下的图像有 CMYK、C、M、Y、K 五个通道；Lab 格式下的图像有 Lab、L、a、b 四个通道。

颜色通道：从三原色原理的层面来讲，其实图像当中每一个像素点的颜色都是由红、绿、蓝三种颜色混合所得，所有像素点所包含的同种原色信息构成了对应的颜色通道。也就是说，红色通道是由图像当中所有像素点的红色信息所构成，绿色通道与蓝色通道是由所对应的绿色信息和蓝色信息所构成。每个颜色通道都是一幅灰色图像，灰度深浅对应颜色的明暗变化。对 RGB 格式的图像而言，颜色通道当中较亮的部分表示对应颜色用量较大，暗部表示用量较少。而对于 CMYK 格式的图像而言，则恰好是相反的，颜色通道较亮的部分表示颜色用量较少，而颜色较暗的部分则表示颜色用量较大。所以我们可以通过对图像当中某一个颜色通道进行调整，从而使整体图像效果变得更加协调。

Alpha 通道：简单来讲就是“非彩色”通道，主要用来保存编辑选区，是一种特殊的通道，在 Photoshop 当中各种特殊效果的制作都离不开这一通道。在计算机图形学当中，RGB 图像颜色是由红绿蓝三种原色所构成的，在这三种通道当中，每个通道又运用了 8 位色彩深度，合计 24 种，涵盖全部的色彩信息。为了实现图形的透明效果，在处理存储图形文件的基础之上，附加 8 位信息，这个代表着各个像素点透明度的通道就被称为 Alpha 通道。该通道使用 8 位二进制数，可以用来表示 256 级灰度，也就是 256 级的透明值，以此来使图像呈现透明或半透明的视觉效果。

5.2.2　图层合并

合并图层的方法：在任意图层位置点击鼠标右键。在弹出的窗口当中选择“合并可见图层”，如图 5.54 所示。

图 5.54　合并可见图层　　　　图 5.55　合并图层完成

5.2.3　通道的分离与合并

对通道进行分离时需要注意的一点是，必须在图像只有一个图层的条件下才能执行，所以当图像存在多个图层时需要先将其合并成一个图层才能进行分离通道操作。

通道分离功能是为了更好地对红、绿、蓝三种原色进行调整，通道显示为灰度图，其中又以颜色深浅为原则进行呈现。通过分离通道，可以对图像本身的红调、绿调、蓝调进行调整。同时，在合并图像时也可以通过调整通道位置来创造各种特殊的颜色效果。

通道分离：所打开的图片为 RGB 格式，通道面板共有四个通道。点击图 5.56 上方红色框内的线性按钮，在选项当中选择“分离通道”命令，通道分离后的效果如图 5.57 所示。

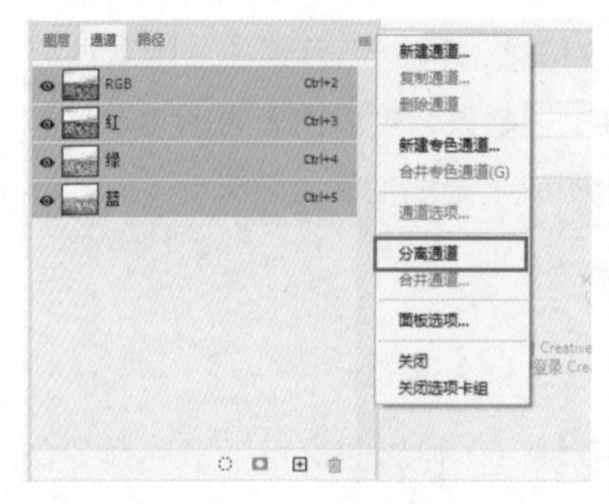

图 5.56　分离通道　　　　图 5.57　分离通道完成

为了更加清晰地观察三个通道的状态，我们选择“窗口”/“排列”/“平铺”对分离出来的通道进行平铺展示，如图 5.58 所示，平铺效果如图 5.59 所示。

图 5.58　平铺

图 5.59　平铺通道

合并通道通过点击图 5.60 中的红色框部分的线性按钮中的“合并通道”来完成。弹出的窗口中选择 RGB 颜色，点击“确定”，在弹出的“合并 RGB 通道”窗口中点击“确定”按钮，即可将通道合并成初始状态。

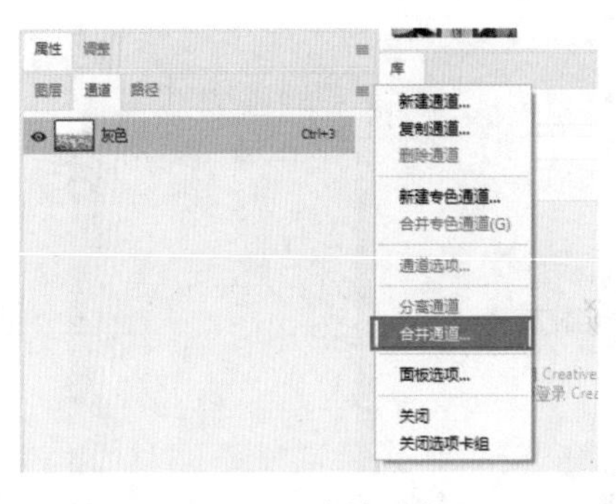

图 5.60 合并通道

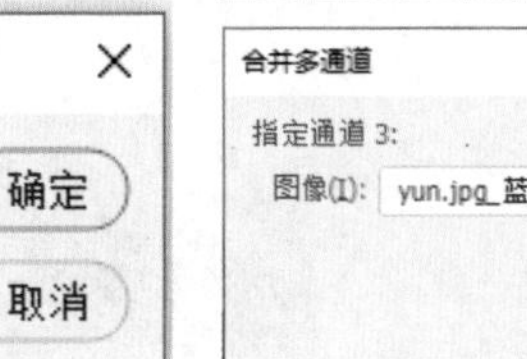

图 5.61 选择合并模式

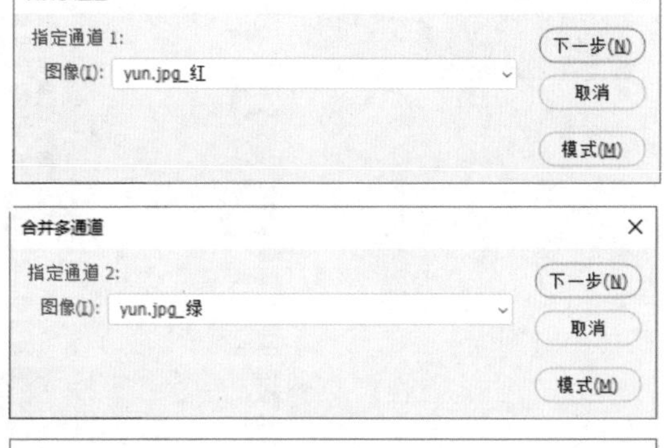

图 5.62 合并 RGB 通道

5.2.4 通道应用

通道可以用来分离图像原色，因此被广泛应用于细节较多的选区创建当中。以一幅简单的红花绿叶图片来进行举例，在四个通道当中，红色通道的明暗对比较为明显，借助这种强烈的对比效果可以在最短时间内创建出目标选区。

图 5.63 的素材图片当中的树枝部分较为繁杂，使用魔棒、快速选择等工具创建选区时需要耗费大量的时间对细节部分进行修饰，并且最终所得到的选区效果也不够理想。这种情况下，可以借助通道来完成选区创建。

切换至通道图层，并观察三个通道本身的明暗对比度，选择对比效果最明显的图层来执行选区创建的相关操作。注意在切换通道之前，需要保持图片为解锁状态。

通过观察发现，蓝色通道的明暗对比效果最为明显，所以我们选择蓝色通道执行之后的操作。在蓝色通道的位置点击鼠标右键，在弹出的选项当中选择“复制通道”。在复制的“蓝 拷贝”通道当中进行操作。

图 5.63　素材树

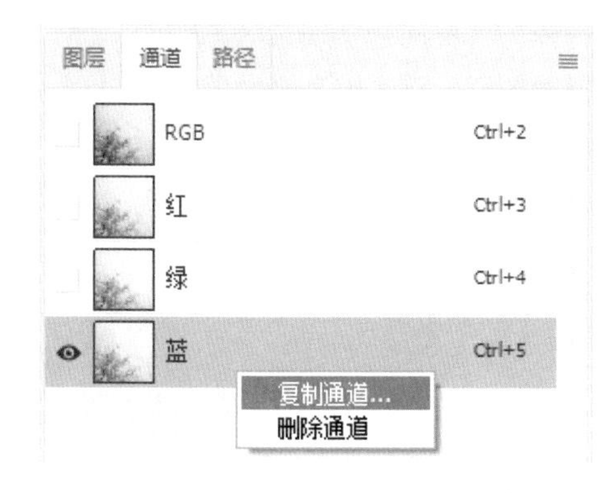

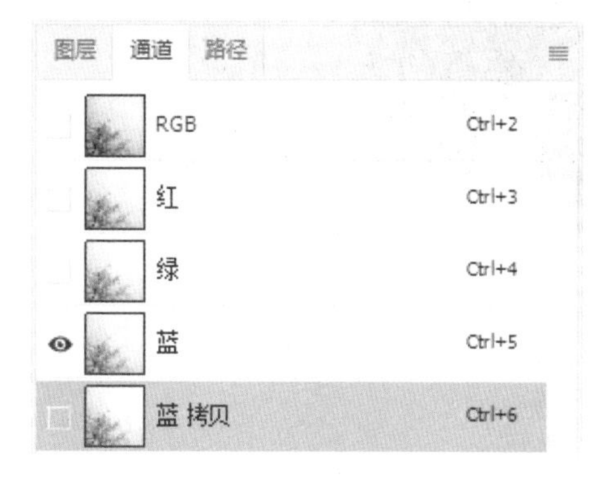

图 5.64　复制通道

调整色阶使明暗效果更佳突出：点击菜单栏当中的“图像”/“调整”/“色阶”来进行调整。

图 5.65 中“输入色阶”下方共三个滑块，移动滑块可使对比效果更突出。最左侧滑块向右移动，画面整体变暗；最右侧滑块向左移动，画面整体变亮。

调整曲线：“图像”/“调整”/“曲线”。

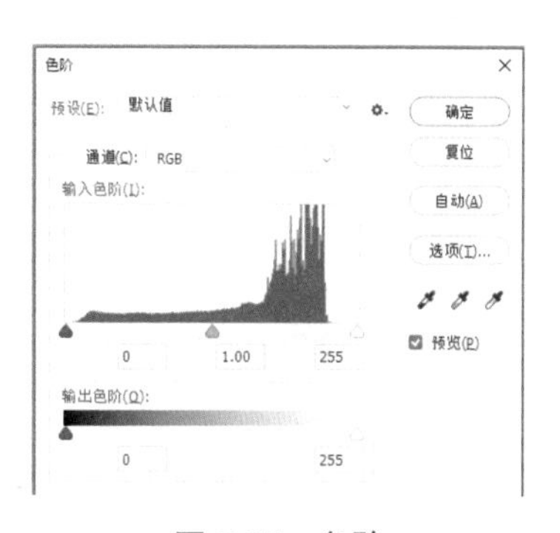

图 5.65　色阶

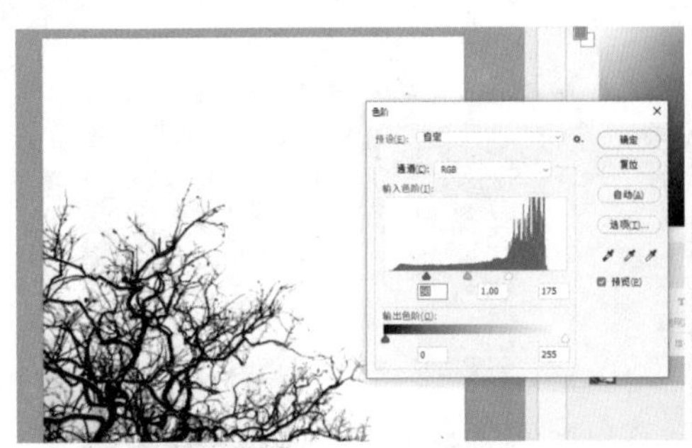

图 5.66 调整色阶

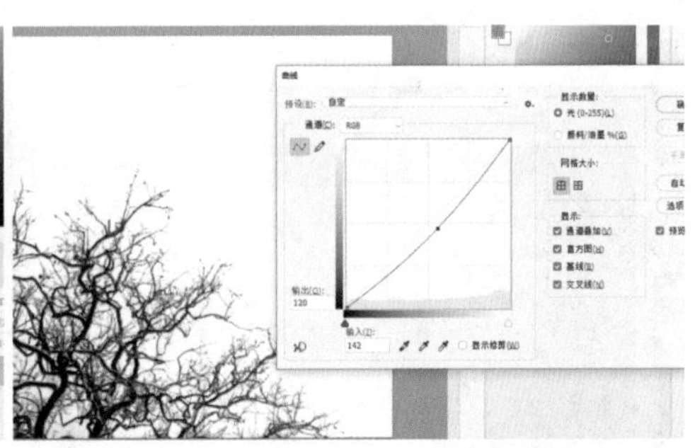

图 5.67 曲线

图 5.68 选区创建完成

在执行完这一系列的操作以后，树的部分同背景之间已经有了较大的差异性。这时，我们将鼠标放置在右侧的“蓝 拷贝”通道上，同时按【Ctrl】键，即可建立选区。然而，此时建立的选区部分为背景部分，执行“选择”/“反向”实现选区翻转。

返回图层，点击键盘当中的【Ctrl】+【J】键，即可将树的部分添加至新图层。

至此，完成对树部分的选区创建。

图 5.69 复制选区图层

第六章

认识矢量工具及路径

在正式学习矢量工具之前，需要先对计算机图像概念有一个清楚的认识。计算机图像分为矢量图像和位图图像。位图和矢量图是计算机图形当中的两大概念，两者最大的不同就在于能否进行无损缩放。位图的最小单位是像素，在执行放大或缩小操作时会出现失真的现象，也就是由清晰逐渐变得模糊，因此也被称为像素图、点阵图。而矢量图没有最小单位这一说法，是由点和向量通过数学运算所得到的。

为了更好地对矢量图进行解释，所以将矢量图当中的图形元素称为“对象”，包含颜色、形状、轮廓、大小、屏幕属性等基本属性。

矢量图的优缺点：文件本身所占用的磁盘空间较小，这是因为矢量图像在存储过程中保存的是线条及图块的信息，所以矢量图的分辨率也就是清晰度同图像本身的大小之间并没有什么关系，只与图像本身的复杂程度有关。对图像本身进行缩放旋转或变形操作时，图形并不会产生锯齿效果，支持高分辨率的打印输出。

6.1 矢量工具的应用

6.1.1 锚点

Photoshop 中的磁性套索工具、钢笔工具、自由钢笔工具在使用的过程中都会涉及到锚点，这些锚点就像定位点一样，对目标选区的边缘位置进行界定。同时，锚点本身也可以执行增加、删除、移动等操作，进而对选区的细节部分作出修改，将多余部分划分至选区之外，将遗落的选区部分重新添加至选区，使所创建的选区部分更加完善。

1 添加锚点

保持当前的工具状态为钢笔，将钢笔工具放置在路径当中需要增加锚点的位置。这时，钢笔工具右下方会出现一个“+”号，如图 6.1 所示。这个符号表示可以添加锚点，点击鼠标左键，即可完成锚点添加。

点击鼠标左键后的路径如图 6.2 所示，新添加的锚点两侧与原路径重叠部分为锚点的调节柄，两个点为控制点。在添加锚点时，可通过调节柄的长度和方向改变原有路径。

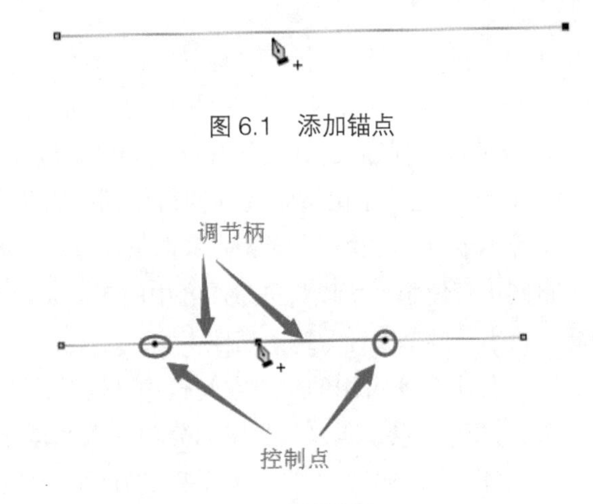

图 6.1 添加锚点

图 6.2 新增锚点

在需要添加锚点的位置点击鼠标左键并保持，向上方移动鼠标，此时原本的工具形状也由钢笔变成了一个黑色的三角形状，向上移动，新增加的标点左侧的路径向下弯曲，右侧的路径向上弯曲。更改移动方向，新添锚点两侧线段的弯曲程度也会发生相应改变。具体效果参加图 6.3、图 6.4 所示。

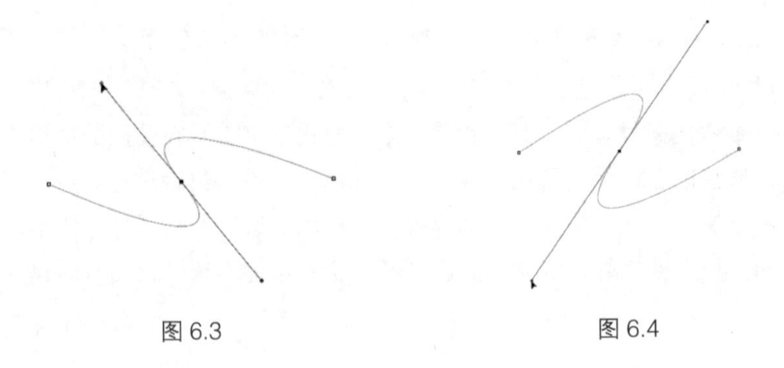

图 6.3　　图 6.4

2 删除锚点

删除锚点时仍需将工具保持为钢笔，放置在所需删除的目标锚点位置，此时钢笔工具右下方出现了一个“-”号，点击鼠标左键，即可删除该锚点，如图 6.5 所示。

图 6.5　删除锚点

3 移动锚点

将鼠标放置在需要移动的锚点位置，同时按【Ctrl】键，位置重合，钢笔工具即从原本的钢笔状态变成白色箭头，此时点击鼠标左键，白色箭头转变为黑色三角形状，如图 6.7 所示。拖拽锚点进行移动，调整好锚点位置后松开鼠标左键及【Ctrl】键。图 6.7 为移动锚点后的路径效果。

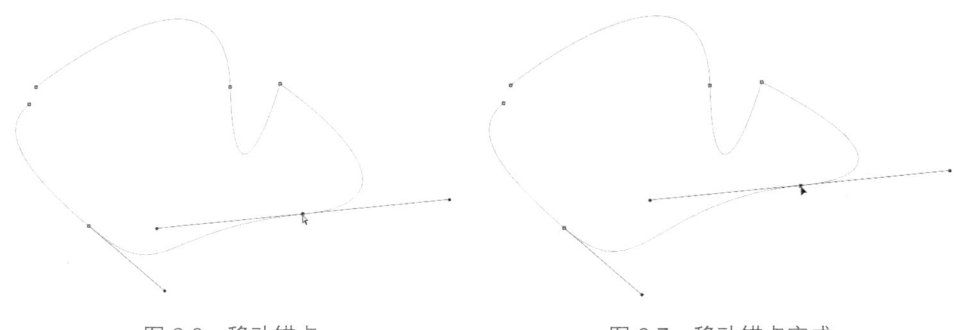

图 6.6　移动锚点　　图 6.7　移动锚点完成

4 锚点控制线

在绘制曲线时，锚点两端的控制线也可被称为射线，一端固定于锚点位置，另一端无限延伸。要想绘制出理想的曲线路径，就必须对方向线的功能进行了解。

在绘制下一个锚点时，锚点两端会同时出现两条控制线，这两条控制线分别决定着上一条路径及下一条路径的弯曲程度。我们将贴近上一条路径的控制线称为“来向”，将另一条控制线称为“去向”。在开始绘制下一条路径的时候，上一锚点的“来向”控制线自动消失，只保留“去向”控制线。如图 6.8 所示，共三条控制线，锚点 2 处的控制线为“去向”控制线。在绘制第二条路径时，受控制线 1 的影响，并不能像绘制第一条路径时那样进行任意弯曲。这也就是说，我们可以通过更改控制线的方向来更改曲线状态。

这里使用到的工具是控制点工具，需要配合钢笔工具一同使用。将钢笔工具放置在控制线非锚点一端的顶点位置的同时按【Alt】键，此时钢笔工具转变为“<”的形状，按鼠标左键控制点工具变为黑色三角形状，即可实现控制线的移动操作。同时，可以利用这一工具对其他控制线的长度及方向做出更改，以此来调整下一次所绘制路径的弯曲弧度，如图 6.10 所示。

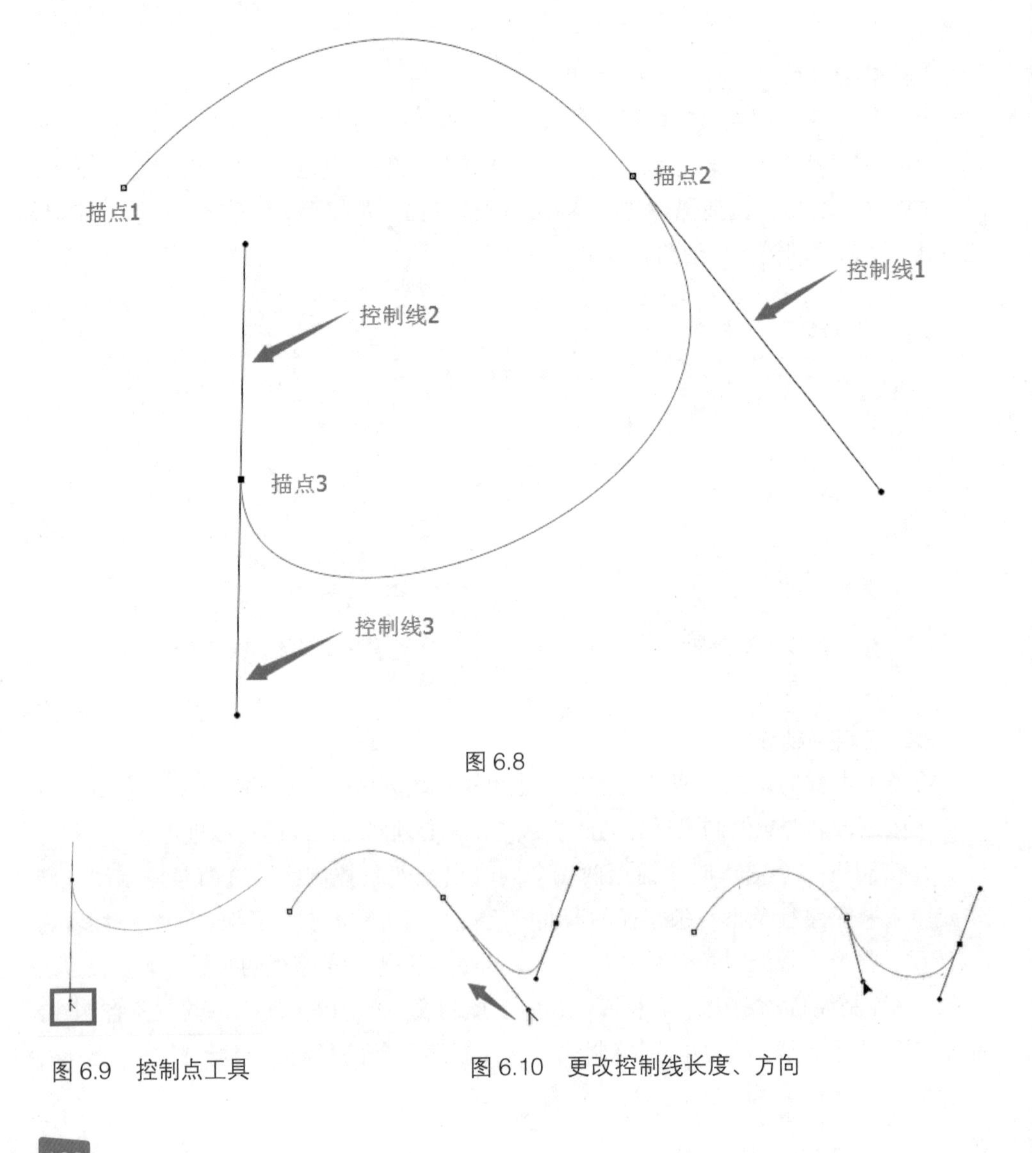

图 6.8

图 6.9 控制点工具

图 6.10 更改控制线长度、方向

6.1.2 矢量图形工具

所谓矢量图形工具，就是用来绘制矢量图的工具，也被称为向量工具，由线段连接而成，不受放大或缩小等操作的影响，多用于图例、LOGO、建筑图形的绘制。矢量图形工具主要包括矩形工具、圆角矩形工具、椭圆工具、多边形工具、直线工具、自定形状工具。这些工具使用起来都非常简单，稍加练习即可快速绘制出所需要的矢量图形。

1 矩形工具

矩形工具用以绘制矩形路径，同时在绘制过程中按键盘当中的【Shift】键，可以绘制出标准形状的正方形，如图 6.11 所示。

矩形工具属性栏中的第一个属性选项当中的形状、路径、像素分别用于创建图形图层、工作路径以及填充像素，参见图 6.12。

图 6.11　矩形工具

图 6.12　矩形工具属性栏

“建立选区 / 蒙版 / 形状”是指通过矩形工具绘制的路径生成相应的选区或蒙版或形状。可以利用这一功能快速实现路径向选区 / 蒙版 / 形状的转换。

图 6.13　矩形工具路径操作

同时也可以对矩形工具的大小比例进行预设，在最短时间内绘制出所需要的矩形形状，提升作图效率。预设为“方形”，在画面当中随意拉伸，所绘制的路径统一都为正方形，如图 6.14 所示。

“固定大小”属性当中“W”代表矩形长度，“H”代表矩形宽度，在此设定下绘制出的矩形大小保持一致。

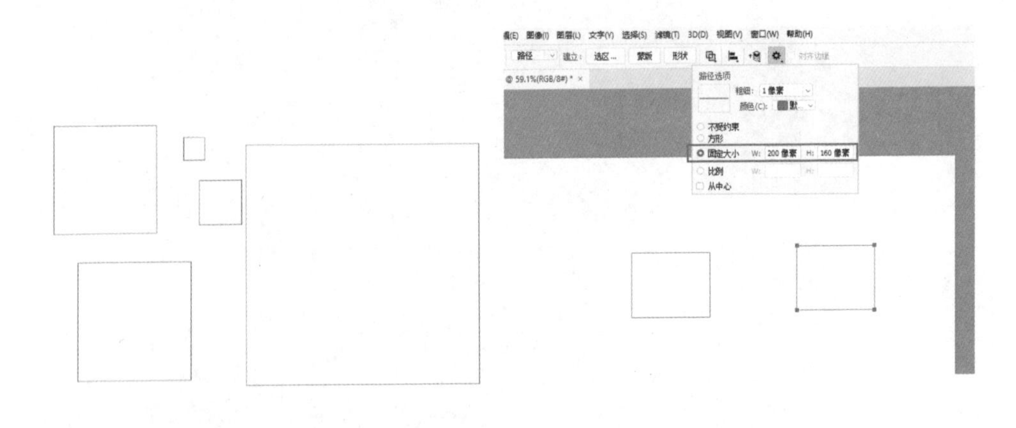

图 6.14　方形　　　　图 6.15　矩形工具固定大小

“比例”是指矩形路径长度与宽度之间的比值，点击鼠标左键向左或向右拉伸时，长度始终是宽度的 2 倍。

“从中心”这一属性不单独使用，需要与上方的属性一起配合使用。“从中心”的意思是指绘制形状时从中心向外延伸，若不对这一属性做出选择，矩形形状仍沿着鼠标移动方向进行延伸。这一属性在其它工具当中普遍适用。

编辑(E) 图像(I) 图层(L) 文字(Y) 选择(S) 滤镜(T) 3D(D) 视图(V) 窗口(W) 帮助(H)

路径　建立：选区… 蒙版 形状　对齐边缘

题-1 @ 59.1%(RGB/8#) * ×

路径选项

粗细：1 像素

颜色(C)：默…

不受约束

方形

固定大小 W: H:

比例 W: 2 H: 1

从中心

W：430 像素
H：215 像素

图 6.16　矩形工具比例

2 圆角矩形工具

此工具多用以绘制边缘平滑的矩形路径。

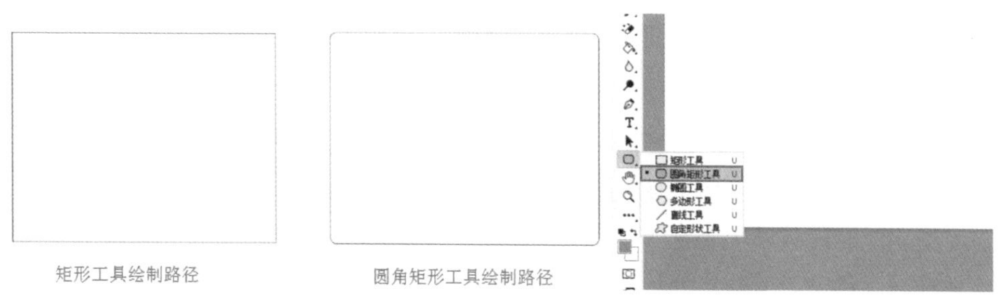

图 6.17　矩形工具对比圆角矩形工具

图 6.18　圆角矩形工具

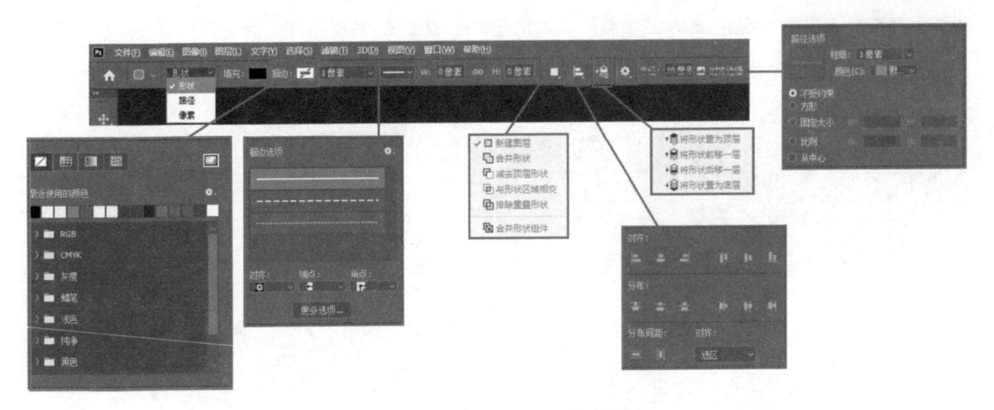

图 6.19　圆角矩形工具属性栏

圆角矩形工具的属性栏同矩形工具的属性栏基本一致，相关属性对工具本身所产生的影响也基本一致。不同的是，在圆角工具当中多了一个属性，那就是“半径”，以此来决定所绘制圆角矩形四个圆角的弧度。一般来说，所设像素值越大，四个圆角的弧度也就越大，边角也就越圆滑，如图 6.20、图 6.21 所示。

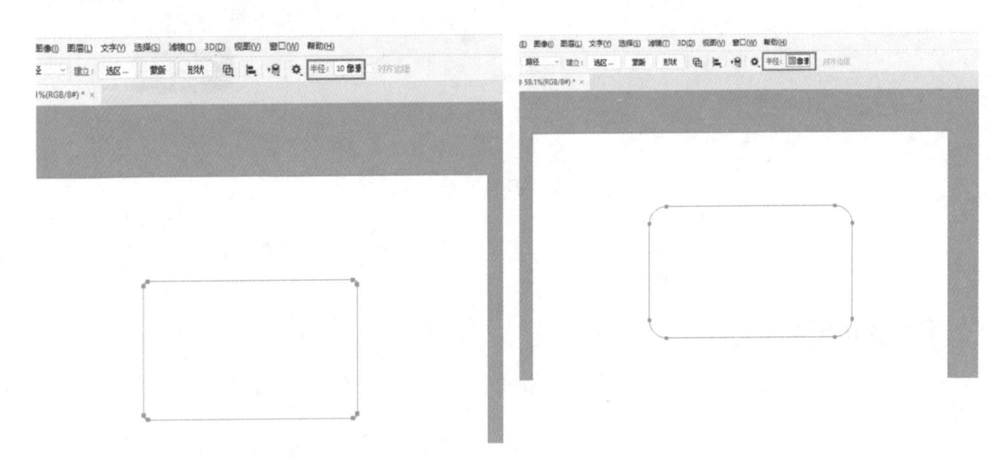

图 6.20　半径 10 像素下的圆角矩形　　　　图 6.21　半径 50 像素下的圆角矩形

3 椭圆工具

此工具常用以绘制椭圆矢量图形，如图 6.22 所示。

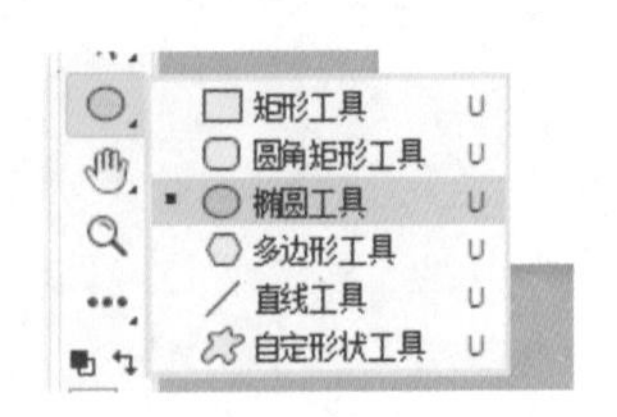

图 6.22　椭圆工具

绘制方法：选择椭圆工具在图像中的任意位置点击鼠标左键，此时鼠标形状变成“+”。保持鼠标左键为选中状态的同时，移动鼠标位置，此时出现椭圆形状，继续移动鼠标位置，可改变椭圆的形状及大小。确定椭圆大小及位置后松开鼠标左键，如图 6.23、图 6.24 所示。

图 6.25 所示属性可以对椭圆工具所绘制的形状进行预设。“圆（绘制直径或半径）”可以用来绘制正圆。

“固定大小”中“W”代表水平方向椭圆的长轴，“H”代表竖直方向椭圆短轴。固定大小下的椭圆工具所绘制的椭圆形状保持一致。

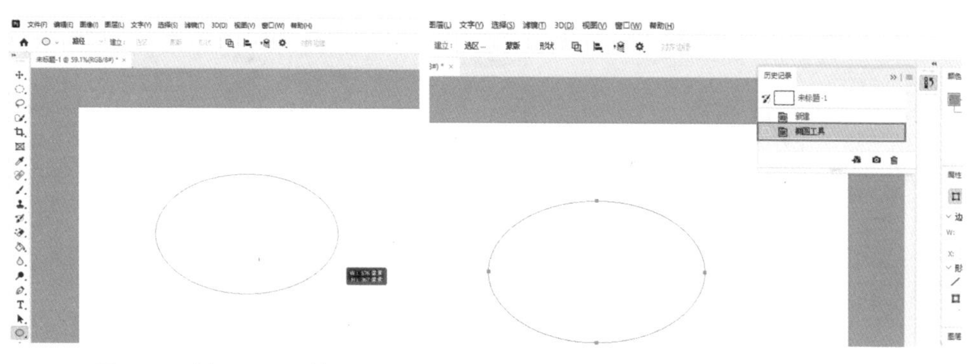

图 6.23　椭圆工具属性

图 6.24　椭圆

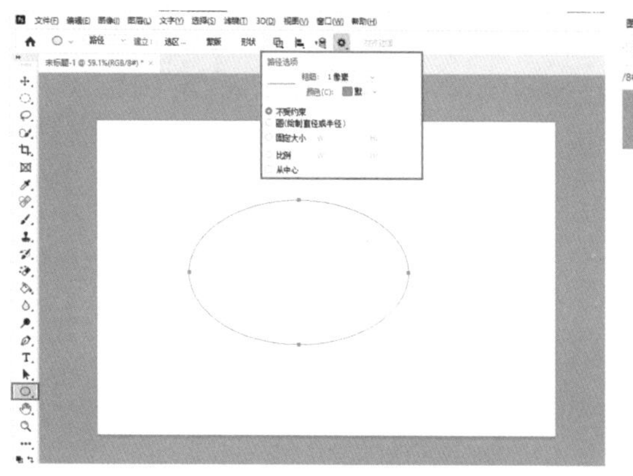

图 6.25　椭圆工具属性栏

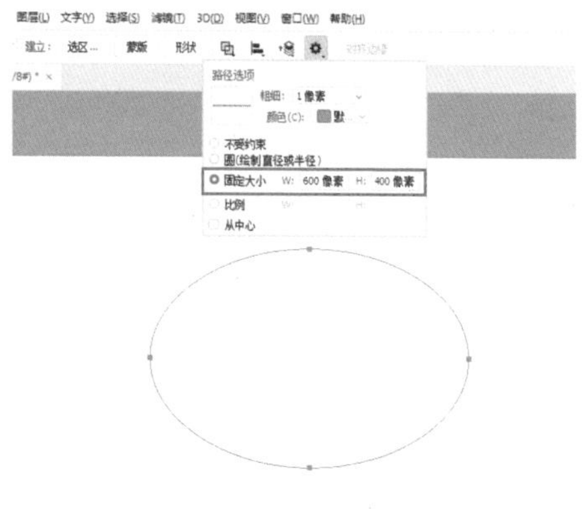

图 6.26　绘制固定大小的椭圆

“比例”中“W”依然代表设置相对宽度，“H”代表设置相对高度。例如，“W”设置为 1.5，“H”设置为 1 时，所绘椭圆长轴始终为短轴的 1.5 倍。

4 多边形工具

该工具一般用以绘制多边形，如图 6.27 所示。

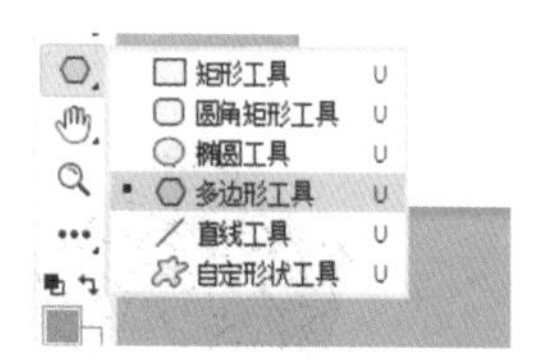

图 6.27　多边形工具

可以通过更改属性栏中“边”的数值来设置多边形的具体形状，最小值为5。

属性当中的“半径”表示中心到外部点之间的距离，这一数值决定了多边形的大小。

属性栏中的“平滑拐角”属性表示多边形的几个角呈平滑曲线状态，如图6.31所示。

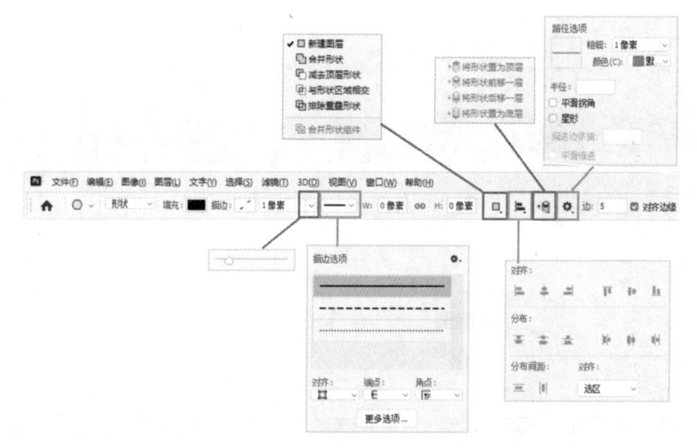

图6.28　多边形工具属性

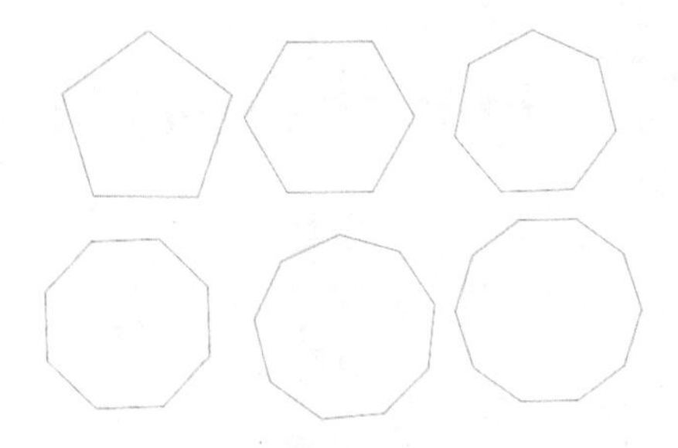

图6.29　使用多边形工具绘制的多边形

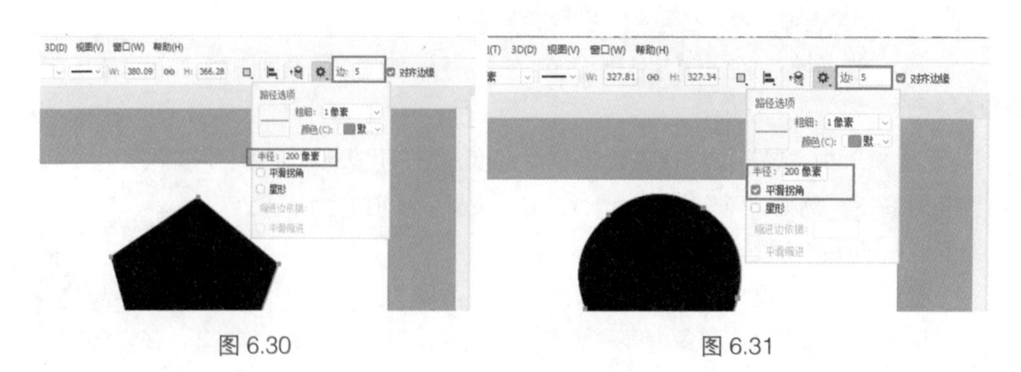

图6.30

图6.31

属性“星形”状态下所绘制的图形均为星形。“缩进边依据”是指在原本的多边形基础之上，各个边缘向内缩进一定比例，进而得到星形，这一属性决定了所绘制的星形角的大小。

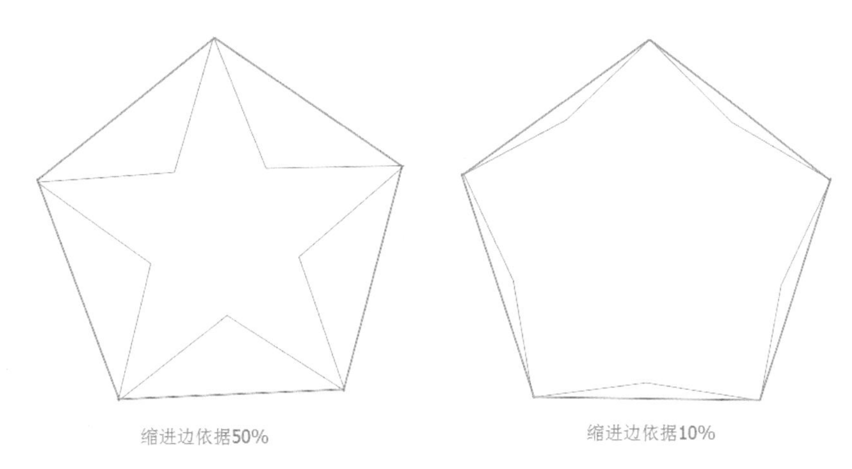

图 6.32　多边形工具缩进边依据

“平滑缩进”配合“星形”同时对多边形产生影响，不做单独使用，以平滑曲线的方式向内缩进。“缩进边依据”决定边缘向内缩进的程度。具体效果参见图 6.33、图 6.34 所示。

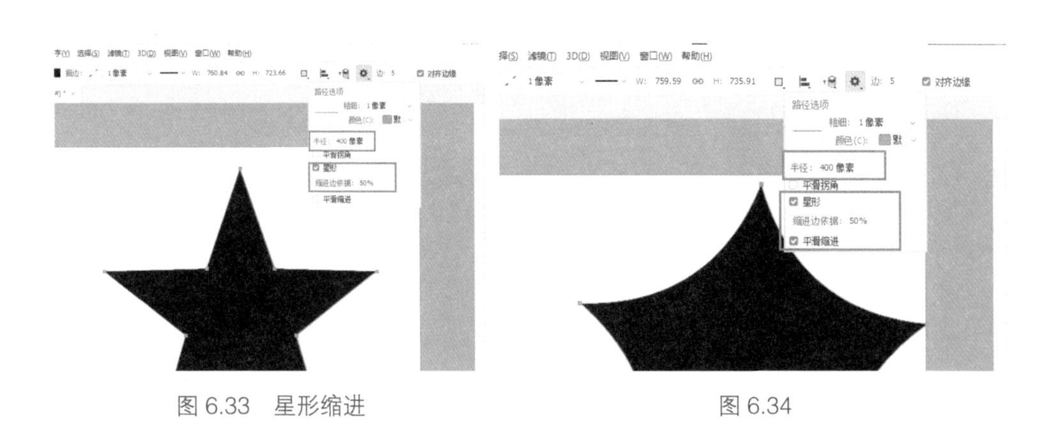

图 6.33　星形缩进　　图 6.34

5 直线工具

使用方法较为简单，用于绘制直线，如图 6.35 所示。

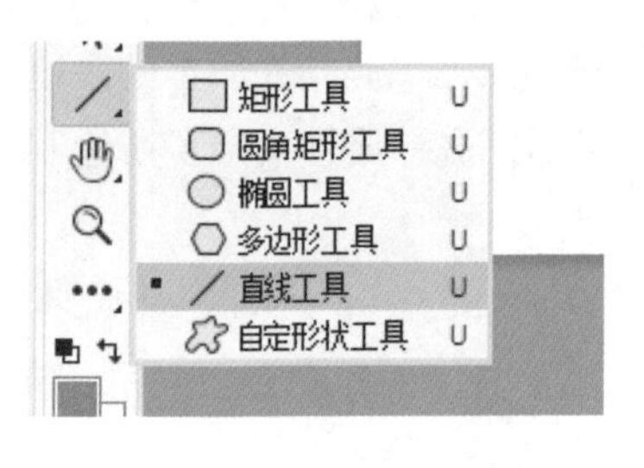

图 6.35　直线工具

选择直线工具，在图像目标位置点击鼠标左键，保持鼠标左键为选中状态向其他任意方向移动鼠标位置，此时会出现一条线段随鼠标移动方向延伸，松开鼠标左键即可完成直线绘制。第一次点击鼠标左键的位置为直线起点，松开鼠标左键的位置为直线终点。图 6.36 为直线绘制的操作步骤。

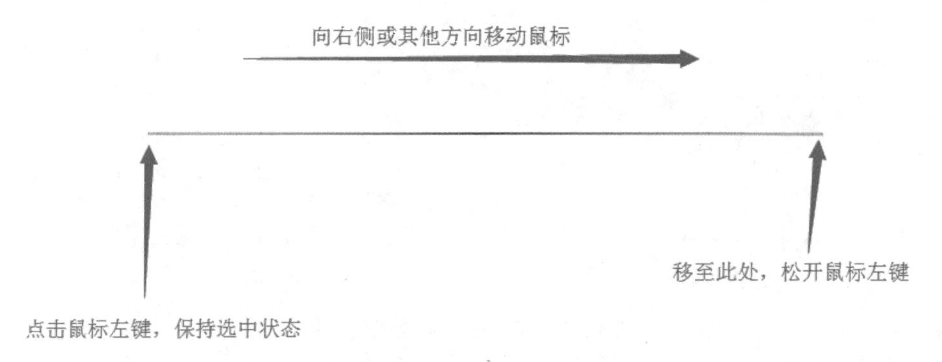

图 6.36　绘制直线

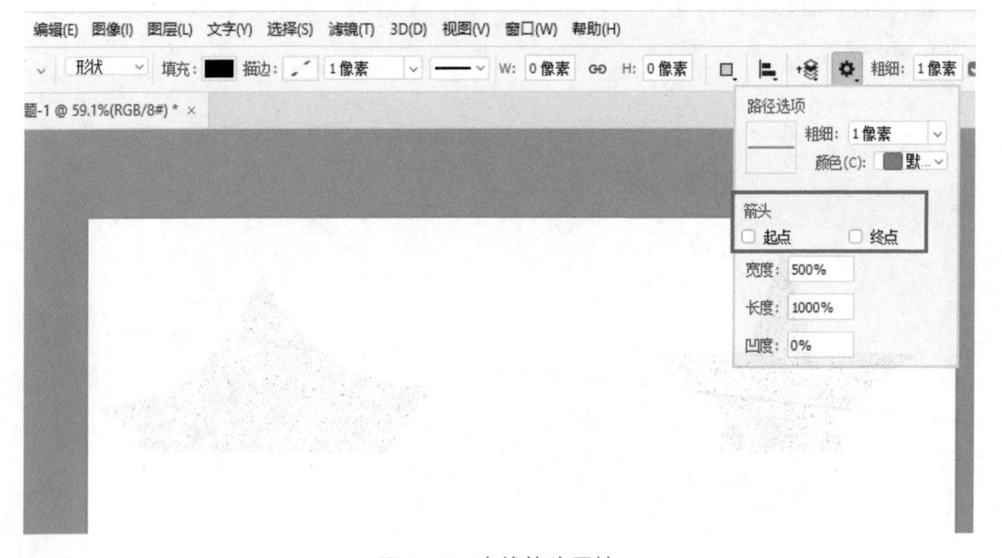

图 6.37　直线箭头属性

同时，我们也可以通过直线工具的属性栏为直线添加箭头，点击图 6.37“起点”“终点”左侧的方框即可完成。宽度、长度、凹度均为箭头的相关属性。宽度代表将箭头宽度设置为线条粗细的百分比，长度代表将箭头长度设置为线条粗细的百分比，凹度代表将箭头凹度设置为线条粗细的百分比。直线宽度由属性栏中的“粗细”决定，以像素为单位，更改数值即可更改线段粗细。

6 自定形状工具

相关功能及属性与上述工具基本保持一致。在自定形状选择器当中，有多个预置的自定形状。我们可以直接选择这些自定形状来进行绘制，同时也可以添加新的自定形状，如图 6.38 所示。

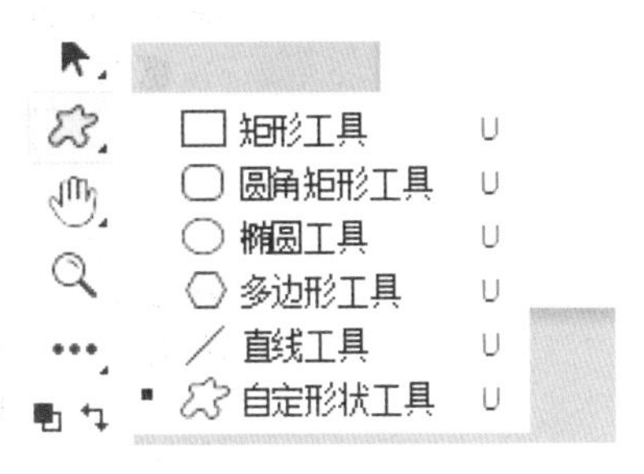

图 6.38　自定形状工具

向自定形状工具当中添加新的形状时，一方面可以添加从网络中下载的形状素材，另一方面还可以添加日常练习所绘制的图形形状。

方法：使用钢笔工具绘制任意形状。这里所绘制的是一个星形，如图 6.39 所示。

选择菜单栏中的“编辑”/“定义自定形状”，在弹出的“形状名称”窗口当中将名称更改为“星形”，点击“确定”，如图 6.40、图 6.41 所示。

图 6.39　绘制星形

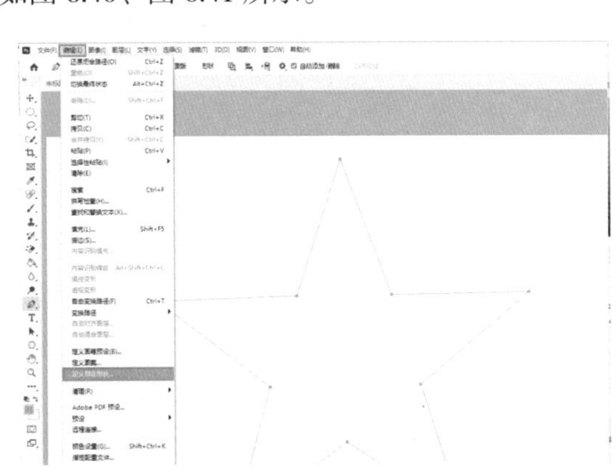

图 6.40　定义自定形状

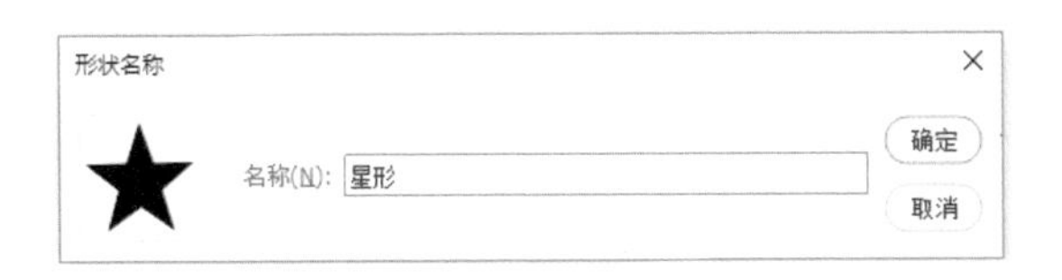

图 6.41　设置形状名称

选择自定形状工具，选择形状，我们可以发现星形已经添加到了自定形状工具的形状栏当中，如图 6.42 所示。

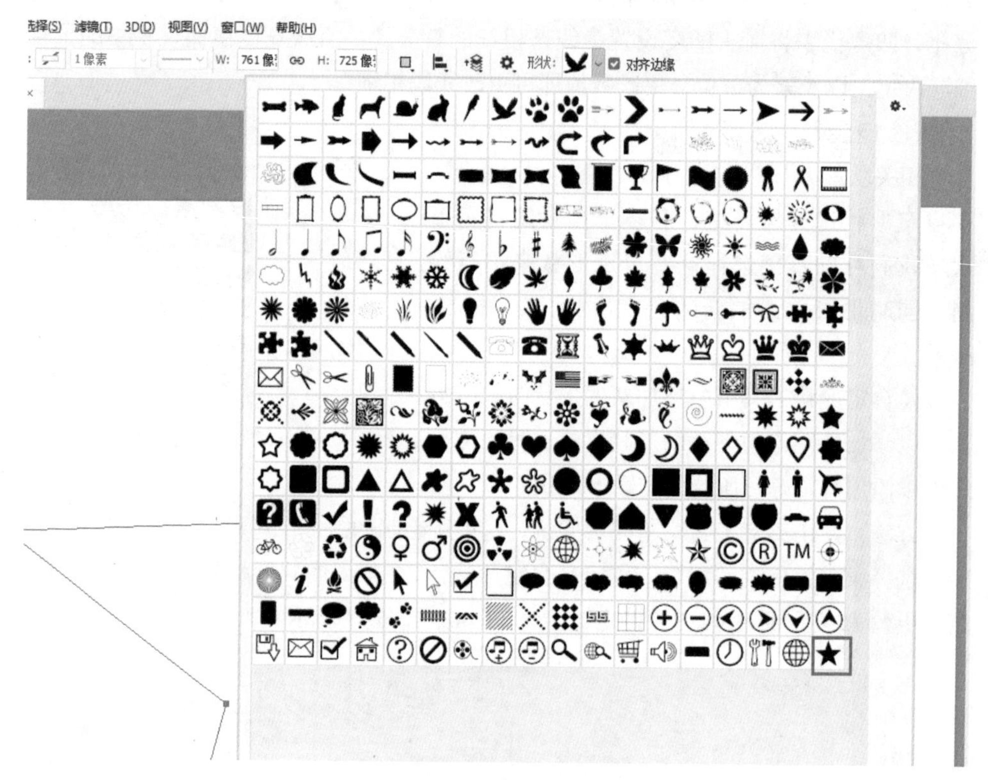

图 6.42　星形添加完成

6.1.3　钢笔工具

钢笔工具用以绘制路径，同时在路径绘制完成以后还可以对其进行更加细微的调整。钢笔工具是矢量绘图当中应用较为广泛的一类工具，可以绘制出平滑的曲线，同时这种效果不受后期缩放及变形处理这两种操作的影响，能始终保持最初的平滑效果。

1　使用钢笔工具绘制线段

新建空白图层并选择工具栏中的钢笔工具，如图 6.43 所示。图 6.44 是钢笔工具使用时的几种状态。

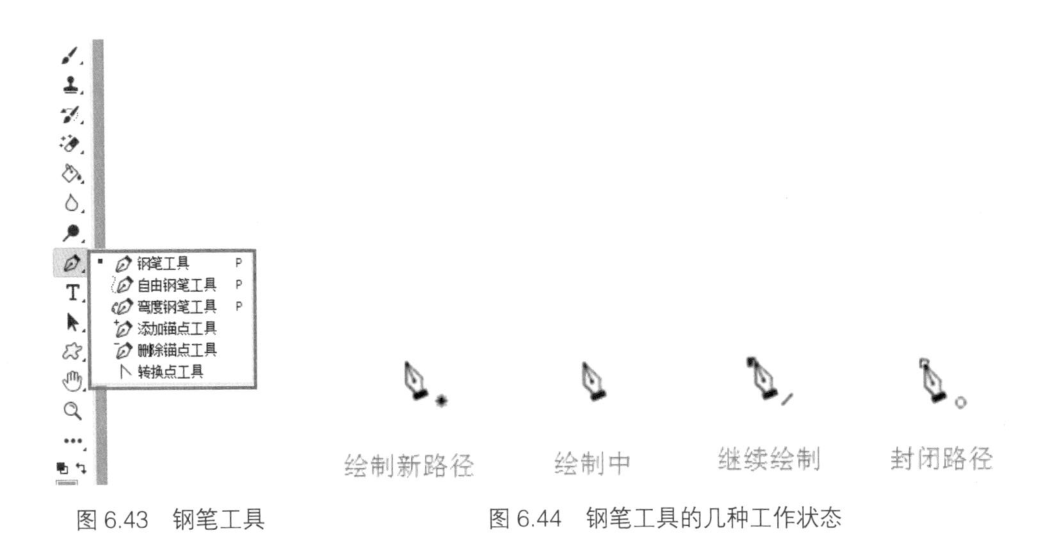

图 6.43　钢笔工具　　图 6.44　钢笔工具的几种工作状态

在图像当中的目标位置点击鼠标左键，新建工作路径，如图 6.45 所示。

移动鼠标至预期位置，点击鼠标左键。此时新建锚点完成，而且两个锚点之间也自动出现了一条线段，如图 6.46 所示。

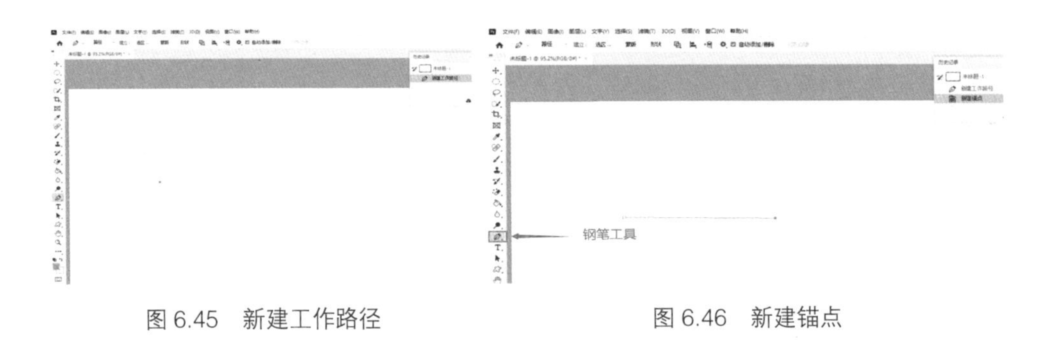

图 6.45　新建工作路径　　图 6.46　新建锚点

2 使用钢笔工具绘制曲线

选择钢笔工具在图像的任意位置点击鼠标左键确定第一个锚点，再次点击鼠标左键确定下一个锚点。此时不松开鼠标左键，通过移动鼠标位置来改变两个锚点间路径的弯曲程度，松开鼠标左键即可完成曲线绘制。如果所绘制的曲线没有达到预期效果，可以将鼠标放置在第二个锚点的位置，同时按【Alt】键，移动鼠标位置来对曲线的弯曲程度做出调整，具体操作步骤如图 6.47 所示。同时也可以按【Ctrl】键对锚点的位置做出调整。

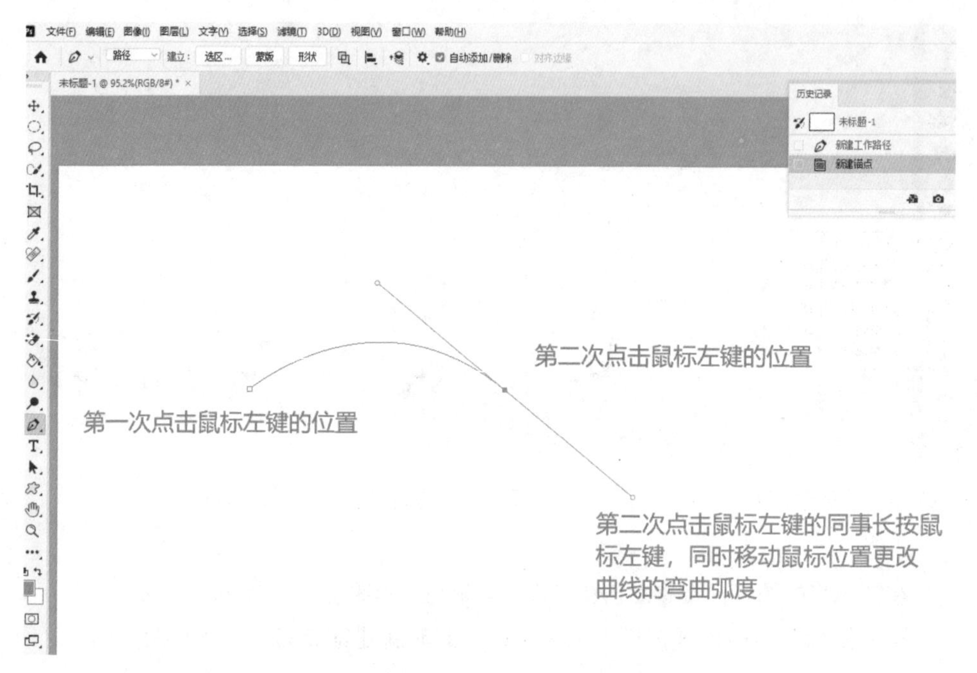

图 6.47 使用钢笔工具绘制曲线

3 连续曲线的绘制

每一个锚点都存有两条控制线，分别控制本锚点与上一锚点及下一锚点之间的片段，控制线的长度及延伸方向直接决定着曲线的弯曲方向及弧度。那么在绘制连续平滑曲线时，就要保持两条控制线处于同一水平线的位置，才能保证所绘制的曲线为平滑曲线；反之当两条控制线之间出现夹角时，锚点位置也会出现相应的“夹角”，如图 6.48 所示。

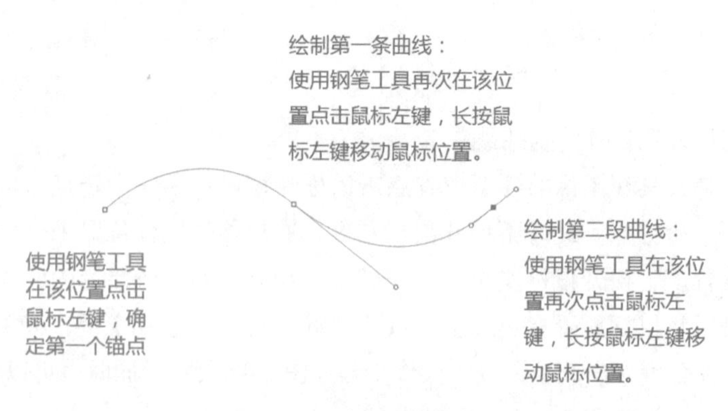

图 6.48 绘制连续曲线

小技巧

在使用钢笔工具绘制路径时，我们经常需要对路径的位置或是锚点的位置进行移动，可将工具状态切换为直接选择工具，对已存在的锚点执行位置更改操作。直接选择工具不仅可以对锚点进行移动，同时也可以移动路径的其他部分。将直接选择工具放置在路径的任意位置并长按鼠标左键即可，直接选择工具呈白色箭头形状，如图 6.49 所示。工作时转换为黑色三角形状，如图 6.50 所示。

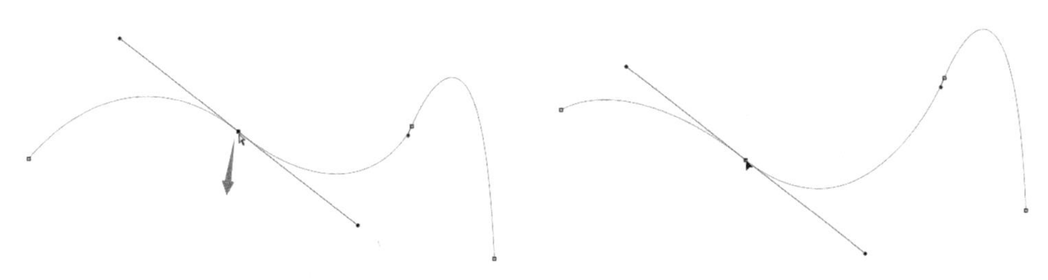

图 6.49　直接选择工具　　　图 6.50　直接选择工具工作状态

路径选择工具作用于整个路径，多用于整体移动路径位置。路径选择工具同样也是为白色箭头形态，如图 6.51。工作状态参见图 6.52 所示。

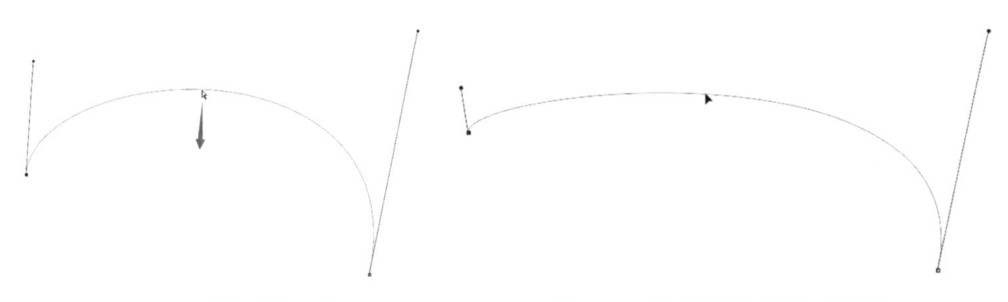

图 6.51　路径选择工具　　　图 6.52　路径选择工具工作状态

快捷键的使用并不会对当前钢笔工具的工作状态产生影响，在完成相关操作后可继续选择钢笔工具进行绘制。

在使用钢笔工具时要想结束当前路径最简便的操作是按【Ctrl】键后，在路径之外的任意位置点击鼠标左键，即可结束当前路径绘制或开始绘制另外一条路径。在保存使用钢笔工具绘制的文件时，为了便于后期修改一般将其存储为 PSD 格式。如果需要其他格式的图像文件，应先将其储存为 PSD 格式后，再另存为其它图像格式。

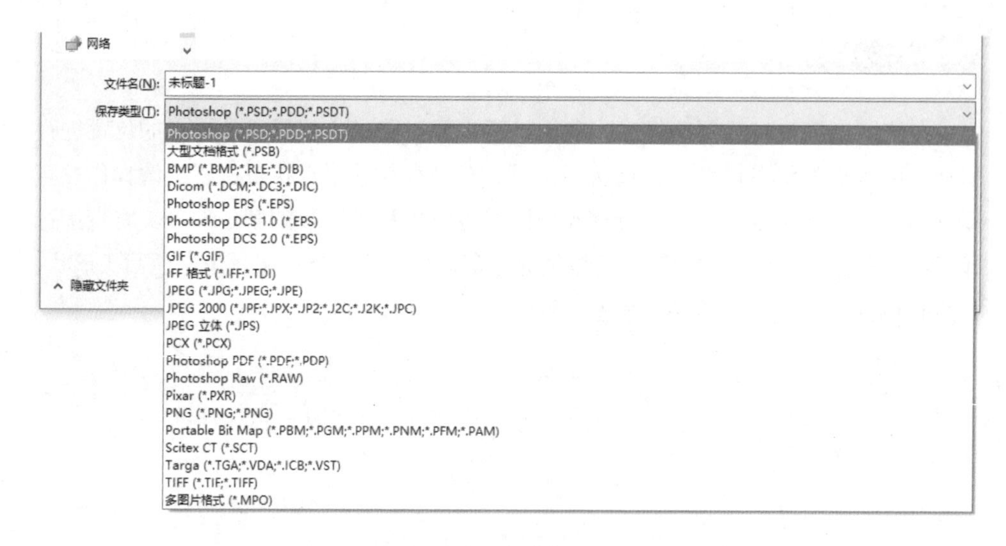

图 6.53　设置存储位置及格式

4 闭合路径

路径创建完成之后，将鼠标指针放置在最初的锚点位置，位置重合后钢笔工具右下角自动出现一个小圆圈，此时点击鼠标左键，即可闭合现有路径。

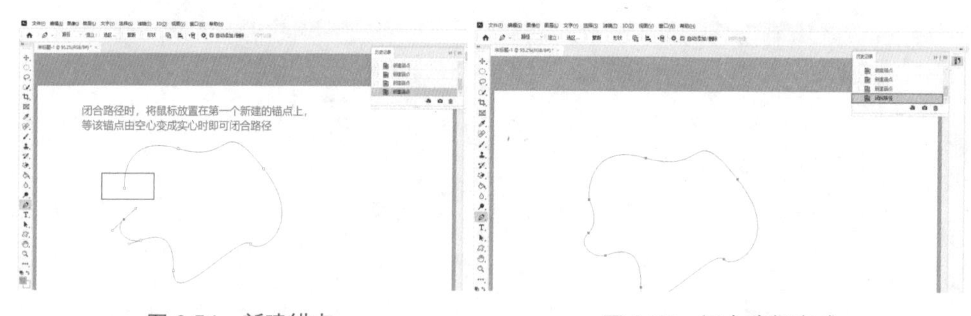

图 6.54　新建锚点　　　图 6.55　闭合路径完成

5 自由钢笔工具

自由钢笔工具可以搭配“磁性的”这一工具属性来自动寻找物体边缘进行选区创建，与磁性套索工具的工作模式有一定的相似之处。

自由钢笔工具的优势在于能够根据强烈的色彩反差自动检索选区边缘，省时省力。但对于一些细节部分或是色差较小的位置所得到的选区边缘并不是很准确。根据个人需求选择合适的工具能更好地帮助我们对图片进行后续处理。

使用自由钢笔工具创建选区：选择工具栏中的“自由钢笔工具”，同时在上方属性栏中的“磁性的”前方打上对号。

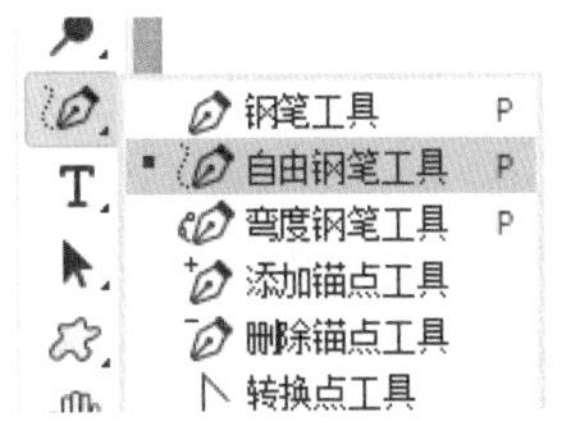

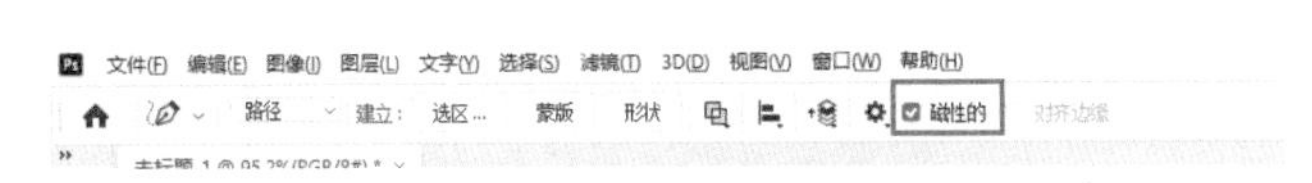

图 6.56　自由钢笔工具　　　　图 6.57　自由钢笔属性

在目标图形的边缘位置点击鼠标左键，确定第一个锚点的位置，之后沿着图形边缘位置移动鼠标，环绕一圈后将鼠标放置在第一个锚点的位置，当钢笔工具右下角出现小圆圈时点击鼠标左键，完成选区创建。

如果没有勾选属性“磁性的”，或是处理一些颜色差异较小的细节部分时，可以在移动鼠标的同时在边缘位置进行点击来增加锚点，以此使选区边缘部分更加准确，不会出现大的偏差。

图 6.58　使用自由钢笔工具创建路径

6.2 路径工具应用

路径的组成元素为线段或曲线，可以全部由曲线构成，也可以全部是线段，同时也可以是线段和曲线的任意交叉组合。无论是曲线还是线段，在两端的端点位置都存有相应的锚点标记，通过执行移动锚点、增加锚点、删除锚点等操作可以对路径形状进行任意更改。

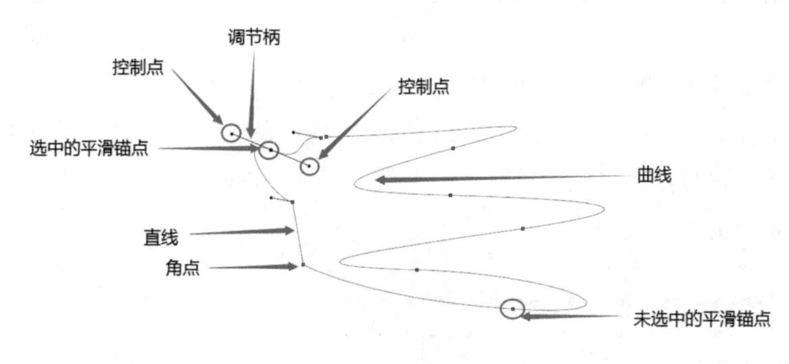

图 6.59　路径组成

在曲线段上，每个被选中的平滑锚点周围都会显示出一条或两条调节柄。图 6.59 当中显示了两条调节柄，调节柄的方向及长度直接决定着曲线线段的弯曲方向及弯曲弧度。调节柄和控制点共同决定了曲线的大小及形状。同时，这里被选中的平滑锚点内部显示为实心方形的形状，而右侧未被选中的平滑锚点则显示为空心方形的形状。

6.2.1 路径的存储与复制

使用钢笔工具或自由钢笔工具在图像当中所创建的路径共分两种，分别为闭合路径、开放路径。闭合路径多用于形状绘制；开放路径则多被用于线段及曲线的绘制当中。

1 存储路径

“路径面板”存储路径是暂时性的，随着新路径绘制的开始，之前的路径也会随

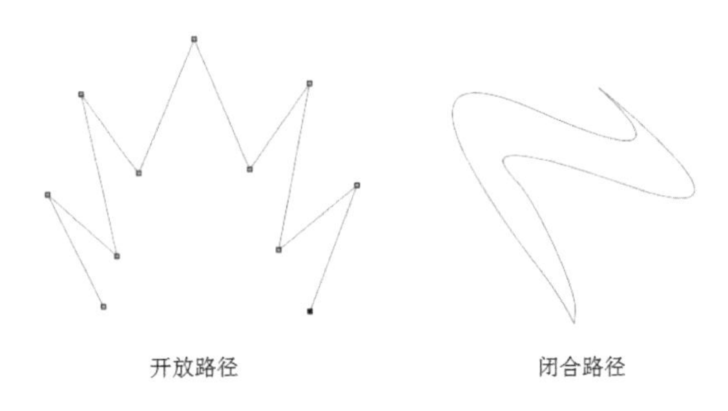

图 6.60　开放路径与闭合路径

之消失，所以我们需要对路径执行存储操作，从而让路径长期存储于图形当中，以便后期使用。操作方法也很简单，只需要在路径面板将现有的“工作路径”拖动至下方新建按钮上，直至其变成“路径 1”这样的名称即可完成对路径的存储。

具体操作如下：

将鼠标放置在路径面板当中的“工作路径”上，同时按鼠标左键，此时鼠标变成一个小手的形状，沿着图 6.61 箭头所示方向向下移动至“创建新路径”按钮，松开鼠标左键即可完成对该路径的存储。

路径面板下方的四个按钮功能分别如图 6.62 所示。

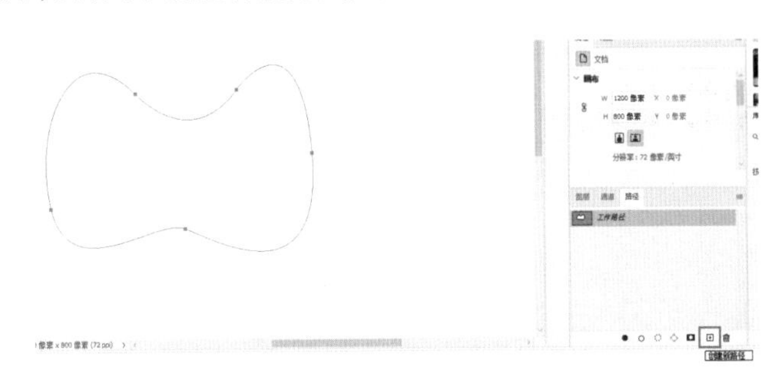

图 6.61　创建新路径

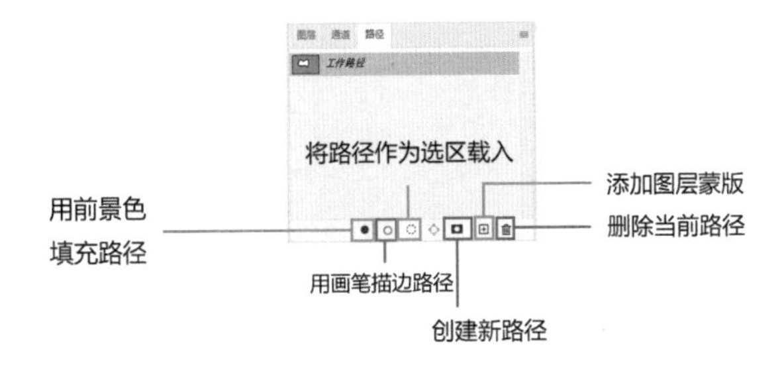

图 6.62　路径功能

2 复制路径

首先，选择左侧工具栏当中的路径选择工具，如图 6.63 所示。

其次，按键盘当中的【Alt】键，之后将路径选择工具放置在所绘制的路径上面，当路径选择工具右下角出现“+”号时按鼠标左键，同时移动鼠标，选择合适位置松开【Alt】键和鼠标左键，即可完成路径复制。详细操作如图 6.64 所示。

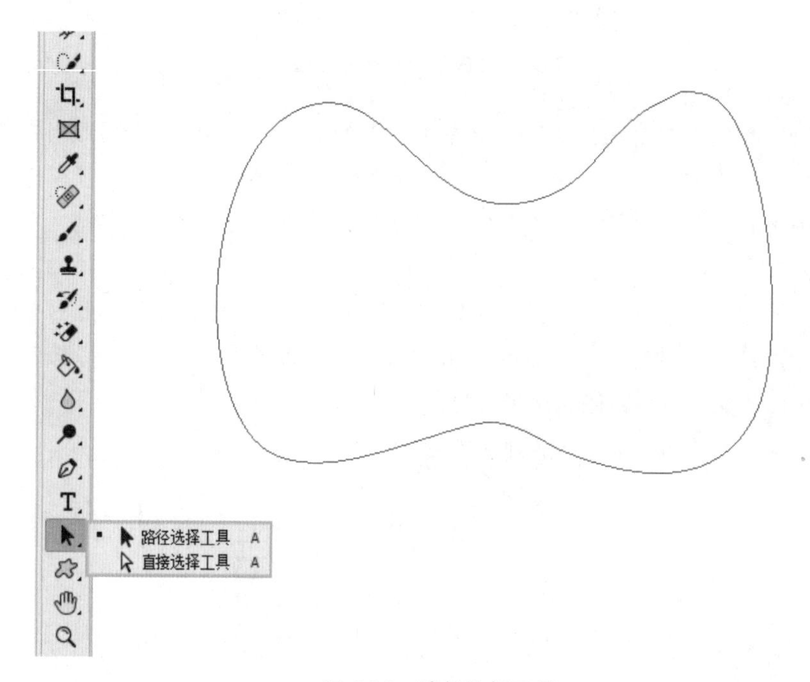

图 6.63　路径选择工具

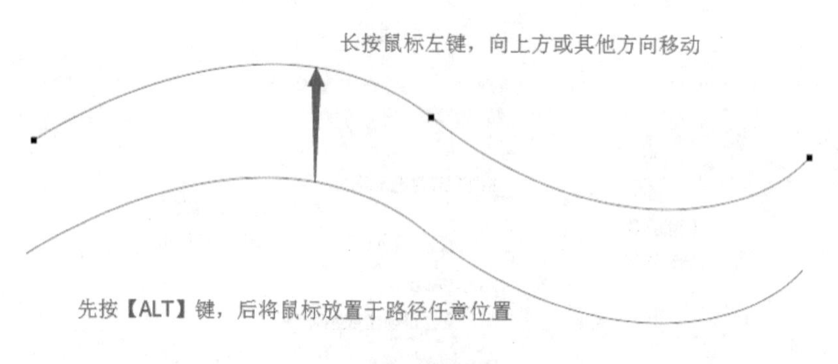

图 6.64　路径复制

6.2.2　路径的其他操作

填充及描边路径可直接产生实际像素。路径填充作用于背景层，描边效果作用于新建图层当中。在对路径执行描边操作时，受画笔工具预设相关属性影响，包括粗细、不透明度、流量及其他因素在内。所以在对路径执行描边操作时，需先对画笔工具的相关属性进行预设。

创建路径完成后，选择路径面板的“用画笔描边路径”按钮，即可完成路径描边，如图 6.65 所示。

图 6.65　用画笔描边路径

通过路径创建的填充图层统称为形状图层。通过图层面板的“创建新的填充或调整图层”按钮来对路径执行填充操作，如图 6.66 所示。在“纯色、渐变、图案”三种效果当中任选一种即可，如图 6.67 所示。这里我们选择渐变填充的方式进行路径填充，填充效果如图 6.68 所示。渐变填充设定同前面章节讲到的渐变编辑器的基本功能及基础操作基本一致。

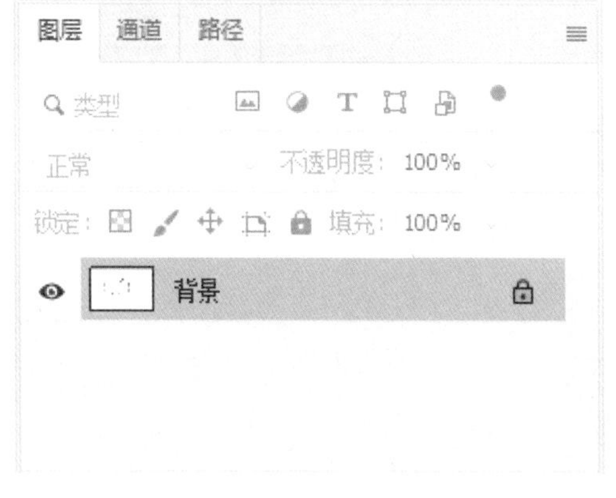

图 6.66　创建新的填充或调整图层

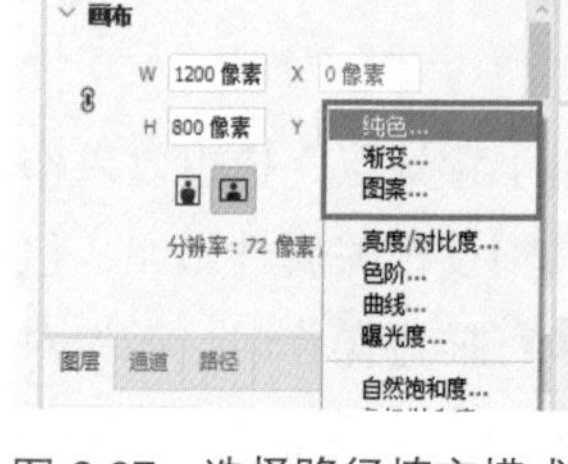

图 6.67　选择路径填充模式

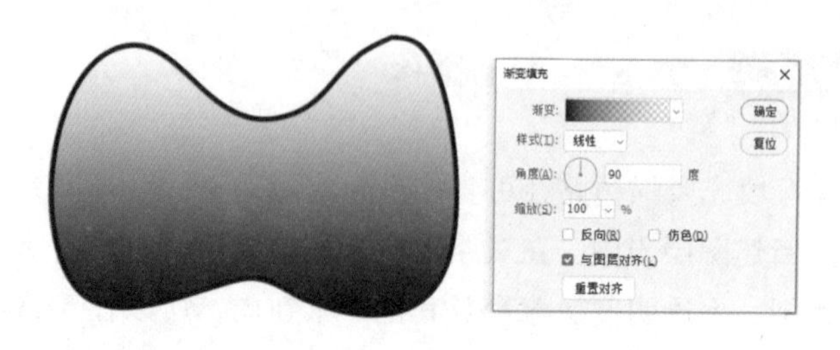

图 6.68　渐变填充

6.2.3 路径、选区相互转换

路径最常见的点阵应用就是将其转换成选区。路径处于显示状态时，点击路径面板的“将路径作为选区载入”按钮即可，如图 6.69 所示，效果图参见 6.70 所示。开放路径转换为选区时自动将起点与终点用直线连接起来。

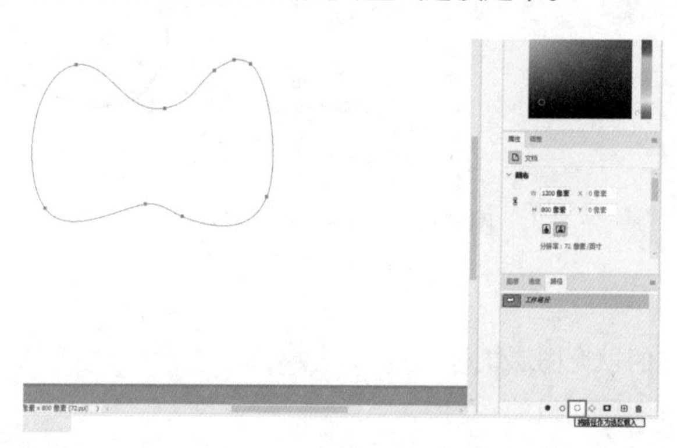

图 6.69　将路径作为选区载入

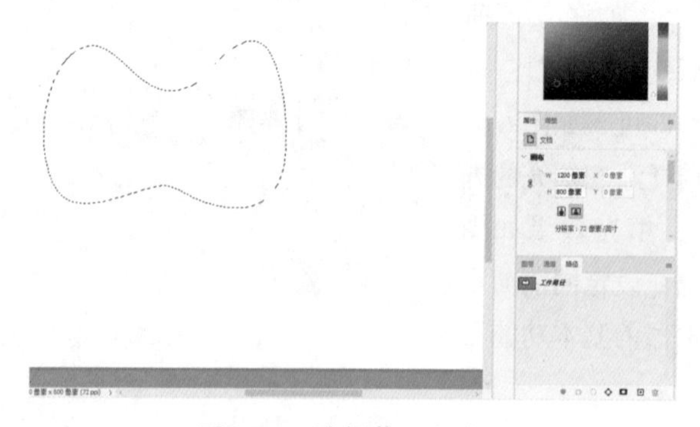

图 6.70　路径载入为选区

同时也可以通过执行面板菜单当中的“建立选区”来创建选区，此时会出现羽化效果等选项，如图 6.71 和图 6.72 所示。

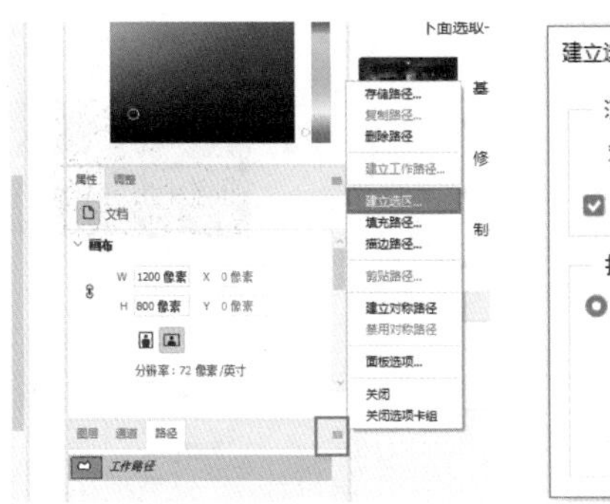

图 6.71　路径面板建立选区

图 6.72　建立选区

除了可以将路径转换为选区以外，还可以将选区转化为路径。

方法一：路径面板选择“从选区生成工作路径”按钮，如图 6.73 所示，图片效果参见图 6.74 所示。

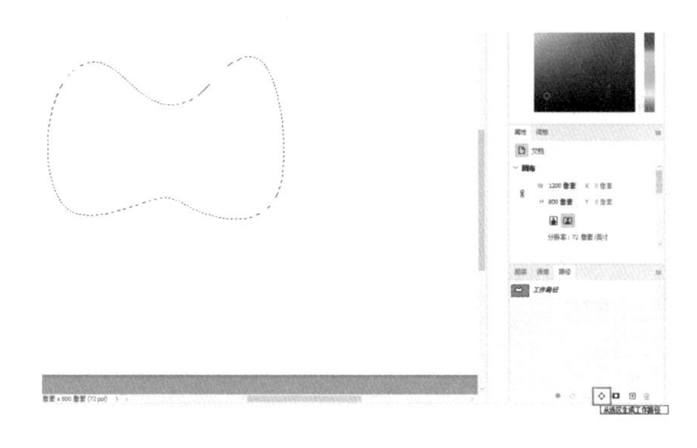

图 6.73　从选区生成工作路径

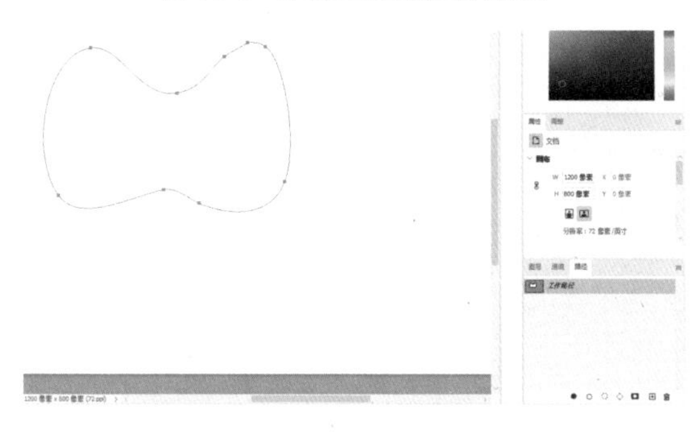

图 6.74　生成工作路径

方法二：选择路径面板中的“建立工作路径”，如图 6.75、图 6.76 所示。

图 6.76 中“建立工作路径”窗口的容差是指：将选区转换为路径时的平滑程度，容差越大，平滑越重；容差越小，越精确（与原选区对照）越接近所绘制的选区。

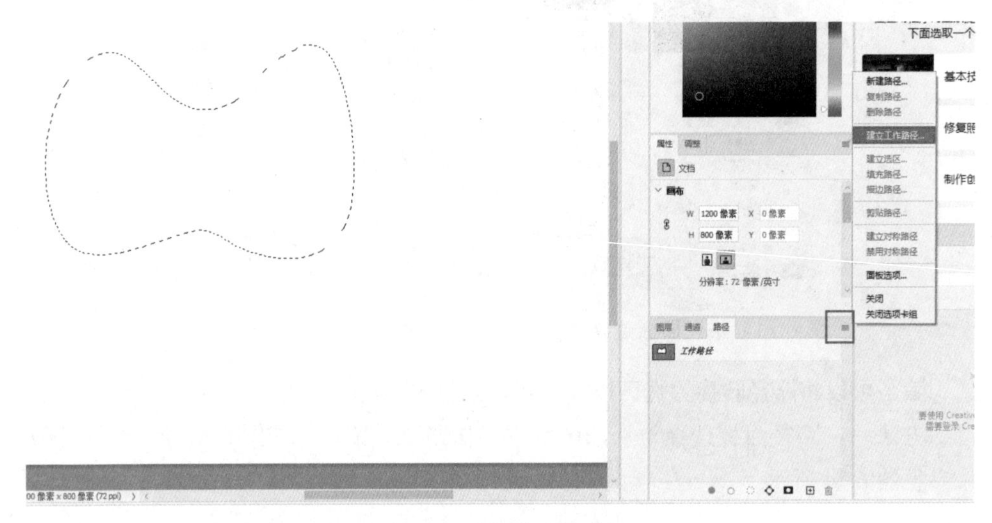

图 6.75　选区转化为路径

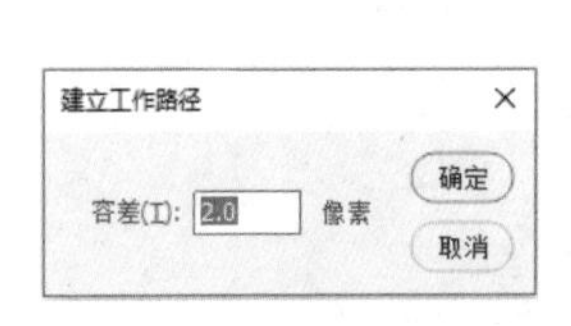

图 6.76　建立工作路径

第七章

Photoshop 文字编辑

文字工具是图像设计过程中的重要组成部分，除直观传递目标信息这一优势以外，在强化主题、美化版面方面所发挥的作用也十分关键。文字不仅可以作为图像主体存在，同时也能当好“配角”，与画面当中的其他元素相辅相成，形成强大的感染力。

Photoshop 具有强大的文字处理功能，同时兼容多种字体，操作简单，使用者可以轻松创设各种文字效果。

文字工具位于Photoshop左侧【T】工具栏，提供四种文字处理工具，分别是“横排文字工具”、“直排文字工具”、“直排文字蒙版工具”、“横排文字蒙版工具”。横排文字工具按从左至右的顺序输入文字，直排文字工具是以竖直方向进行文字排列，按从上至下的顺序依次出现。默认状态下文字编辑工具自动显示为“横排文字工具”。

图 7.1　文字工具

将鼠标放置在“文字工具”按钮上，如图 7.1 所示。长按鼠标左键或点击鼠标右键，即可打开相应的文字工具组，如图 7.2 所示。

“横排文字工具”和“直排文字工具”主要应用于点文字、段落文字以及路径文字的创建当中。而“横排文字蒙版工具”和“直排文字蒙版工具”则多被应用于文字选区创建。

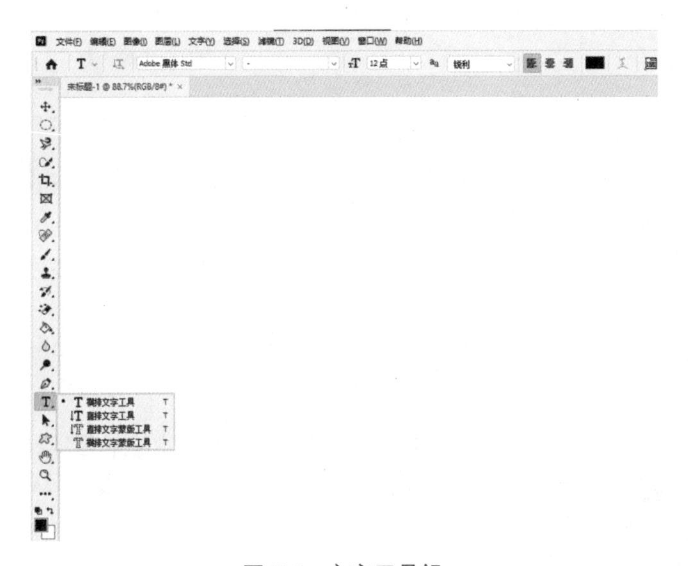

图 7.2　文字工具组

7.1 文字工具使用

7.1.1 创建文字

横排文字工具和直排文字工具：“横排文字工具”用来创建水平方向的矢量文字，“直排文字工具”创建竖直方向的矢量文字。使用这两种工具输入矢量文字后，“图层”面板将自动创建一个全新的文字图层。图 7.3 为横排文字和直排文字的图层效果。

使用 Photoshop 创建文字时有两种样式，一种为单行文字，另一种为段落文字。默认状态下输入单行文字，不执行自动换行，只能手动按回车键进行换行。

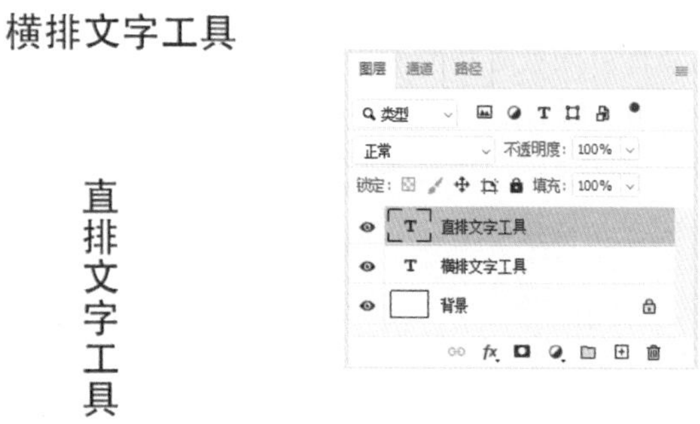

横排文字工具
直排文字工具
图层 通道 路径
类型
正常
不透明度: 100%
锁定:
填充: 100%
直排文字工具
横排文字工具
背景

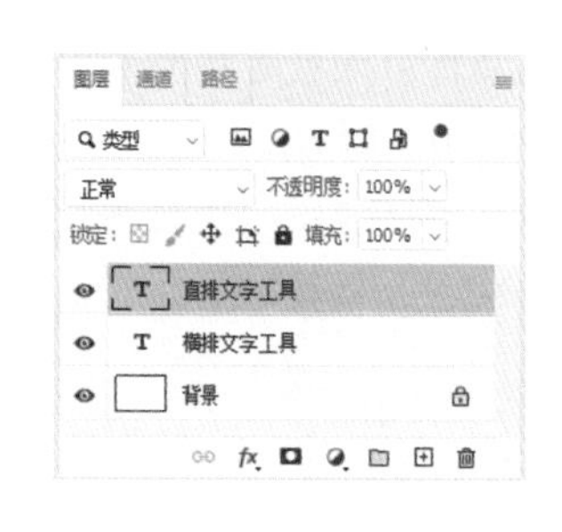

图 7.3 横排文字和直排文字的图层效果

1 创建单行文字

单行文字当中每一行的文字都是独立存在的，单行文字随文字增长而增长。选择“横排文字工具”或“直排文字工具”后，在图像当中点击鼠标左键，此时图像当中的目标位置自动出现一个闪动的竖线光标，此处为文字插入起点。选择直排文字工具时会在竖线的位置出现一个文字基线标记，如图 7.5 所示。直排文字的基线标记为字符中心轴。

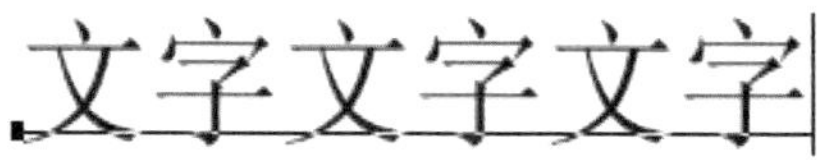
文字文字文字

图 7.4 单行横排文字

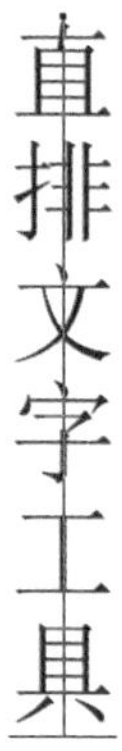
直排文字工具

图 7.5 单列直排文字

选择文字工具后，菜单栏下方会出现相应的属性栏，可以对所输入文字部分的字体、字号、颜色等进行预设。除此之外的“字符”或“段落”面板可以对文字部分的格式进行调整。在图像当中输入文字时，一方面可以对文字相关属性进行预设，后输入文字；另一方面也可以先行输入文字，后对文字属性进行设置。

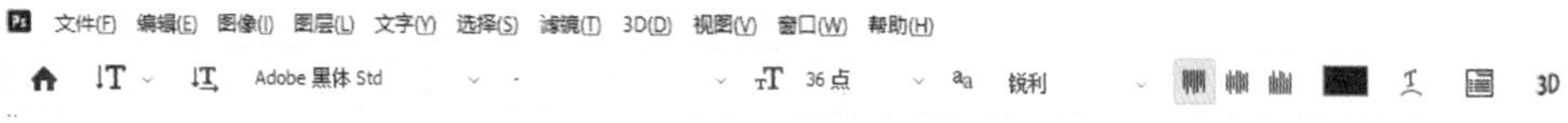
文件(F) 编辑(E) 图像(I) 图层(L) 文字(Y) 选择(S) 滤镜(T) 3D(D) 视图(V) 窗口(W) 帮助(H)
Adobe 黑体 Std
36 点
锐利
3D

图 7.6 文字工具属性栏

更改文字方向：实现文字方向的变化，由水平方向转换成竖直方向或是由竖直方向转换成水平方向，如图 7.7 所示。

更改字体：点击右侧下拉按钮选择其他字体，参见图 7.8 所示。下方“筛选”窗口对 Photoshop 内置的全部字体进行筛选，可在最短时间内找到所需字体。

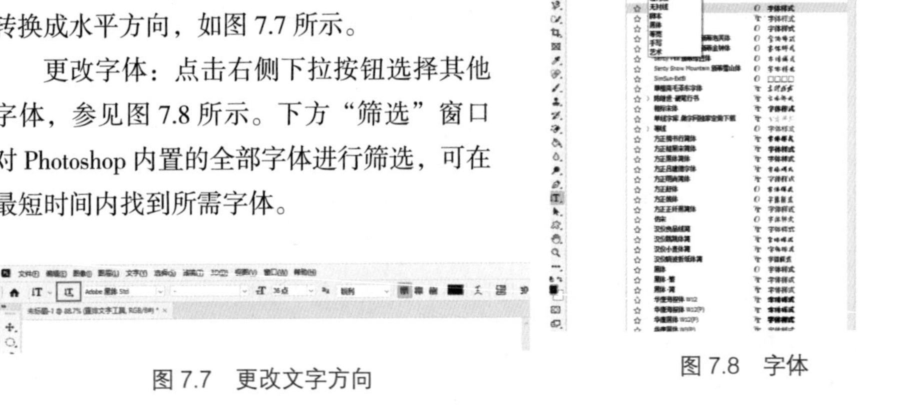

图 7.7　更改文字方向

图 7.8　字体

字体样式：配合字体一起使用，下拉按钮显示左侧字体所对应的字体样式。图 7.9 显示微软雅黑字体下的两种字体样式。

字号：可以在右侧下拉按钮中选择所要更改的字号，也可以直接在文本框的部分输入相应数值，两种方法都可以对字体大小做出更改，如图 7.10 所示。

添加文字边缘样式：默认状态下为“锐利”，可以通过右侧的下拉按钮进行更改，如图 7.11 所示。

图 7.9　字体样式

图 7.10　字号

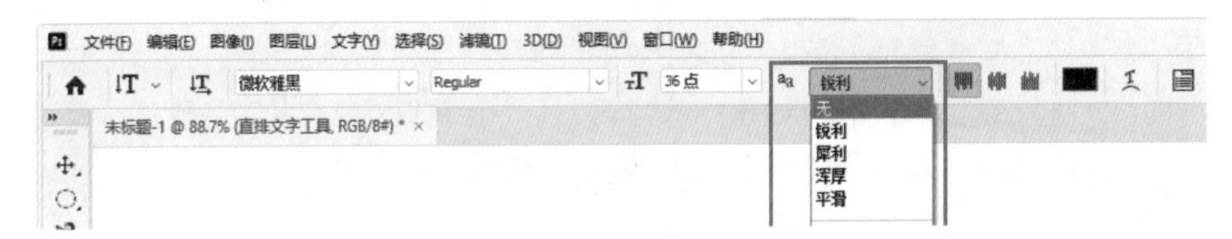

图 7.11　文字边缘样式

文本对齐方式：分别为“左对齐”“居中对齐”和“右对齐”。默认状态下保持左对齐，如图 7.12 所示。

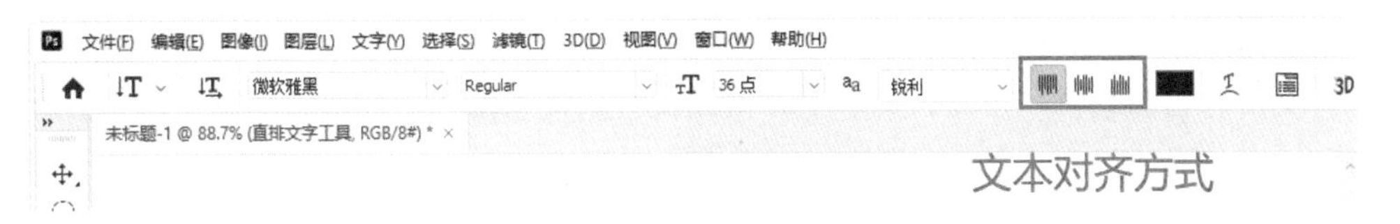

图 7.12　文本对齐方式

设置文本颜色：将鼠标放置在该位置，鼠标自动变成小手形态，点击鼠标左键，弹出“拾色器（文本颜色）”窗口，即可对文本颜色进行更改，如图 7.13 所示。

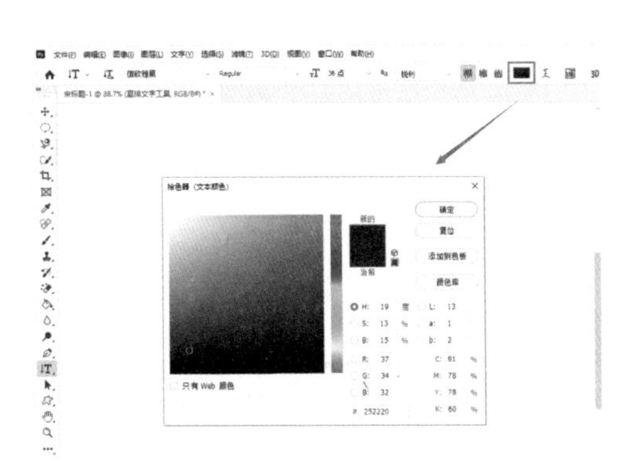

图 7.13　设置文本颜色

安装字库：Photoshop 内置大量字体样式，能够基本满足大众的文字录入需求，但在实际的创作过程中，仍然有可能需要用到软件本身所不具备的字体。这时可以通过添加相应字库的方法来应用所需字体。

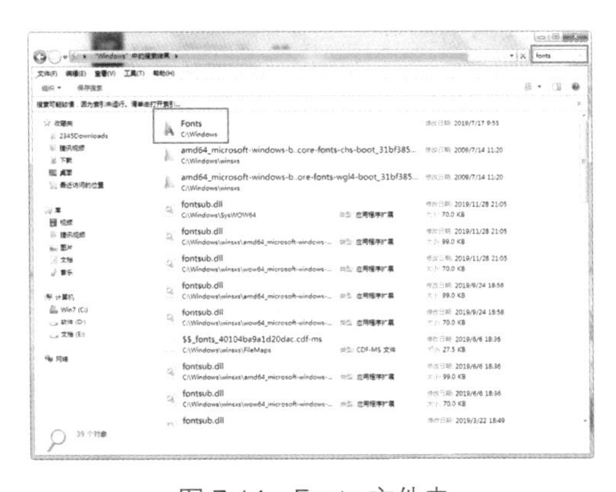

图 7.14　Fonts 文件夹

字体安装方法如下

步骤 1：从网络上下载所需字体安装包。

步骤 2：解压字体，并将其复制到电脑 Windows 文件夹下的 Fonts 文件夹当中。

步骤 3：重启 Photoshop 即可应用字体。

完成文字输入后，点击属性栏中的“提交当前所有编辑”按钮，如图 7.15 所示。旁边的“取消当前所有编辑按钮”取消当前所输入的文字部分。

图 7.15　提交所有当前编辑和取消所有当前编辑

新建空白文件，输入“横排文字工具”，文字下方有一条下划线，随文字增减变长变短。右侧有一个闪动的文字输入光标，图层面板自动新建“图层 1”，如图 7.16 所示。点击属性栏当中的“提交所有当前编辑”按钮，文字下方横线及右侧文字输入光标消失，原本的“图层 1”变为“横排文字工具”。若使用直排文字工具输入文字，图层名称与之对应，显示为“直排文字工具”，如图 7.17 所示。

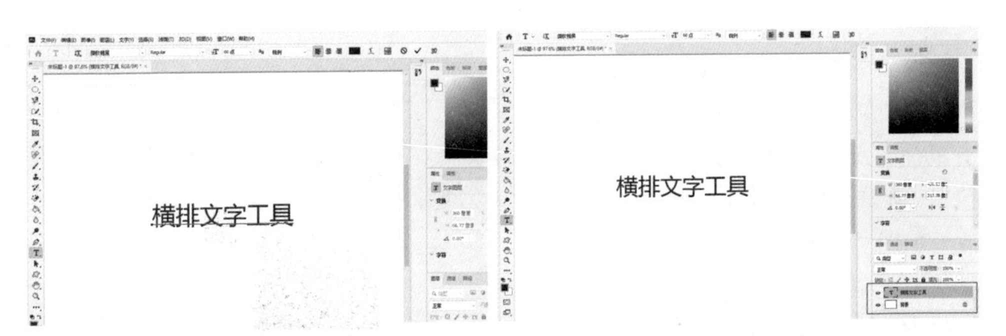

图 7.16　输入文字“横排文字工具”

图 7.17　“提交所有当前编辑”后的文字、图层状态

2 创建段落文字

在开始输入文字之前，需要先将文本框调整至合适大小，文字会根据文本框的边界在输入时执行自动换行，当然【Enter】键可以随时实现文字的换行。同时，我们还可以利用外框实现文字段落的旋转、缩放及斜切等操作。具体操作步骤如下：

步骤 1：根据具体需求选择工具栏中文字工具的任意一种。

步骤 2：在文字输入位置点击鼠标左键，保持鼠标左键不松开，沿对角线方向创建一个矩形文本框，矩形框部分即为段落文本输入区域。释放鼠标即可完成选区创建，具体操作步骤，如图 7.18 所示。

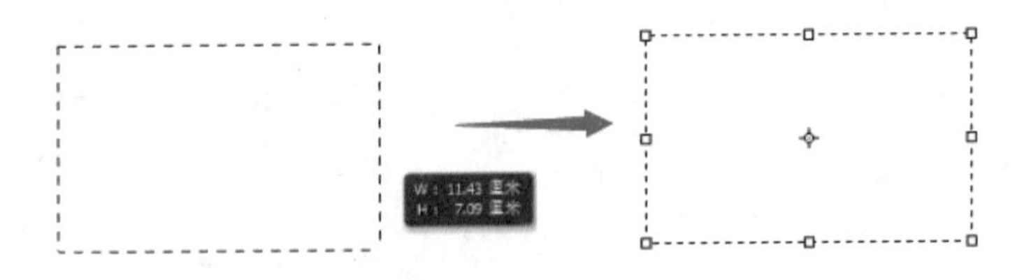

图 7.18　创建文本输入框

步骤 3：文本框当中出现闪动的输入光标，之后我们在文字属性栏部分对相应参数进行预设，输入文字时会自动根据文本框的边缘部分执行换行。

创建新段落时按【Enter】键，当输入的文字内容超出文本框范围时，会在文本框右下角的位置出现一个“溢出按钮”，详见图 7.20 所示。此时继续输入文字便不会显示，需调整文本框的大小才能将隐藏部分的文字显示出来。完成文字输入点击属性栏当中的“提交当前所有编辑”按钮，或者通过快捷键【Ctrl】+【Enter】来结束录入。

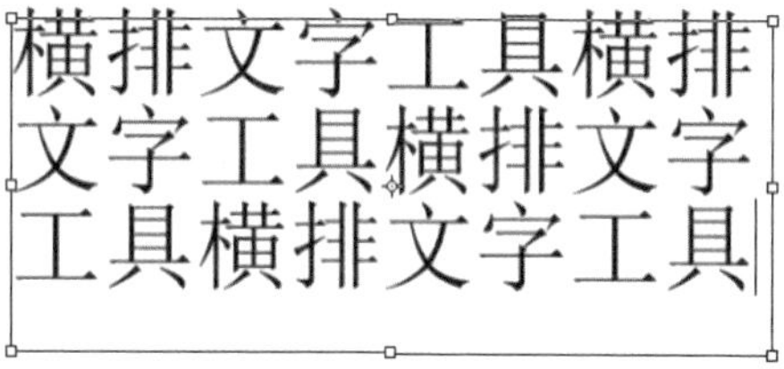

图 7.19 段落文字

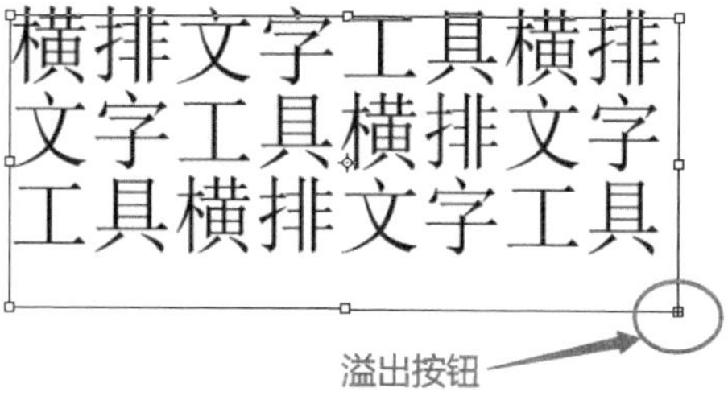

图 7.20 文字溢出按钮

使用文字外框调整文字部分：文字部分的调整可以借助文字外框来实现，文字编辑状态下点击【Ctrl】键即可将文字外框显示出来。

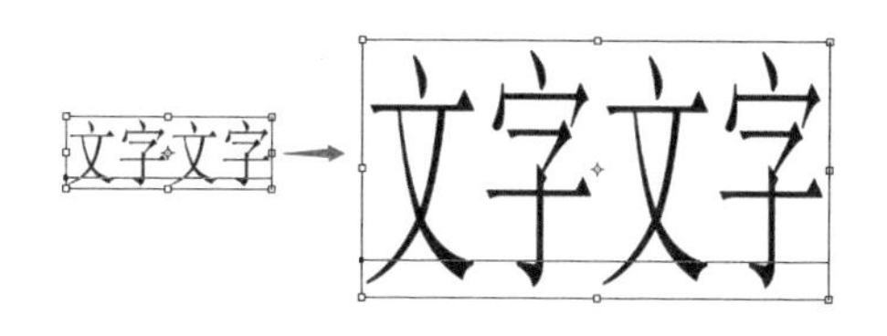

图 7.21 单排文字调整外框大小

调整文字外框大小或文字大小：将鼠标放置在文本外框小正方形的位置，鼠标状态自动变为双箭头状态之后，点击鼠标左键向目标位置移动，调整至合适位置后松开鼠标左键即可对文字外框进行调整。如果输入单行文字，在改变文本外框时，文字大小也一并发生改变；若输入的文字部分为段落文字，改变文本外框时并不会对内部文字产生任何影响。

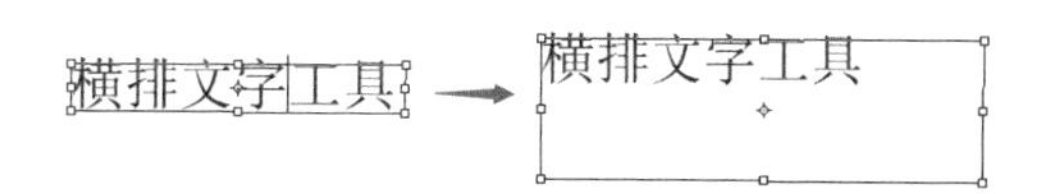

图 7.22 段落文字调整外框大小

旋转文字外框：在文本外框显示的状态之下，将鼠标放置于文本框外部，当鼠标状态转变为弯曲的双箭头时，点击鼠标左键来回移动，即可旋转文本框，同时内部文字也一并旋转。

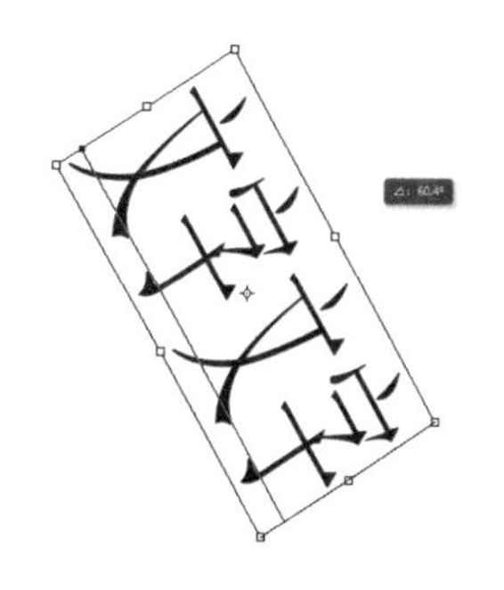

图 7.23 旋转文字外框

斜切文字外框：在文字外框显示的状态下，按

【Alt】键的同时将鼠标放置在文本框边缘的四个中心控制点中的任意一个位置上，鼠标状态变为白色箭头状态的同时点击鼠标左键向其他方向移动，即可实现文字斜切。

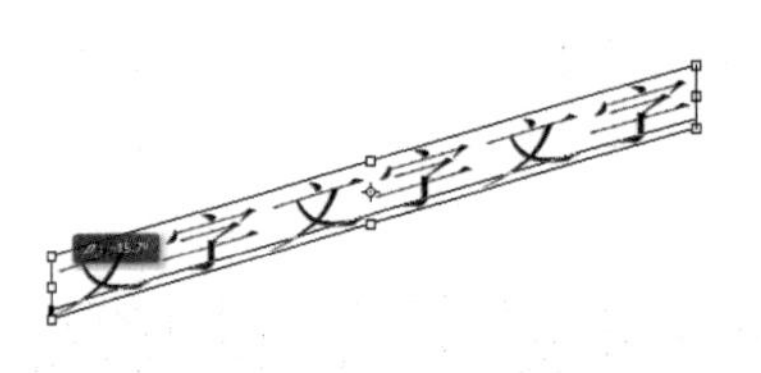

图 7.24　单排文字斜切文字外框

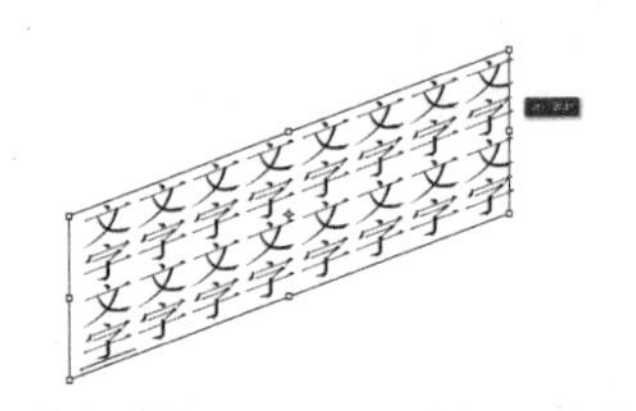

图 7.25　段落文字斜切文字外框

7.1.2　路径文字

除横排、直排两种常规的文字输入方式以外，还可以借助路径工具来输入文字。汉字按路径排列，称之为路径文字，而且由路径形状决定文字形状。开放路径形成类似横排文字输入的效果，封闭选区形成类似于文本框的效果。

开放路径文字创建的具体操作步骤如下

步骤 1：新建空白图像并选择钢笔工具，绘制目标路径。

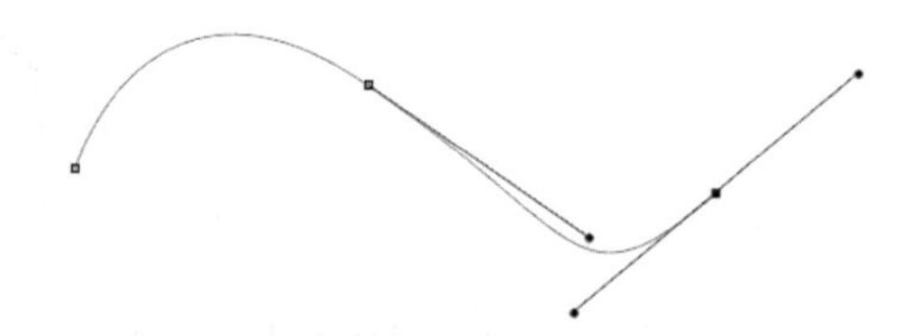

图 7.26　绘制路径

步骤 2：选择"文字工具"，将鼠标放置在路径起始处的锚点上，等文字工具转为图 7.27 所示状态时点击鼠标左键。此时，垂直于路径方向出现一个闪动的文字输入光标，如图 7.28 所示，所输入的文字部分随路径方向进行排列。

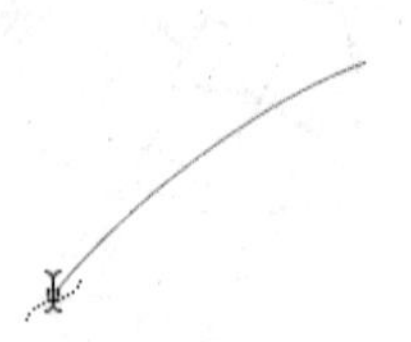

图 7.27　将文字工具放置于路径起点

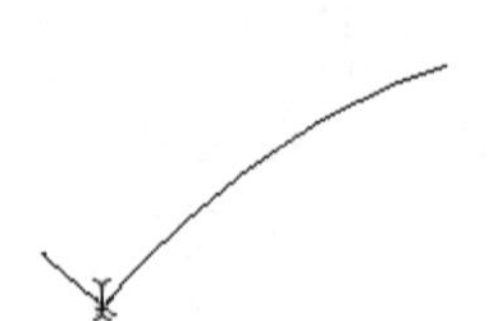

图 7.28　随路径输入文字

图 7.29　沿路径输入文字

封闭路径文字创建的具体操作步骤：可以自行绘制任意形状的封闭路径，也可以借助形状工具当中的“自定形状工具”完成路径创建。这里选择上述章节当中新添加至自定形状工具中的星形来进行路径文字创建。

新建空白图层选择“自定形状工具”中的星形，在图像任意位置绘制一个任意大小的星形，工具模式设置为“形状”，填充颜色设置为红色，如图 7.30 所示。

至此，得到一个矢量形状图层，在图层面板中的“图层缩略图”位置双击鼠标左键，即可对星形的填充颜色做出调整。

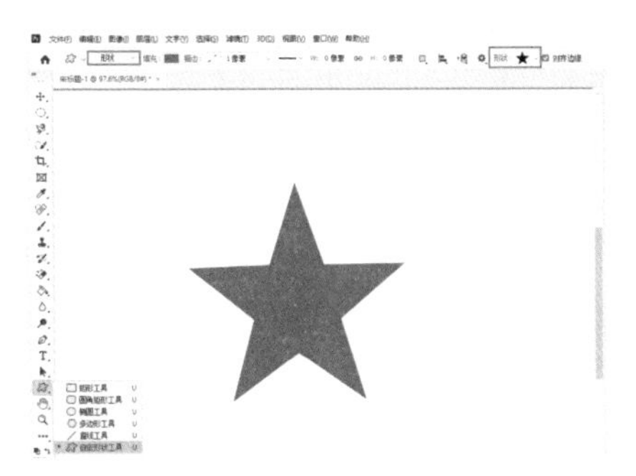

图 7.30　绘制星形矢量图形

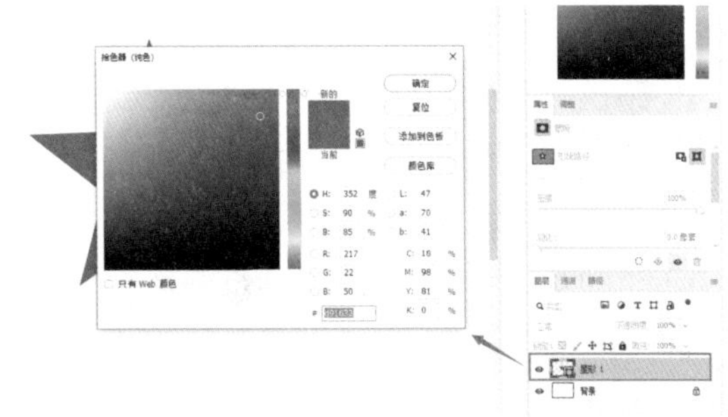

图 7.31　图层缩略图更改图形颜色

在选择形状图层的前提下，使用文字工具在星形任意位置点击鼠标左键即可输入路径文字。鼠标点击位置决定了文字的排列方式，路径线条位置（也就是星形边缘）点击鼠标左键所输入的文字按路径进行排列。在星形形状区域内点击鼠标左键，文字将整齐地排列在形状内部，如图 7.33 所示。

图 7.32　路径文字输入　　图 7.33　沿路径排列、路径区域内排列

沿路径排列输入文字时，文字工具单击的位置即为文字起始位置，默认状态下起点和终点保持重合。文字编辑状态下按【Ctrl】键可以对起点标志或终点标志做出更改，默认状态下起点位置位于路径外侧，所输入文字也沿路径外部进行排列。移

动起点标志或终点标志至相反方向可将其转变为沿路径内侧排列，同时在这个过程中起点标志与终点标志的位置也发生了互换。

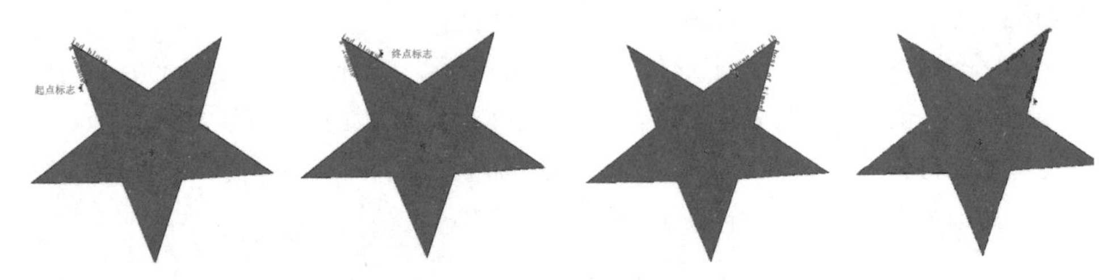

图 7.34　路径文字的起点标志和终点标志　　　　图 7.35　更改路径文字排列方向

路径文字在输入时所参考的基线就是路径本身，可以通过更改“字符”面板当中“基线偏移”使基线高度发生改变，也就是文字底部与路径间的距离。在实际输入过程中，当路径呈曲线状态时，所输入的文字部分的字距也会发生相应改变，如图 7.36 所示。所以，我们可通过调整各部分字符间的距离来提升画面整体舒适度。

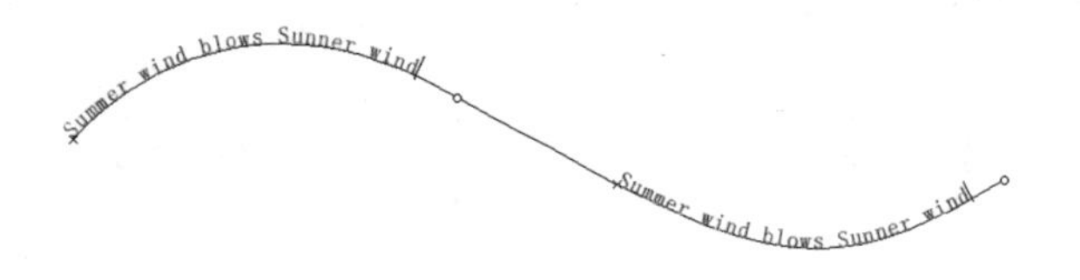

图 7.36　字距受路径曲线影响

7.1.3　文字选区创建

横排文字蒙版工具与直排文字蒙版工具都可做为文字选区创建工具使用。“横排文字蒙版工具”与“横排文字工具”的使用方法基本一致，都可以创建平行于图像底部的文字；而“直排文字蒙版工具”与“直排文字工具”的使用方法基本一致，用以创建竖直文字。蒙版工具创建文字时，是以蒙版的形式来进行创建的，完成文字输入之后自动转为目标文字选区。需要注意的一点是，使用横排或直排文字蒙版工具创建选区时，并不会自动

图 7.37　横排蒙版文字工具状态下的图层状态

创建新图层，仍作用于当前图层。

选择横排文字蒙版工具以后，在图像当中点击鼠标左键，画面整体变成红色，输入文字部分呈白色。文字输入完成后点击“提交所有当前编辑”按钮，红色消失，文字部分呈选区状态。

在图像当中输入文字并调整字体大小，退出编辑后，文字部分自动形成选区状态，如图 7.39 所示。

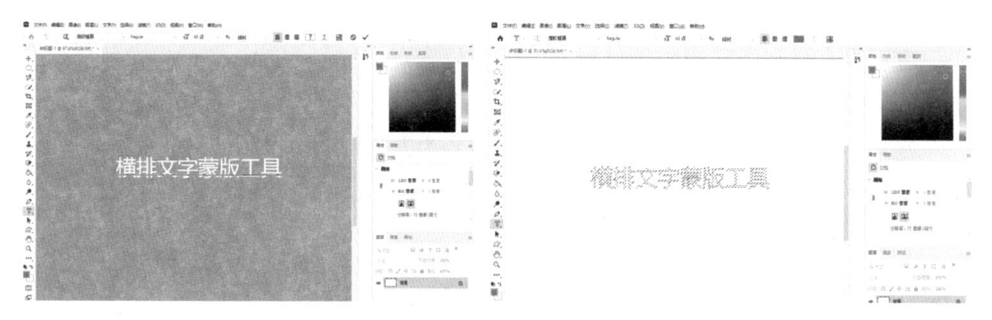

图 7.38　横排文字蒙版工具　　图 7.39　文字选区创建

7.2 编辑文字

7.2.1 栅格化文字

Photoshop 当中输入的文字本身就是矢量图形，在后期创建文字部分的创意效果时，必须要先将文字转化为位图，然后才可以开展后续工作。同时，这一操作也是不可逆的，也就是说，在将文字转化为位图之后，便不能再使用文字工具继续输入了。

将文字转化为位图，需要先在图层面板当中选择要处理的文字图层，执行菜单栏中的“图层”/“栅格化”/“文字”命令，即可将文字转化为普通图层，如图 7.40 所示。

图 7.40　栅格化文字

图 7.41　栅格化文字操作完成后的图层状态

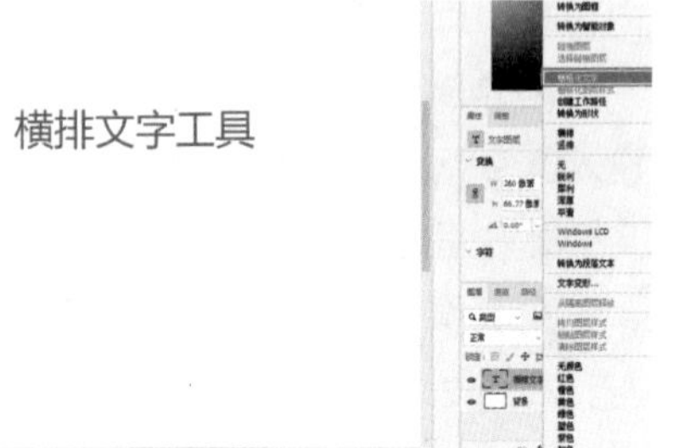

图 7.42　图层面板栅格化文字

也可以直接在图层当中的目标文字图层位置点击鼠标右键，在弹出的菜单栏当中选择“栅格化文字”命令，从而将目标文字转为位图，如图 7.42 所示。

栅格化命令将文字栅格化，文字图层转变为普通的图层，通过后期一系列处理使文字部分更具观赏性。

7.2.2 创建文字变形

通过 Photoshop 当中的“创建文字变形”按钮来实现文字变形的相关操作，图 7.43 即为该按钮。选择需要执行变形操作的目标文字之后点击“创建文字变形按钮，在弹出的“变形文字”窗口当中执行相关操作。Photoshop 当中共有 15 种变形样式，可使目标文字呈现出多种状态，如图 7.44 所示。

样式（S）：样式下方共有 15 种样式可供选择，其中扇形、上弧、拱形、波浪都比较常用。根据实际的文字变形需求进行选择即可。图 7.45 为“扇形”样式。

保持文字的变形样式为“扇形”，对“变形文字”窗口中的相关参数所能产生的扭曲效果进行解释。

“水平”以及“垂直”这两个参数决定文字整体的一个扭曲方向，“水平”是指文字整体在水平的一个方向上产生扭曲变形，“垂直”是指文字整体在垂直的一个方向上

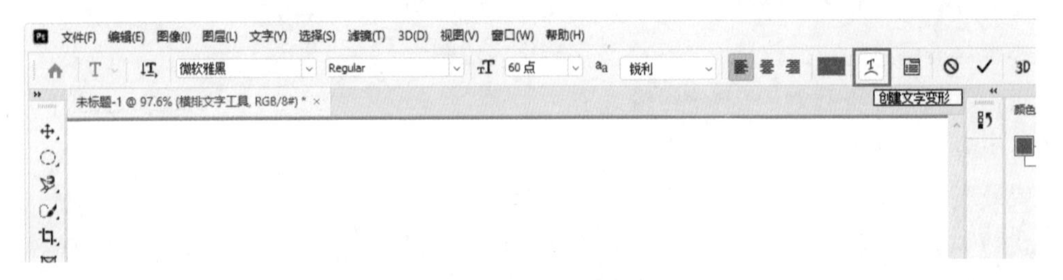

图 7.43　创建文字变形

图 7.44　变形文字

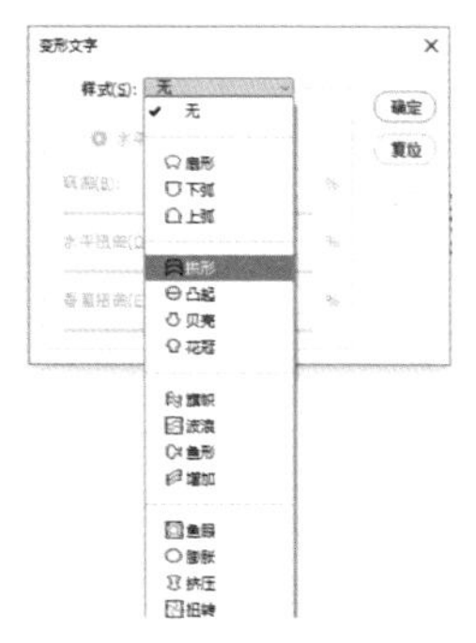

图 7.45　文字样式

产生扭曲变形，参见图 7.46。左侧为“水平”方向发生的弯曲，右侧为“垂直”方向发生的弯曲。弯曲程度由图 7.44 中的“弯曲”所决定，图 7.46 的“弯曲”设置为“50%”。

“弯曲”的设置滑块位于中间位置时，数值为 0，文字不发生任何变形。滑块向左侧移动，数值为负，文字整体向下方弯曲；滑块向右侧移动，数值为正，文字整体向上方弯曲。

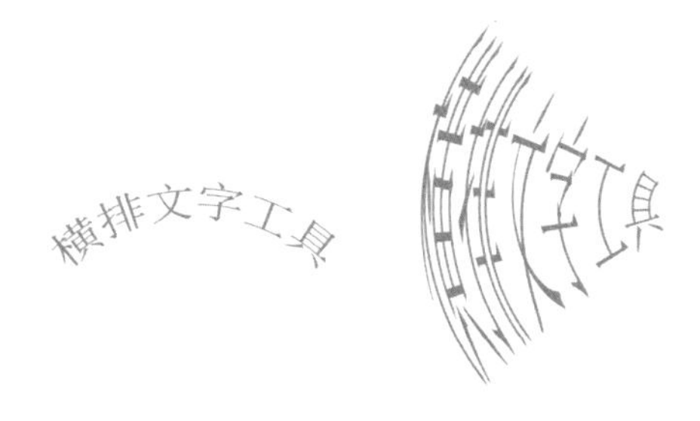

图 7.46　水平弯曲和垂直弯曲

“水平扭曲”以及“垂直扭曲”使文字发生更加细致的变形，在上述两项设置的基础之上继续发挥作用。“水平扭曲”下方的的设置滑块向左侧移动，数值为负，文字左侧整体向外弯曲，文字右侧向内弯曲，如图 7.47 所示；滑块向右侧移动，数值为正，作用效果恰好相反，文字左侧向内弯曲，文字右侧向外弯曲，如图 7.48 所示。

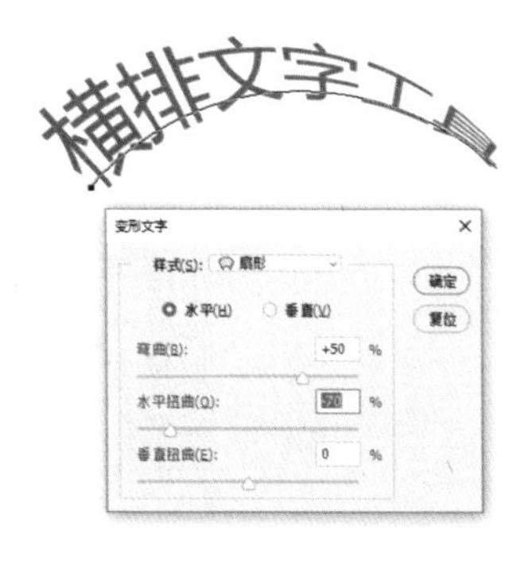

图 7.47　水平扭曲效果一

图 7.48　水平扭曲效果二

“垂直扭曲”下方的设置滑块向左侧移动，数值为负，文字上方向外弯曲，文字下方向内弯曲，如图 7.49 所示；滑块向右侧移动，数值为正，弯曲效果恰好相反，文字上方向内弯曲，文字下方向外弯曲，数值越大，扭曲效果也就越明显。图 7.50 当中的数值较大，故在扭曲的过程中使文字方向发生了翻转。

图 7.49　垂直扭曲效果一

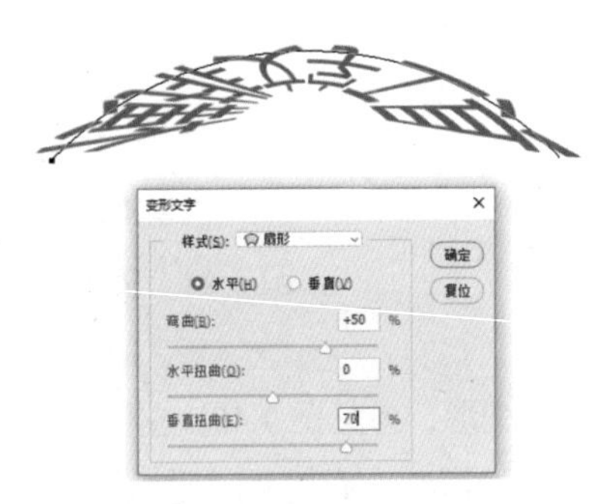

图 7.50　垂直扭曲效果二

除了点击文字工具属性栏当中的“创建文字变形”按钮来实现文字变形以外，还可以通过对文本框部分执行“自由变换”使文字发生变形。完成文字输入以后，点击菜单栏中的“编辑”/“自由变形”，将原本的文字框转换为自由变形的操作框。将鼠标放置在图 7.52 当中红色文本框内的各个位置，点击鼠标左键进行移动。值得注意的是，“自由变换”工具通过改变文本框的形状来使内部文字发生拉伸或压缩的变化，并不能制作文字弯曲效果。

借助“创建文字变形”、“路径”、“自由变换”等功能都可以实现文字排列形状的改变。“创建文字变形”需先行输入文字，后对文字部分执行相关变形操作。“路径”

图 7.51　自由变换

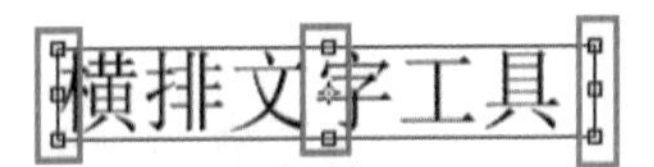

图 7.52　文本框

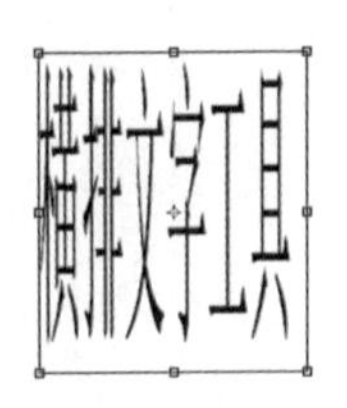

图 7.53　自由变换变形文本框

先对文字排列形状进行预设，后输入文字。“自由变换”操作同样执行于文字录入完成之后。

这三种使文字产生变形的方法在操作上各有优势，同时对于文字部分所能产生的效果也不尽相同，根据创作需求选择合适工具即可。

7.2.3　文本查找与替换

Photoshop 当中有着和 Word 文档相似的文本查找与替换功能，使用该功能可以在较短时间内实现对目标文字的查找与替换，提升图像处理效率。

具体操作步骤如下

步骤 1：选择所要查找与替换的文字所对应的文本图层，如果需要对多个图层当中的文字进行查找时，定位至任意一个非文本图层当中。

步骤 2：执行菜单栏中的“编辑”/“查找和替换文本”操作，打开操作窗口，如图 7.54 所示。

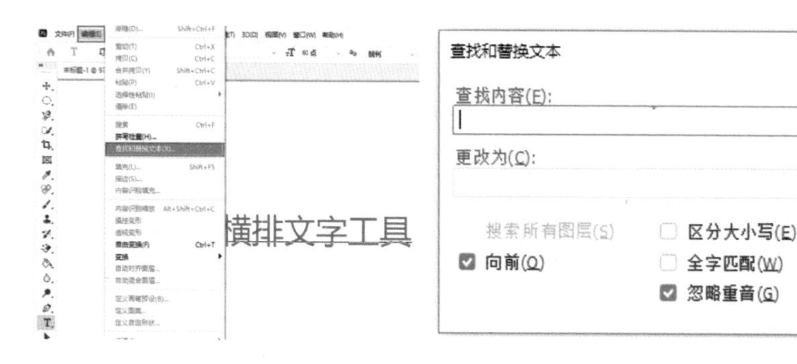

图 7.54　查找和替换文本　　　图 7.55　查找和替换文本窗口

步骤 3：文本查找与替换，在“查找内容”对话框输入或粘贴所要查找的文字，点击“查找下一个”即可自动对目标图层的目标文字进行检索。文本替换在上一步骤的基础之上在“更改为”对话框当中输入想要更改的文字内容，点击“更改全部”按钮，即可将查找内容全部替换，也就是批量替换文字内容。

步骤 4：如果要对“查找内容”逐一进行修改，需要在输入“查找内容”和“更改为”部分的内容后，点击“查找下一个”按钮，此时查找的内容就会逐个显示出来。点击“更改”按钮即可将该部分的文字替换，随后继续点击“查找下一个”进行逐一更改。

横排文字XXXYyyDxYY

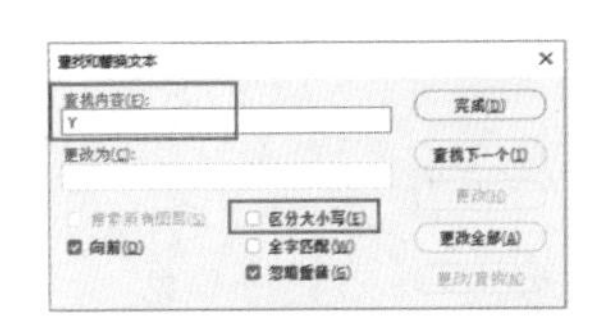

图 7.56 查找和替换文本——区分大小写

步骤 5：细分搜索范围，在“查找与替换文本”窗口下方有一系列的复选框，辅助执行更为细致的文本查找与替换工作。“搜索所有图层”复选框，可以搜索当前图像下的所有图层，但这一功能只能作用于图层面板选定非文字图层的状态。“区分大小写”复选框则将搜索与“查找内容”对话框中文本大小写完全一致的内容，若是不对该复选框进行选择，在进行内容查找时，显示“查找内容”对话框所输入内容所对应的大写内容及小写内容；“向前”复选框代表文本查找方向，也就是说从光标定位点的位置向前检索；“全字匹配”表示在进行检索时会忽略嵌入更长文本当中的目标文本。例如，以“全文匹配”的方式对“eat”进行检索时，便会忽略“eating/eats”等文本内容；“忽略重音”在查找文本的时候会自动忽略重音文本。

7.3 字符及段落

在使用文字工具输入文本时，菜单栏下方的属性栏当中有一个工具为“切换字符和段落面板”，点击该工具即可打开“字符段落”面板，如图 7.57 所示。

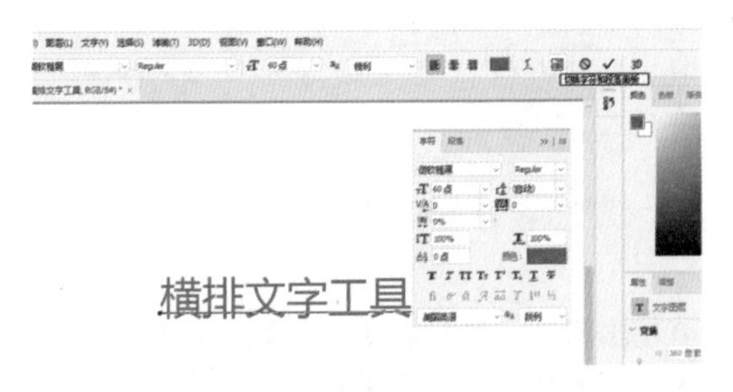

图 7.57 切换字符和段落面板

7.3.1 字符样式

“字符”面板控制文字属性，执行“窗口”/“字符”命令就可以调出“字符”面板，如图 7.58 所示。同时，也可以点击软件右侧的“字符”按钮，如图 7.59 所示。字符面板可以实现对目标文字的各种操作。

“窗口”/“字符”提供了完整的文字设置功能，各功能名称如图 7.60 所示，以下

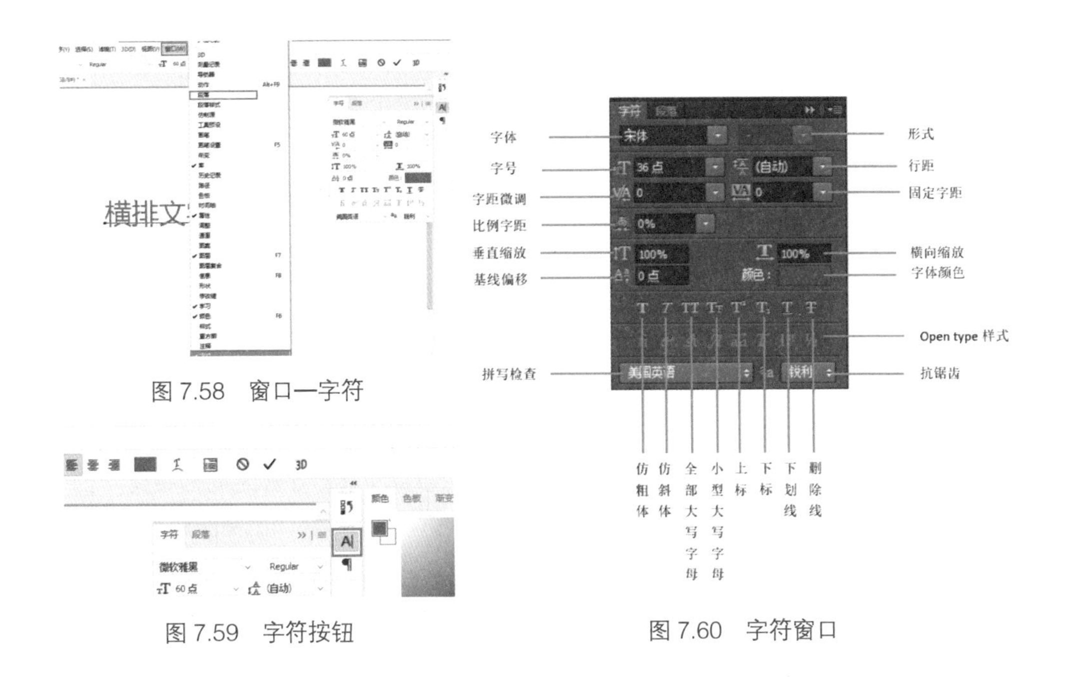

图 7.58　窗口—字符

图 7.59　字符按钮

图 7.60　字符窗口

分别予以介绍，其中字体、字号、形式等基本属性将不再重复介绍。

拼写检查：对所选字符进行有关连字符和拼写规则的语言设置。拼写检查功能作用于段落文字，也就是说文本框中的内容需要以自动换行的形式显示，手动换行或单行文本并不会出现连字符，该功能也就无法发挥相应作用。

Photoshop 本身共包含四十种语言，基本可满足日常工作与生活需求。

行距设置：控制行与行之间的距离，而行距本身也受字体变化的影响。行距数值设定不能过小，避免造成重叠。

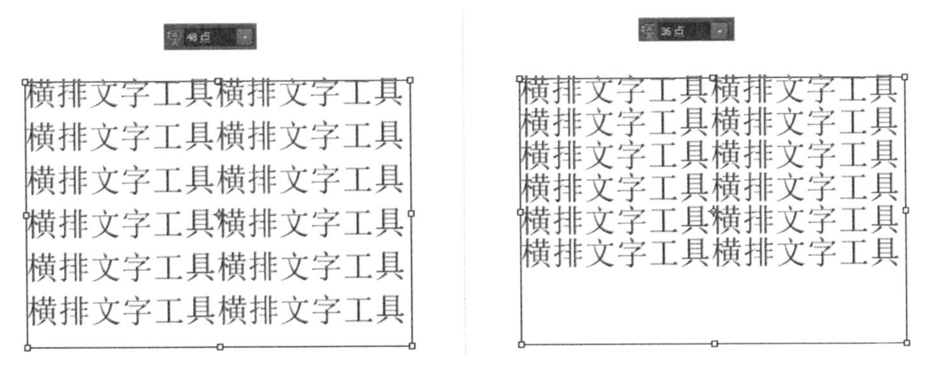

图 7.61　不同行距下的段落文字

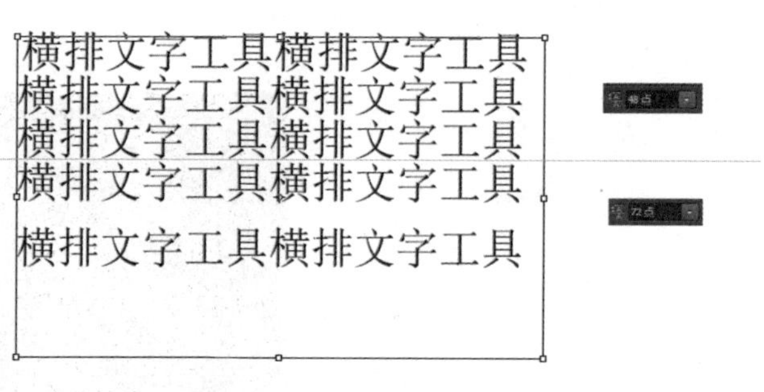

图 7.62　同段落不同行距

同一段落之间的不同行之间可以设置不同行距。

“字距微调”、“固定字距”、“比例字距” 三者都被用于调整字体之间的距离。“字距微调” 用于调整光标左右两个字符间的距离；“固定字距” 及 “比例字距” 作用于所输入的全部字体，一经设置，图像当中所有字符字距均得到调整。

spring

图 7.63　将文本光标放置于字符中间位置

字距微调：只有当文本光标位于目标位置时才可以对字距进行调整。在 Photoshop 当中新建文档并使用 “横排文字工具” 输入 “spring”，将文本光标放置于 “r” “i” 之间，如图 7.63 所示。

字符微调设置为 200，效果如图 7.64 所示。

固定字距和比例字距都用于更改字符间距，但在工作原理和作用效果方面却有诸多不同之处。新建空白图像使用 “横排文字工具” 输入单词 “summer”，字体颜色设置为黑色，字号为 72 点 ，保持 “固定字距” 和 “比例字距” 参数为 “0”，如图 7.65 所示。

整行文字的宽度主要由两部分组成，其一为文字或字母本身的宽度，其二为字符间的距离。字距随相关功能的改变而改变，文字本身具备等宽这一特点，所以在

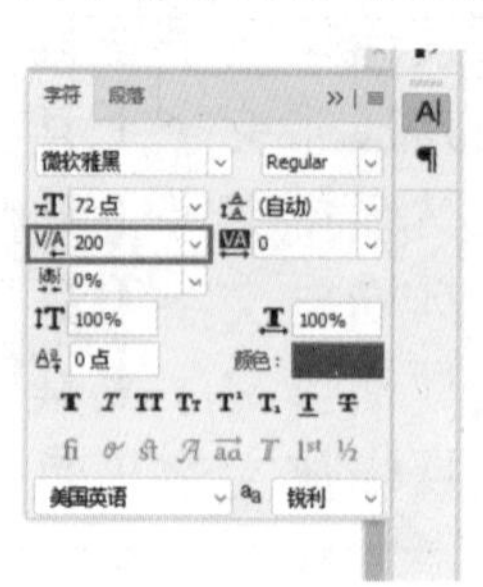

图 7.64　字符微调后的字距

图 7.65 输入词汇“springtime”

字距相同时，输入相同数量的文字长度保持一致。字母本身宽度存有较大差别，所以在输入英文时常常会出现明显的字距差别。在图 7.65 中，字母“i”与“n”之间的距离明显要比其他字母之间的距离大。借助“固定字距”和“比例字距”这两种工具，可将英文字母间的距离调至最佳。

图 7.66 固定字距 -100

固定字距是在原本的字距基础之上进行加减设置，图 7.66 为所有字符间距减去 100 后的状态，字母间距缩小，但仍存有疏密不同的现象。

图 7.67 比例字距缩减为 0

比例字距只用于缩减字距，在原有的字距基础之上按比例缩减。100% 时字距缩减为 0，50% 时字距缩减为原距离的一半。图 7.67 状态下的字符间距为 0，字母与字母之间保持紧贴状态。在这一基础条件之下对“固定字距”进行设置即可产生等距离拉伸的效果，如图 7.68 所示。

图 7.68 更改固定字距

“垂直缩放”与“横向缩放”：水平缩放调整字符宽度，垂直缩放调整字符高度。当垂直缩放与水平缩放的数值相同时，可以进行字符的等比缩放。简单来讲，垂直缩放就是对字符高低进行调整，而横向缩放就是对字符宽窄进行调整。

基线偏移：控制文字与基线间的距离，用以升高或降低所选文字，多用以制作上标下标，如图 7.70 所示。

图 7.69 垂直缩放、横向缩放

$36^{0}C$ y^{2} $H_{2}O$

图 7.70 基线偏移制作上标下标效果

强制文字形式当中与文字功能保持一致的是字体加粗加斜。“全部大写字母”将所有的小写字母转换为大写。“小型大写字母”将所有小写字母转化为大写时，字号参照原本的小写字母，如图 7.71 所示 。

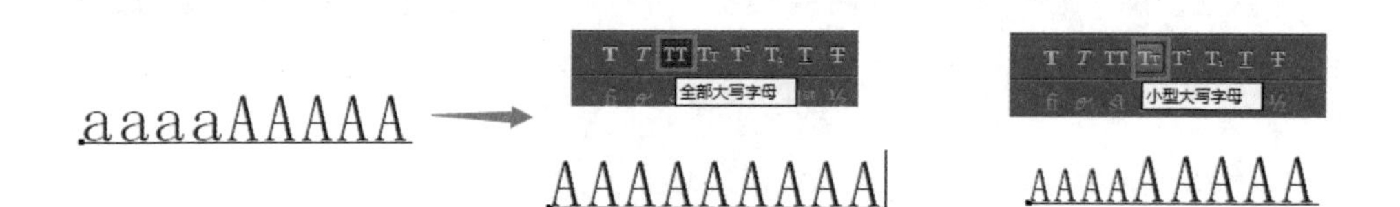

图 7.71 全部大写字母和小型大写字母

“上标”“下标”功能相当于同时执行“竖向偏移”及“缩小字号”两步操作，在绘制特殊字符时使用效率较高。

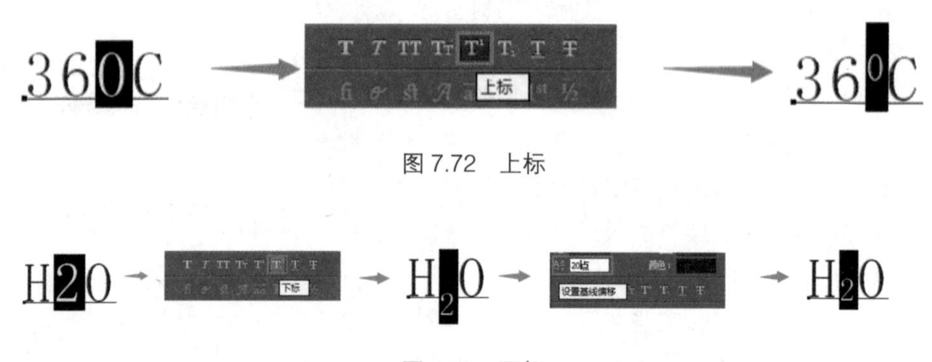

图 7.72 上标

图 7.73 下标

7.3.2　段落设计

执行“窗口”/“段落”命令，打开“段落”窗口，如图 7.74 所示。同时，也可以点击软件右侧的“段落”按钮，如图 7.75 所示。

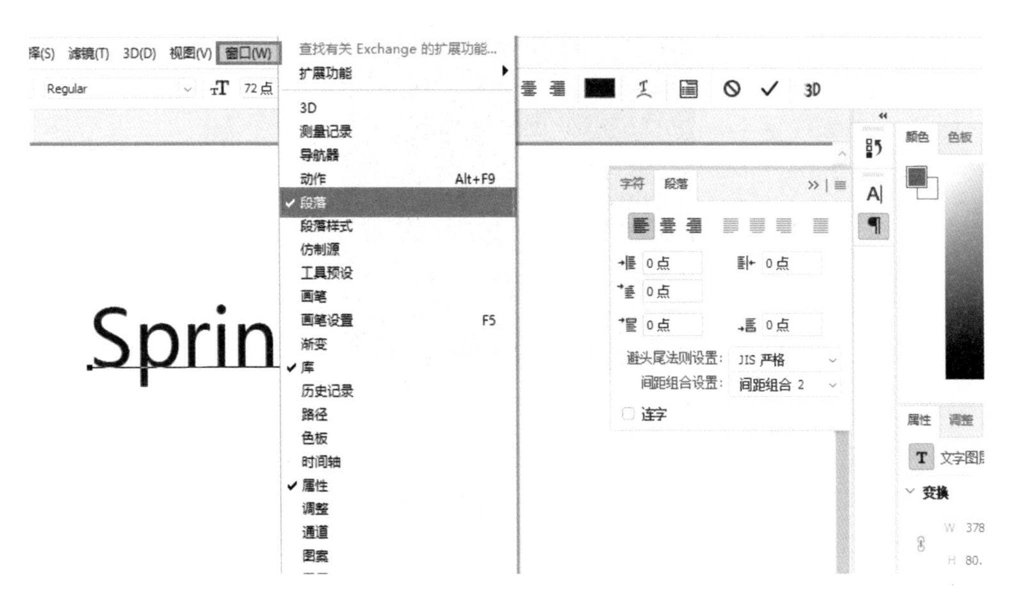

图 7.74　窗口—段落

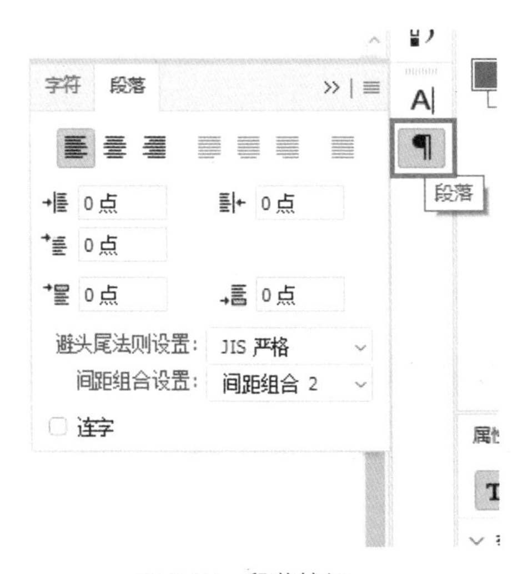

图 7.75　段落按钮

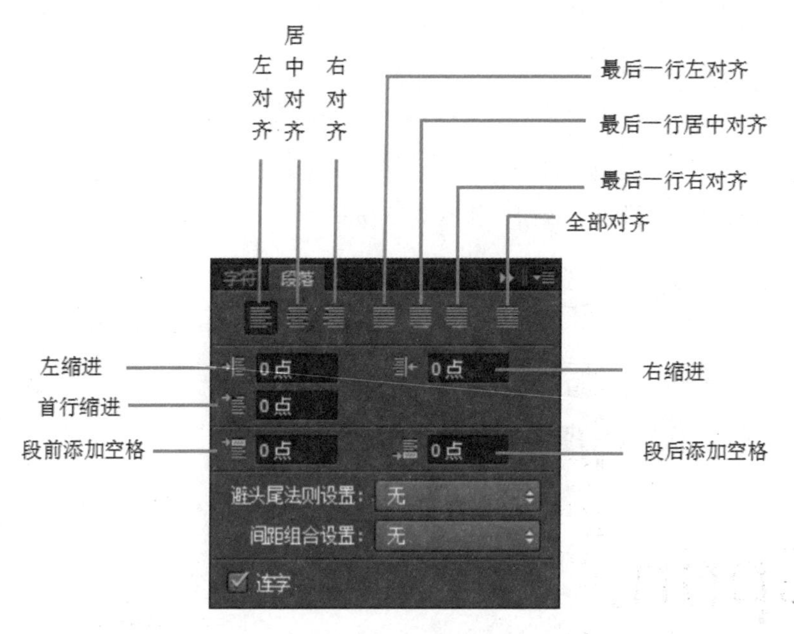

图 7.76　段落窗口

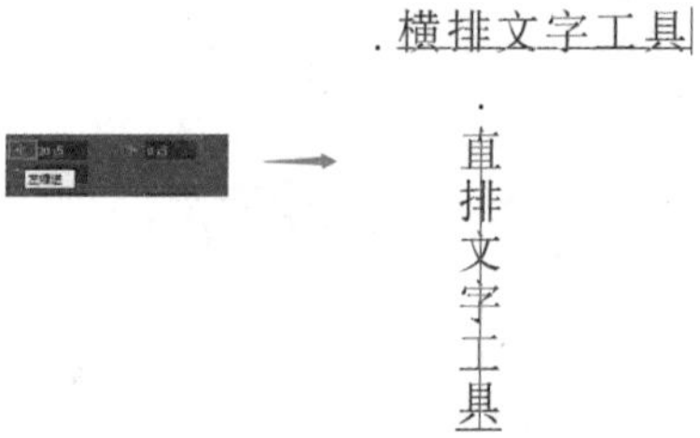

横排文字工具

直排文字工具

图 7.77　左缩进

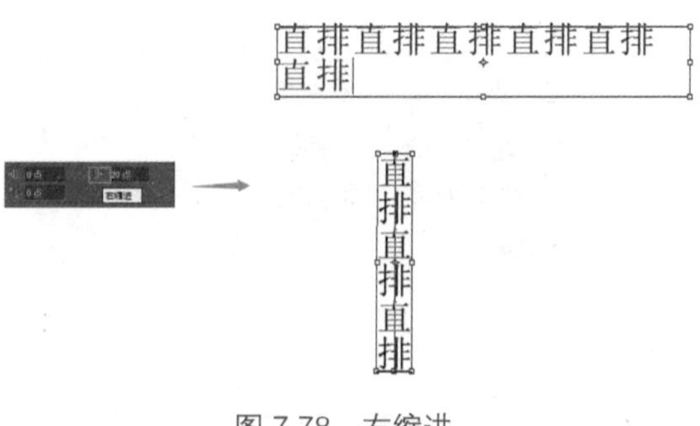

图 7.78　右缩进

左缩进：横排文字从段落左侧开始缩进，直排文字从段落顶端开始缩进。
右缩进：横排文字从段落右侧开始缩进，直排文字不发生变化。
首行缩进：缩进段落首行文字。
段前添加空格与段后添加空格：这两个工具主要被用于保护文字不被删除。

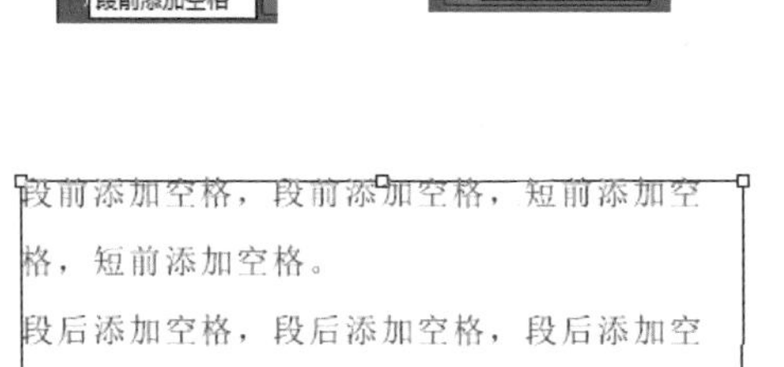

图 7.79　短前添加空格和段后添加空格

图 7.80　短前添加空格和段后添加空格效果

第八章

Photoshop 中的美颜滤镜

滤镜（Filter）是 Photoshop 当中的一大特色功能，不仅可以处理图像瑕疵，同时还可以改善图像效果，在原有基础上制作各种各样的特殊效果。

滤镜赋予了图像全新的生命力。Photoshop 中的滤镜可叠加使用，但一次只能作用于一个可视图层当中。菜单栏当中“滤镜”下的二级菜单中的首选项显示为“上次滤镜操作”。

8.1 效果滤镜

8.1.1 液化效果

“液化滤镜”可用于推拉、旋转、反射、折叠图像中的任意区域。使用液化工具对图像本身所产生的影响可以是细微的，也可以是极为强烈的。液化命令在图像变形及特殊效果制作时发挥的作用十分关键。在后期处理过程中液化工具多应用于摄影作品人物部分的瘦身处理。

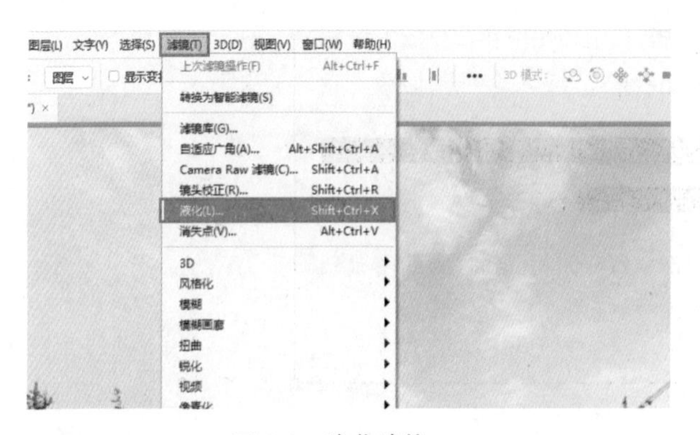

图 8.1　液化滤镜

打开菜单栏中的“滤镜”下的“液化”滤镜，如图 8.1 所示。

1 向前变形工具

可以在图像上移动像素产

图 8.2　液化滤镜工作面板

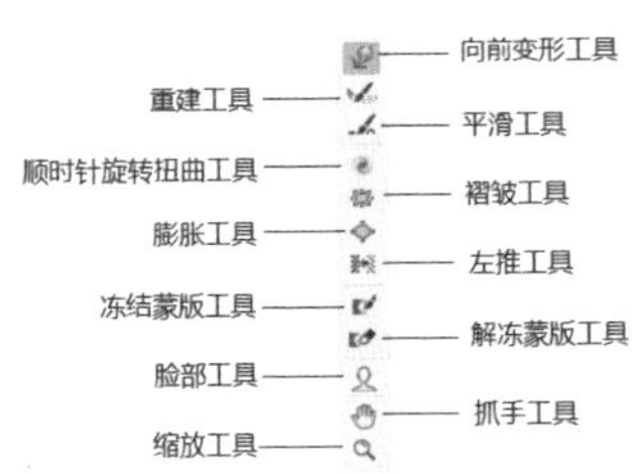

图 8.3　液化工具

生变形效果。在需要变形的位置，长按鼠标左键向不同的方向推动，使原本的图像像素位置发生变形，松开鼠标左键即可完成变形。

图 8.4　向前变形工具效果

2 重建工具

恢复原有像素位置。在发生变形的位置使用重建工具，点击鼠标左键或移动鼠标位置来进行涂抹，可将图像恢复至初始状态。

3 平滑工具

在使用 Photoshop 中的液化功能时，经常会遇到图像边缘不够平整、不够自然的情况，这时我们就可以借助“平滑工具”对图像的边缘部分进行一个细节化的调整。在使用时，我们只需要按住鼠标左键，在边缘不平整的位置进行移动涂抹，让原本不够平整的位置变得更加顺滑。图 8.5 即为平滑工具的作用效果图。

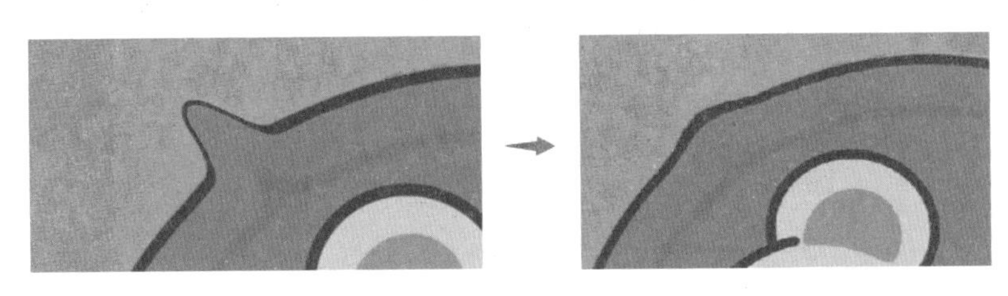

图 8.5　平滑工具恢复图像

4 顺时针旋转扭曲工具

使用该工具时图像沿顺时针方向旋转并扭曲。如果想要沿逆时针方向旋转扭曲，只需在使用该工具的同时按【Alt】键。

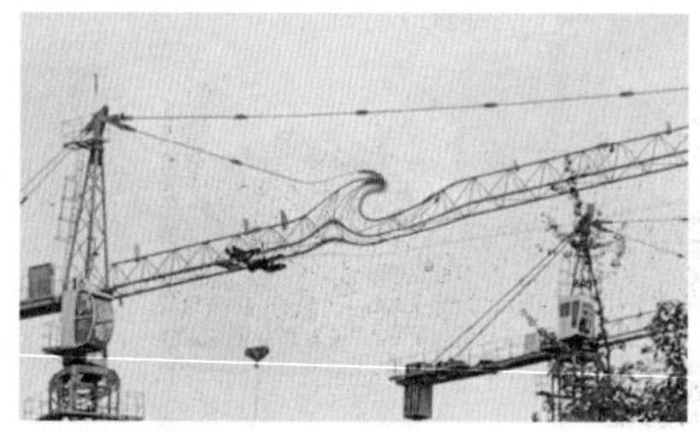

图 8.6　顺时针扭曲工具效果

5 褶皱工具

使图像像素向画笔中间区域移动。将褶皱工具调整至合适大小，放置于目标位置处点击鼠标左键即可产生收缩效果，如图 8.7 所示。

图 8.7　褶皱工具收缩像素

6 膨胀工具

与褶皱工具功能相反，使图像像素向画笔中心区域以外的方向移动，产生膨胀效果。具体操作方法参考褶皱工具，效果如图 8.8 所示。

图 8.8　膨胀工具功能

7 左推工具

制作挤压变形效果。在使用的时候我们需要先对调整部分进行一个简单的分析，如果图像元素需要向下方推动，则需要长按鼠标左键向左侧移动；如果图像元素需要向上移动，则需长按鼠标左键向右移动；如果图像元素需要向左侧移动，则需长按鼠标左键向上移动；如果图像元素需要向右侧移动，则需长按鼠标左键向下移动。图 8.9 是使用左推工具向下移动鼠标所得到的，我们可以明显看出叶片边缘像素向右移动。

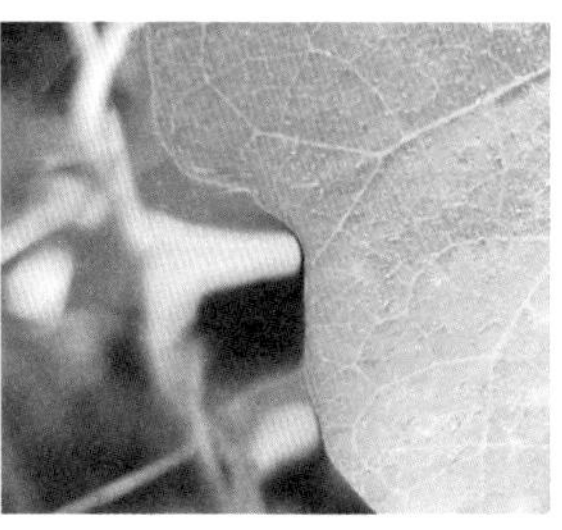

图 8.9　左推工具效果

8 冻结蒙版工具

使用该工具可以在预览窗口绘制出冻结区域，在调整时，冻结区域内的图像不受变形工具的影响。

9 解冻蒙版工具

使用该工具涂抹冻结区域能够解除该区域的冻结。如果图像中的某些区域不需要发生改动，可以使用冻结蒙版工具对该部分进行涂抹，在后续处理时便不会对该部分造成影响，解冻工具解除区域锁定。

10 脸部工具

在使用该工具时，会自动识别画面当中的人像面部，并产生轮廓线，在轮廓线的位置有对应的描点，可以直接拖动描点来对面部形状做出调整。同时在面部五官位置，也会产生对应的轮廓线，对人物面部的各个器官做出调整。

11 抓手工具

放大图像显示比例后，使用该工具移动观察图像。

12 缩放工具

预览区域点击即可放大图像显示比例。缩小图像显示比例在点击的同时按【Alt】键。

图 8.10　液化工具属性

画笔大小：“液化滤镜”中的相关工具在工作时

均显示画笔状态，画笔显示为正圆，该属性为圆的直径，直径越大，画笔工具也就越大。

画笔压力：控制扭曲程度。

画笔浓度：控制扭曲大小。

画笔速率：用以设置重建、膨胀等工具在图像当中点击时的扭曲速率。

重建选项：点击该按钮即可对目标图像应用重建效果一次，点击多次即可应用多次重建效果。需要恢复时，去除扭曲效果，即可恢复图像至初始状态。

使用“液化滤镜”中的一系列工具对图像像素进行调整时应尽可能的轻柔缓慢，调整角度不宜过大，并时刻注意观察变形效果。

8.1.2 光线调整

按下快门，定格瞬间。这一瞬间可能是光与景的完美融合，但同时也有可能是“车祸现场”。无论多么优秀的摄影师，也不能保证每一次按下快门都能留下最完美的影像，受光线、构图等基础因素的影响，往往都需要进行后期处理。

曝光度、白平衡是衡量数码照片的重要指标，在开始后期处理前应首先对它们的相关参数进行调整，保持画面整体舒适度。

曝光：曝光、欠曝是摄影中经常会出现的问题，会使整体美感大打折扣。但其实没有得到正确曝光的照片并非只能做废片处置，借助 Photoshop 强大的后期处理功能，可以轻松调整图像光线。需要注意的一点是，这种调整效果并不能代替真实拍摄，严重曝光或是过度欠曝的照片，Photoshop 也无法拯救。

在 Photoshop 当中打开所要处理的素材，是很典型的曝光过度现象，画面整体过亮，整体色彩对比不够明显，如图 8.11 所示。

图 8.11 曝光过度

选择菜单栏中的“图像”/“调整”/“曝光度”，对图像进行调整，如图 8.12 所示。

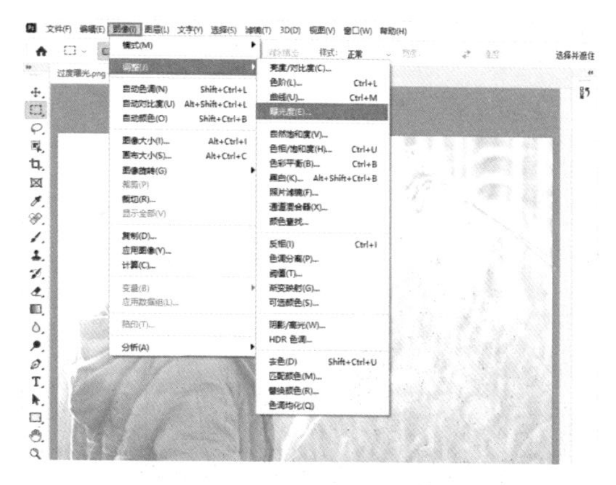

图 8.12 图像—调整—曝光度

图 8.13“曝光度”窗口共有三个指数，分别是曝光度、位移、灰度系数矫正。

素材图片 8.11 是非常典型的曝光过度的图片，所以需要减少曝光度。将鼠标放置在曝光度（E）的滑块位置并长按鼠标左键向左侧移动，观察照片状态，调整至合适位置松开鼠标左键。也可以直接输入数值进行调整，这两种更改方式各有其优势所在。

图 8.13 曝光度窗口

同时，适当调整“灰度系数校正”，降低灰度，可进一步提升图片效果。对曝光度窗口的三个指标进行细致调整，可使图片整体的明暗效果呈现最优状态。

类似于素材图片这种光线较弱，色彩对比不明显的情况，可以通过调整色阶来对整体画面的色调进行调整。

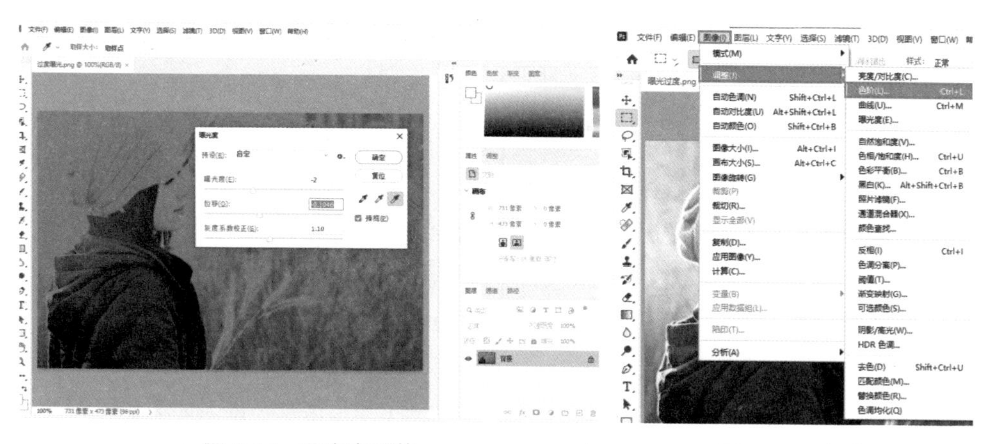

图 8.14 曝光度调整

图 8.15 色阶

图 8.16　色阶调整

“色阶”功能简单来讲就是对画面的明暗效果进行调整，点击菜单栏的“图像”/“调整”按钮，在二级菜单中选择“色阶”。

图 8.16 当中左侧红色框内的滑块向右移动，画面整体变暗，右侧红色框中的滑块向左移动，画面整体变亮。在移动滑块的过程中，图片的亮度、对比度也会随之发生对应的改变。所以在处理画面整体的明暗对比时，如果画面整体过暗，需要将图 8.16 中左侧红色方框内的滑块向右移动；如果画面整体过亮，则需要将图 8.16 中右侧红色方框内的滑块向左移动。同时选中色阶窗口中的“预览”，在调整时可以实时观察图片效果，更加有助于图片调整，使整体光线更为自然柔和。

8.1.3 透视效果

使用 Photoshop 进行图片合成时，经常会出现图像变形等现象，留下较为明显的合成痕迹，借助“消失点滤镜”可以使各部分的图像毫无痕迹的拼接在一起。使用消失点工具可在图像任意平面位置应用绘画、仿制、拷贝、粘贴等编辑操作，制作透视平面效果。

练一练

在 Photoshop 中打开素材图片，如图 8.17 所示。

新建图层，输入文字“远方 故里”，设置字体颜色为白色。

选中文字图层，快捷键【Ctrl】+【A】选择该选区，【Ctrl】+【C】复选选区内容，【Ctrl】+【D】取消选区，完成后将该图层也就是文字图层隐藏。

新建空白图层，并选择菜单栏“滤镜”工具下的“消失点”工具。

使用消失点工具在素材图片公路位置，绘制一个矩形透视平面，如图 8.20 所示。

按快捷键【Ctrl】+【V】将文字部分“远方 故里”复制至消失点滤镜工作面板。

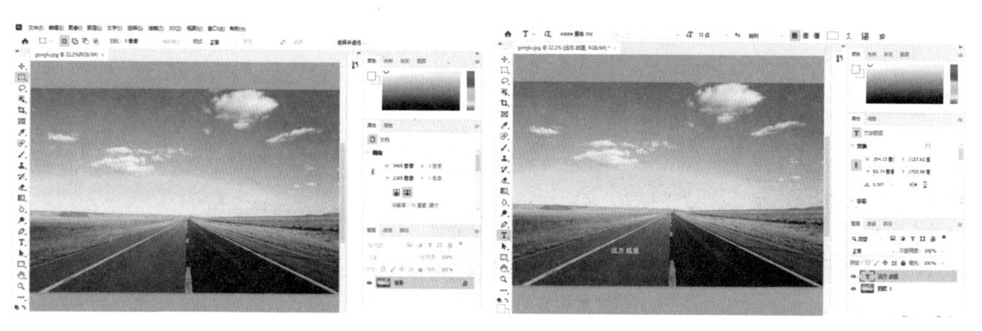

图 8.17　素材—公路

图 8.18　输入文字“远方 故里”

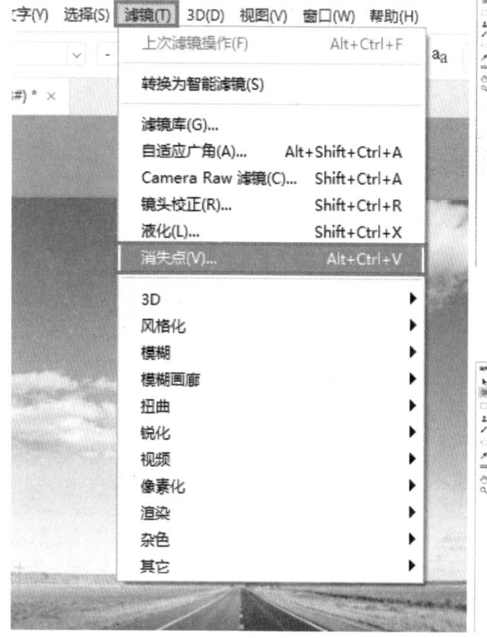

图 8.19　消失点

图 8.20　绘制透视平面图

图 8.21　复制文字部分

鼠标放置在文字“远方 故里”的位置，并将其移动至下方新建的透视平面的位置，文字部分自动吸附至公路区域，具体效果如图 8.22 所示。使用“变换工具”对文字部分“远方 故里”的大小进行调整。“变换工具”见图 8.23，文字调整效果见图 8.24 所示。

点击“消失点滤镜”工作面板右侧的“确定”按钮，完成相关操作。将图层混合模式更改为“叠加”模式，即可实现文字部分和路面间的融合，如图 8.25 所示。

图 8.22　文字效果

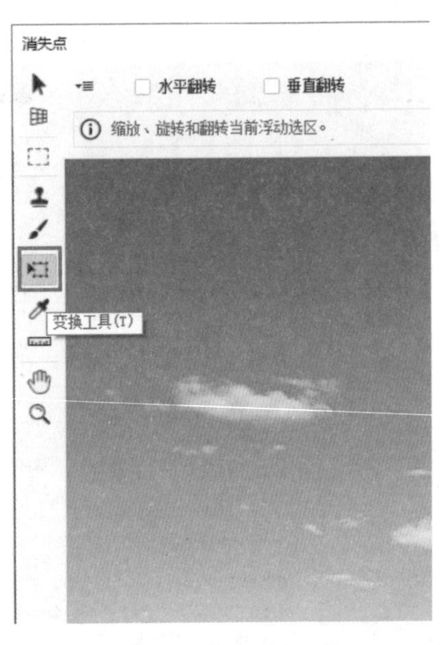

图 8.23　变换工具

图 8.24　变换文字

图 8.25　效果图

8.2 风格化滤镜

“风格化（Stylize）”滤镜直接作用于图像像素，强化色彩边界。这也就是说，图像本身的对比度与滤镜效果之间存在着直接的关系，对比度越强，应用滤镜的效果也就越好。这种对比效果会在后续章节当中进行展示。

8.2.1 查找边缘滤镜

工作模式：用相对于白色背景的深色线条来勾勒图像边缘，从而得到图像的大概轮廓。在应用此滤镜前增强图像对比度可使图像边缘更为明显。选择菜单栏中的“滤镜”/“风格化”/“查找边缘”对素材图片进行处理，操作步骤及具体效果如图 8.26、图 8.27 所示。

图 8.26　查找边缘　　　　图 8.27　查找边缘效果图

为了对比不同对比度下所产生的滤镜效果间的差异，对素材图片进行调整，选择菜单栏中的“图像”/“调整”/“亮度 / 对比度”，见图 8.28 所示。在打开的窗口当中对图像的对比度进行调整，使素材图片整体的对比度更加突出，参数设置及调整好的图片效果如图 8.29 所示。

图 8.28　调整对比度

对调整后的图片再次使用“风格化”滤镜中的

图 8.29　调整后的图片　　　　图 8.30　调整后的图片应用滤镜后的效果

“查找边缘”，图片效果如图 8.30 所示。对比图 8.27 和图 8.30 我们可以发现，对比度高的图片在应用“查找边缘”这一滤镜后所产生的图片效果明显较好。

8.2.2 等高线

等高线：作用效果与查找边缘滤镜相似，主要用于勾画图像色阶范围。选择菜单栏中的“滤镜”/“风格化”/“等高线”对素材图片进行处理，操作步骤如图 8.31 所示。

色阶：通过滑动滑块或输入数值来确定色阶阈值（范围 0~255）。色阶决定图片的明暗程度及对比度，当色阶为 0 或 255 时，画面整体呈白色，没有任何颜色显示。

图 8.31　等高线

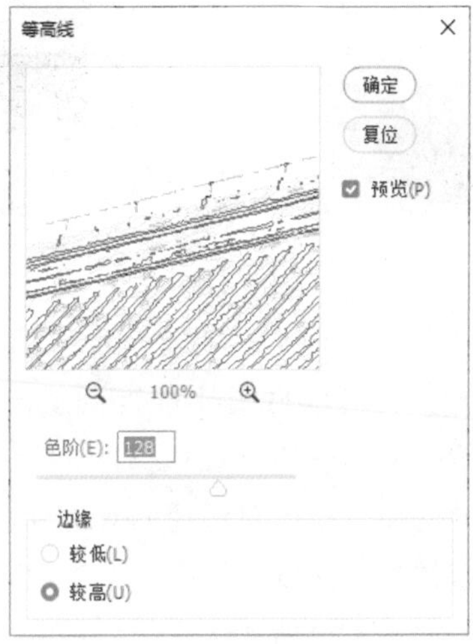

图 8.32　等高线滤镜参数调节

滑块从左侧向右侧移动时，白色部分逐渐减少，颜色逐渐增多。

较低：勾画像素的颜色低于指定色阶的区域。

较高：勾画像素的颜色高于指定色阶的区域。

较高

较低

图 8.33 等高线滤镜效果

8.2.3 风

Photoshop 中的“风滤镜”效果类似于自然界中的风，使原本的静态画面呈现动态效果。在 Photoshop 当中打开任意一张素材图片，如图 8.34 所示。

图 8.34 素材—樱桃

点击菜单栏中“滤镜”工具下的“风格化”滤镜中的“风滤镜”，见图 8.35 所示。在弹出的窗口当中根据个人需求对风的形态及大小进行设置，图 3.36 中的“方法”对应风的形态，设置完成后点击确定“按钮”，即可对目标图片应用“风滤镜”。使用“风滤镜”后，物体表面出现被风吹过的效果。

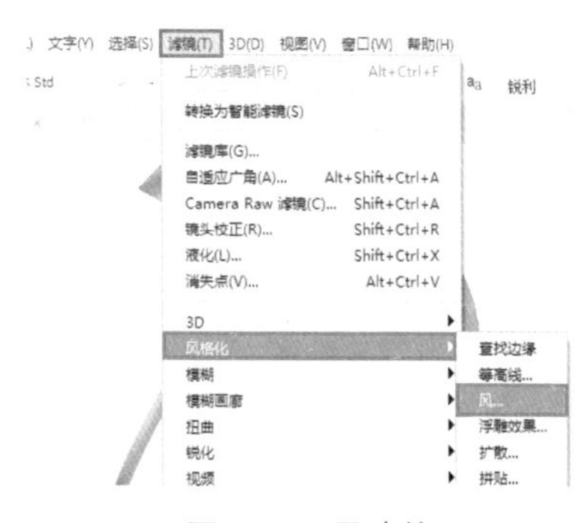

图 8.35 风滤镜

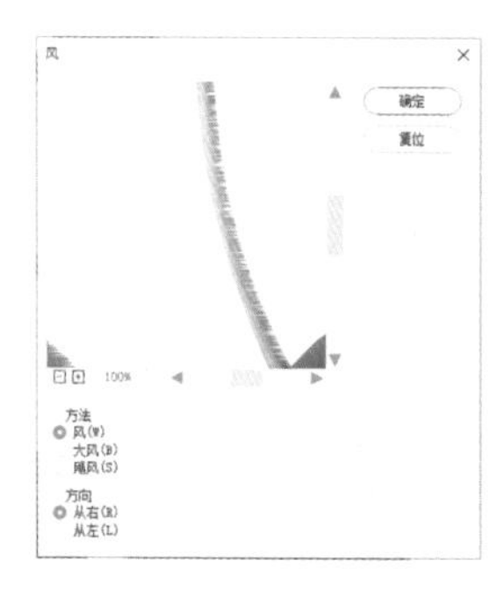

图 8.36 风滤镜参数调整

图 8.37 风滤镜效果

8.2.4 浮雕效果

在 Photoshop 当中，除了通过图层混合来制作浮雕效果以外，还可以借助滤镜下的“浮雕效果”来进行制作。两种制作浮雕效果的方式各有其优势所在，本节重点介绍“滤镜”工具中“风格化”滤镜下的的“浮雕效果”。

这一滤镜的工作模式是通过勾画图像边缘或选区，并降低图像或选区部分使其产生凹陷或凸出，作用效果类似于自然界中的浮雕，所以也称其为“浮雕效果”。“浮雕效果”滤镜如图 8.38 所示。

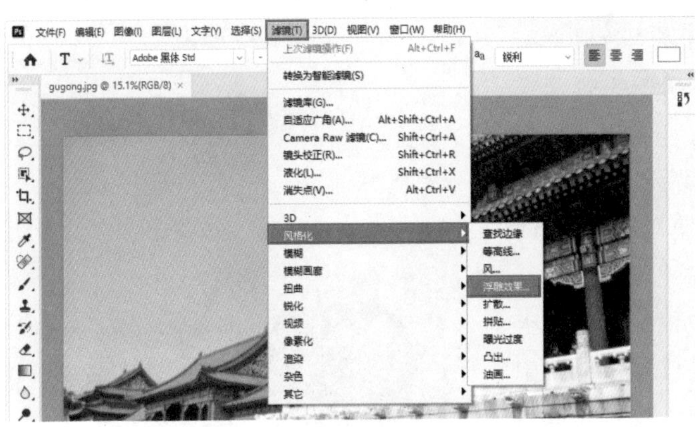

图 8.38 浮雕效果

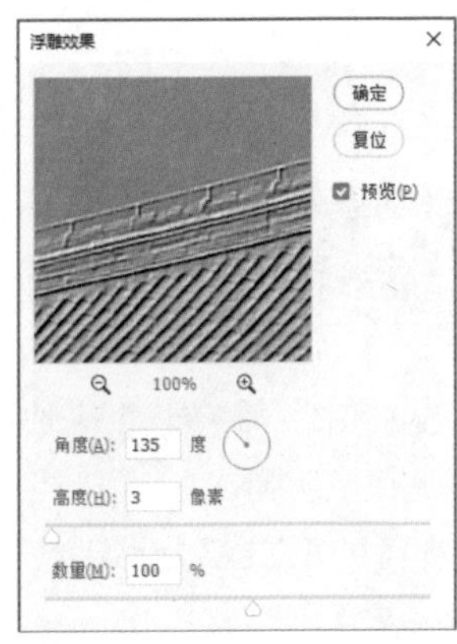

图 8.39 浮雕效果参数

角度：调整光照方向。

高度：调整浮雕凸起的高度。

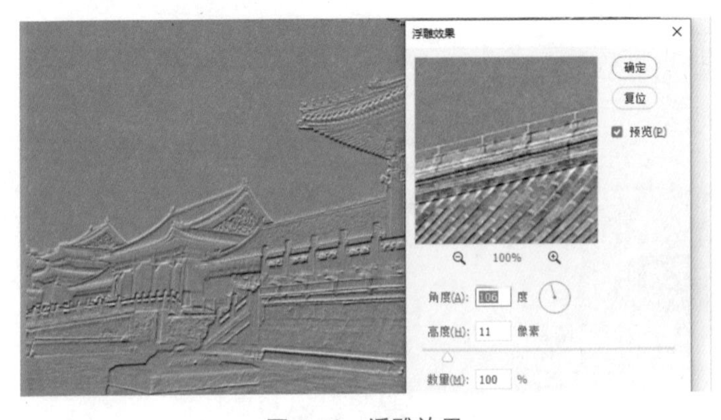

图 8.40 浮雕效果

数量：调整选区内颜色数量的百分比。

浮雕效果将选区内的图像或图层整体原本的填充颜色转换为灰色，并用填充色对边缘进行填充，从而使选区呈凸出或是凹陷的效果。

8.2.5　扩散

“扩散滤镜”的作用在于搅动原本的图像像素，使其产生类似于“毛玻璃”的效果，“扩散”滤镜如图 8.41 所示。图 8.42 分别为四种扩散模式下的图像效果。

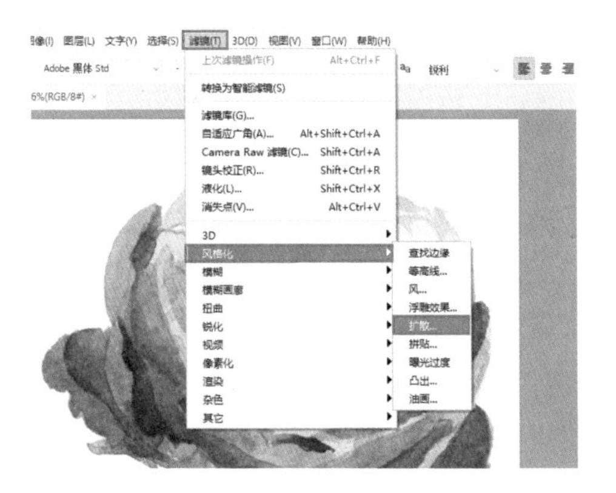

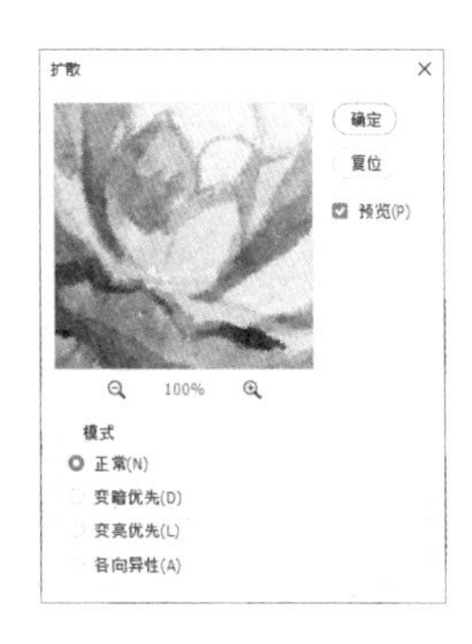

图 8.41　扩散滤镜

图 8.42　扩散滤镜效果

正常：为随机移动像素，使图像的色彩边界产生毛边效果。

变暗优先：用较暗的像素替换较亮的像素。

变亮优先：用较亮的像素替换较暗的像素。

各向异性：创建出柔和模糊的图像效果。

8.2.6 拼贴

Photoshop 中的“拼贴”滤镜是按照固定的数值将图像分割成若干个正方形的拼贴块，同时依据相关设置进行随机偏移。这里的固定数值及相关设置分别对应图 8.46 中的“拼贴数”“最大位移”。

使用“拼贴”滤镜制作拼图效果：打开素材图片并复制“背景图层”。

将前景色设置为黑色，也可以将背景色设置成黑色。这是因为在使用“拼贴滤镜”之后，图片被分割成若干小块，块与块之间出现缝隙。为了画面整体的美观性，所以先对缝隙部分的颜色进行设置，在应用“拼贴”滤镜时用设置好的颜色填充这些缝隙，具体设置见图 8.46。

图 8.43　复制背景图层　　　　图 8.44　设置前景色为黑色

选择菜单栏中“滤镜”下的“拼贴”滤镜，如图 8.45 所示，打开“拼贴”窗口，如图 8.46 所示。

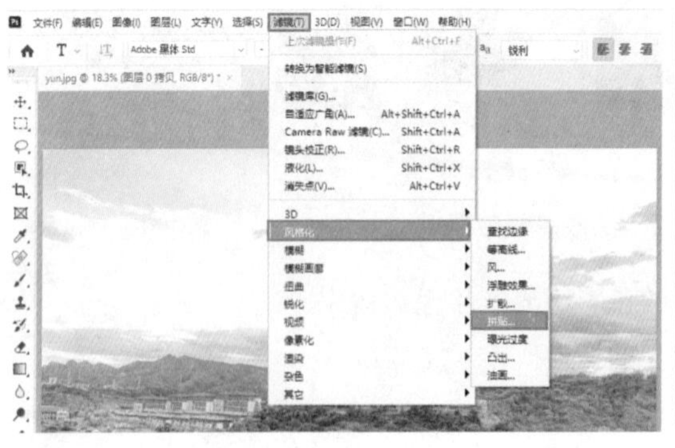

图 8.45　拼贴滤镜

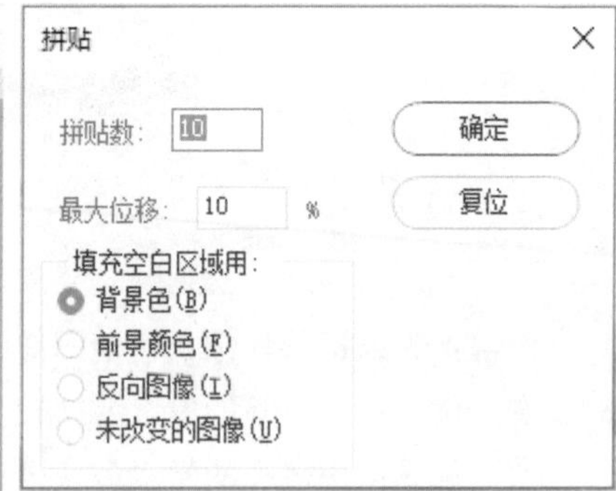

图 8.46　拼贴滤镜参数设定

图 8.47 拼贴效果图

“拼贴数”设置行分裂出的拼贴块数，这里参数设置为“10”，也就是说按照 10 行进行拼贴。

“最大位移”分裂出的图像块偏离原始位置的最大距离（百分数），设定范围 1~99。

“填充空白区域用”设置图像分裂后的缝隙填充颜色。

1. 背景色：使用背景色填充贴块之间的缝隙。

2. 前景颜色：使用背景颜色填充贴块之间的缝隙。

3. 反向图像：用原图像的反向色图像填充贴块之间的缝隙。

4. 未改变的图像：使用原图像填充贴块之间的缝隙。

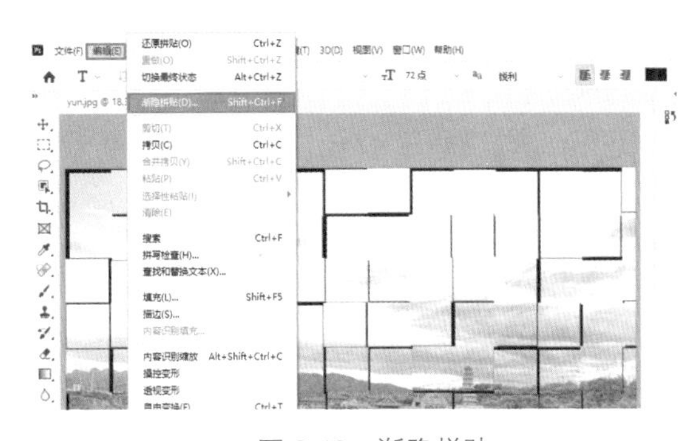

图 8.48 渐隐拼贴

现在的拼贴效果过于死板，并不是十分理想，可选择菜单栏中“编辑”工具下的“渐隐拼贴”，对拼贴效果进行调整。操作步骤参见图 8.48、图 8.49，最终的图片效果如图 8.50 所示。

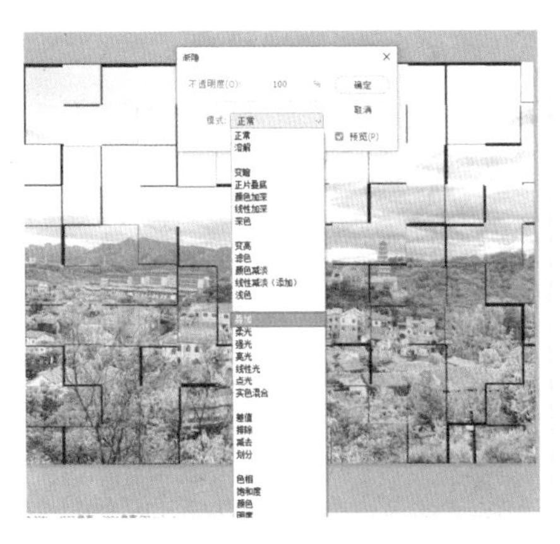

图 8.49 渐隐模式——叠加

图 8.50 图片最终效果

8.2.7 凸出

将图像分割为指定数量的三维立方块或棱锥体。

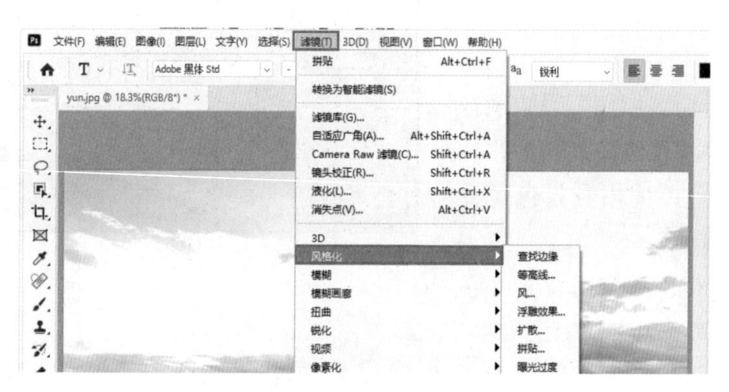

图 8.51 风格化—凸出

块：将图像分解为三维立方块，原图像填充立方块正面区域。

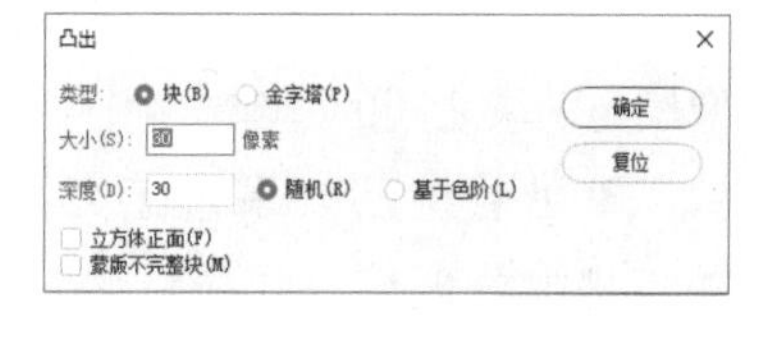

图 8.52 凸出滤镜

金字塔：将图像分解为类似金字塔型形状的三棱锥体。

大小：设置块或金字塔的底面的大小尺寸。

深度：控制块部分凸出的深度。

随机：选中此项后使块的深度取随机数。

基于色阶：选中此项后使块的深度随色阶不同而定。

图 8.53 块状凸出

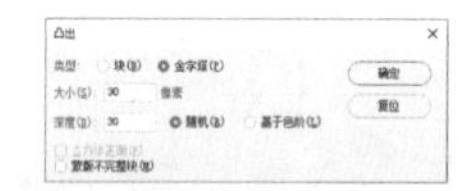

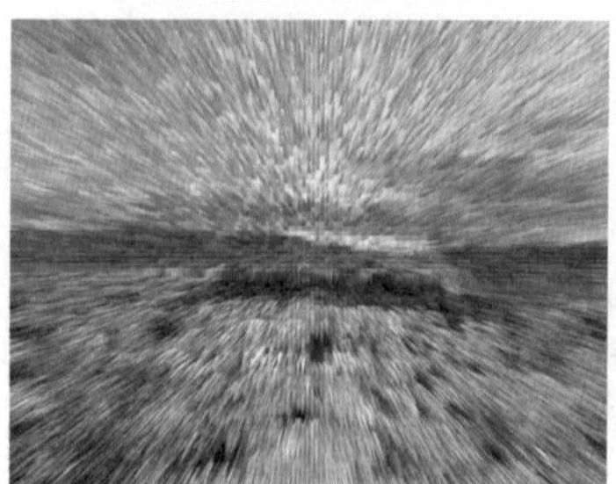

图 8.54 金字塔凸出

8.3 模糊滤镜营造朦胧美

Photoshop 当中“滤镜”/“模糊”菜单下面提供了表面模糊、高斯模糊、方框模糊等 14 种模糊命令，如图 8.55 所示，可产生各种不同的模糊效果，能够起到柔化图像的作用。

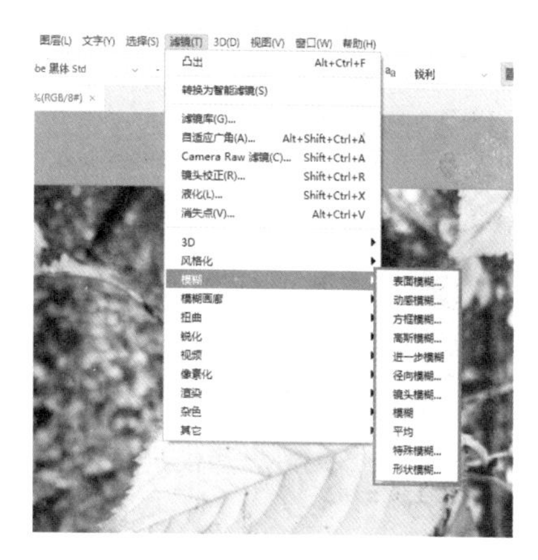

图 8.55　模糊滤镜

8.3.1 模糊、进一步模糊及表面模糊

“模糊滤镜”通过缩减相邻像素点之间的颜色对比度来使图像变得柔和，画面整体产生轻微模糊现象。“模糊滤镜”位于“滤镜”下的“模糊”当中，如图 8.57 所示。

图 8.56　素材图片—树叶

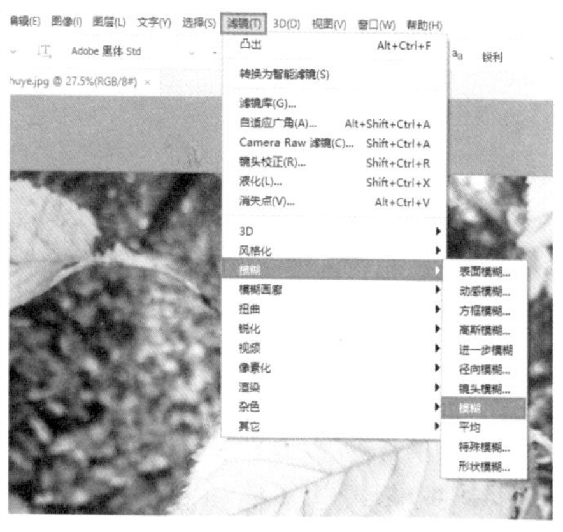

图 8.57　滤镜—模糊—模糊

相较于“模糊滤镜”,“进一步模糊”的作用效果要更加明显，所产生的模糊程度约为“模糊滤镜”的 3~4 倍。也就是说，执行一次“进一步模糊”所产生的模糊效果等同于执行 3~4 次“模糊滤镜”所产生的效果。

“模糊滤镜”和“进一步模糊”对图像本身产生的作用效果极其细微，而且这两种滤镜效果作用于图像整体，会使图像边缘位置同步产生模糊。“表面模糊”可以最大程度地对图像边缘进行保留，保持图像主体与背景间的对比度。“表面模糊”多用于面部磨皮处理，打开菜单栏中的“滤镜”下的“模糊”，继续点击“表面模糊”。

图 8.58 进一步模糊

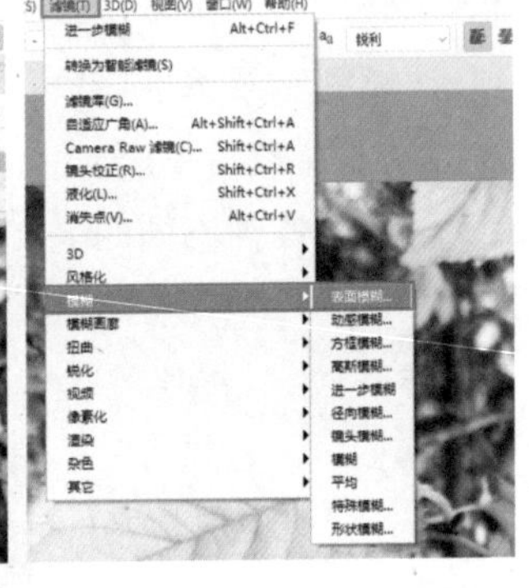

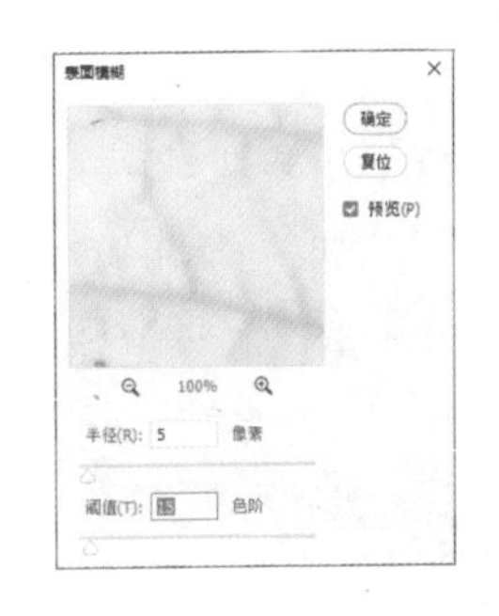

图 8.59 表面模糊

半径：以像素为单位，决定模糊取样区域的大小。

阈值：以色阶为单位，控制相邻像素色调值与中心像素值相差多大时才能成为模糊的一部分，该数值即为阈值。可根据图像的模糊需求进行调整，一般调整至“10~30”之间即可。

在“表面模糊”窗口中对“半径、阈值”下方的滑块进行移动时，可以结合预览图对图片效果进行观察，只需将“表面模糊”窗口右侧的“预览”选中即可预览效果，如图 8.59 所示。

8.3.2 常用滤镜——高斯模糊

“高斯模糊”也被称为高斯平滑，而且参数设定中的“半径”选项数值越大，图像也就越模糊。“高斯模糊”是依据高斯曲线来对像素色值进行调节，将某一像素点周围的像素色值按高斯曲线进行统计，最后采用数学上的加权平均的计算方法得到最终的曲线色值。

在软件当中打开一张素材图片，如图 8.60 所示。

之后选择菜单栏中的“滤镜”下的“模糊”中的“高斯模糊”，如图 8.61 所示。

高斯模糊窗口中的“半径”是指某个像素点向外扩展的值，数值越大，像素扩散的越大，图片也就越模糊，图 8.63 是半径值为 7 像素时所形成的模糊效果。

图 8.60　素材图片—荷花

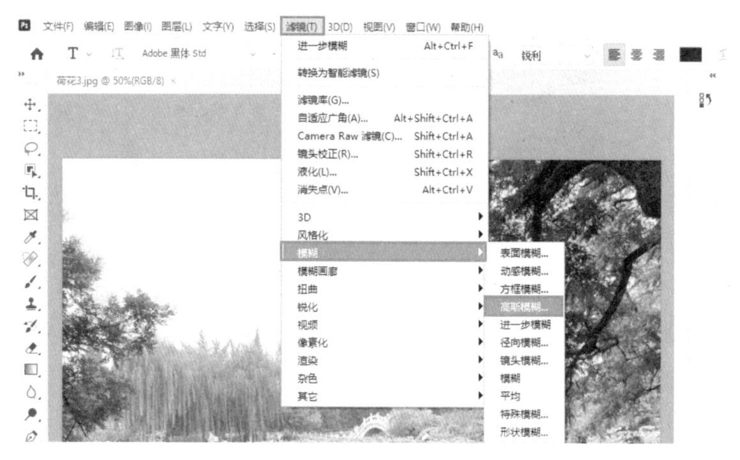

图 8.61　滤镜—模糊—高斯模糊

图 8.62　高斯模糊

图 8.63　高斯模糊效果图

8.3.3 动感模糊

“动感模糊”是模拟用固定的曝光时间给运动当中的物体拍照的效果。参数“角度”变化范围为 -360°~360°，直接决定运动模糊的方向；“距离”参数决定像素移动距离，参数越大图像也就越模糊，适当的动感模糊效果可以增强图片本身的速度感，增强视觉冲击力。

使用“动感模糊”滤镜制作动感图片：在软件当中打开素材图片并复制“背景图层”，如图 8.64 所示。

图 8.64　素材图片—向日葵

点击“以快速蒙版模式编辑”按钮，为图层添加蒙版，使用画笔工具涂抹需要添加模糊效果的部位，如图 8.65 所示。

选择“图层 1 拷贝”，选择工具栏中的蒙版工具，使用画笔工具进行涂抹向日葵外围区域，如图 8.66 所示。

图 8.65　以快速蒙版模式编辑后选择画笔工具涂抹

图 8.66　使用画笔工具涂抹

涂抹完成后切换至标准模式，也就是在“以快速蒙版模式编辑”的位置再次点击鼠标左键，如图 8.67 所示。之后选择菜单栏中的“选择”/“反选”，确定选区，如图 8.68、图 8.69 所示。

图 8.67　建立选区

图 8.68　反选

图 8.69　确定选区

制作动感模糊效果：选择菜单栏中的“滤镜”/“模糊”/“动感模糊”，根据预览视图进行参数调整，如图 8.70、图 8.71 所示。

应用“动感模糊”后，向日葵主体的边缘部分也产生了模糊现象，在取消选区后使用橡皮擦工具进行细节部分的调整。

图 8.70　选区部分添加动感模糊滤镜

图 8.71　动感模糊效果图

8.3.4　方框模糊

“方框模糊”的工作模式是通过选取相邻像素的平均颜色来对图像执行模糊操作的，相关参数的半径值越大，模糊效果也就越强烈。

在 Photoshop 中打开一张素材图片并选择菜单栏中“滤镜”下的“模糊”中的“方框模糊”，如图 8.72 所示。

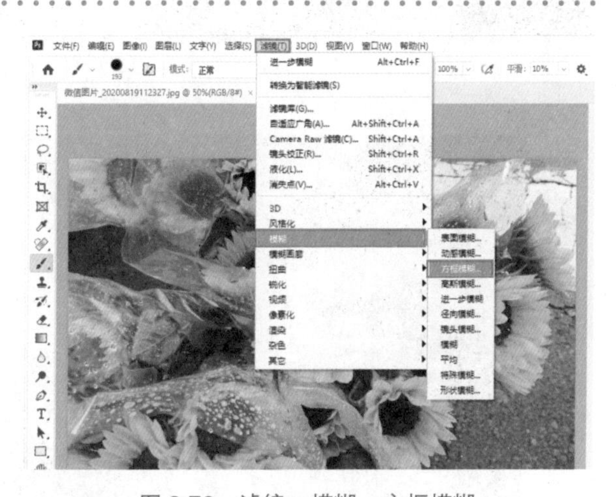
图 8.72　滤镜—模糊—方框模糊

“方框模糊”窗口中的“半径”参数越大，图像也就越模糊，图 7.74 是半径为 10 像素的方框模糊效果。

图 8.73　方框模糊

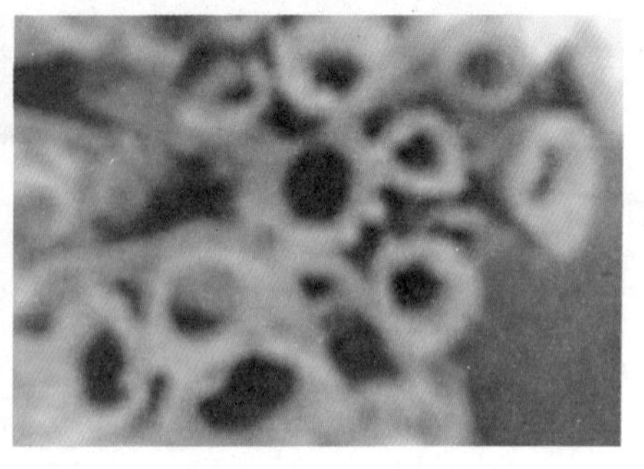
图 8.74　方框模糊效果

8.3.5 径向模糊

“径向模糊”滤镜可使图像产生旋转或放射的模糊效果，模糊中心可进行调整。径向模糊模拟的是在拍摄过程中旋转相机留下的影像效果。在后期处理图像当中，“径向模糊”滤镜多被用于制作自然光照的效果。

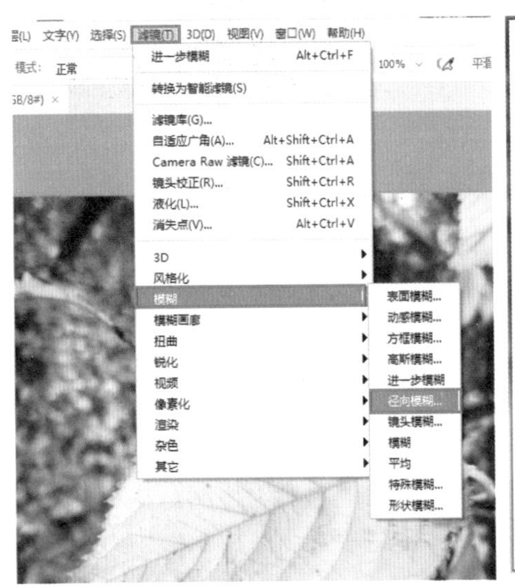

图 8.75 滤镜—模糊—径向模糊

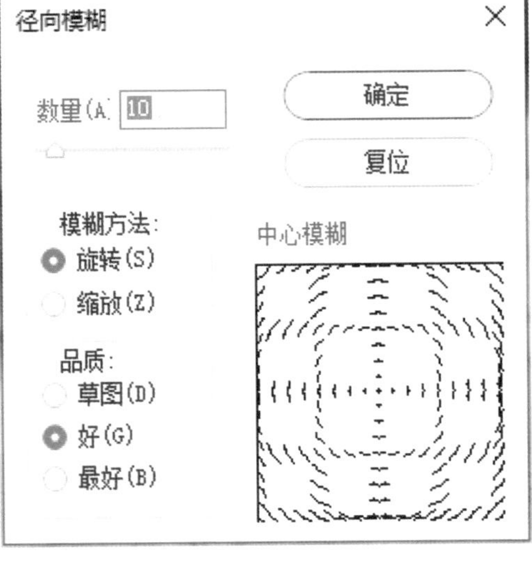

图 8.76 径向模糊

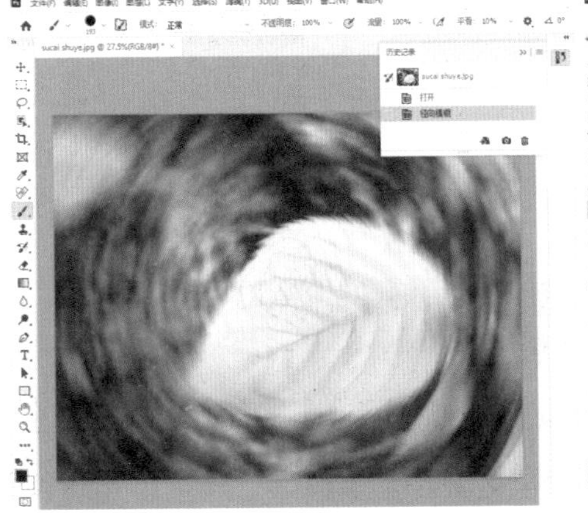

图 8.77 径向模糊方法：旋转

图 8.78 径向模糊方法：缩放

使用“径向模糊”滤镜制作动感效果：在软件当中打开素材图片并复制“背景图层”，如图 8.79 所示。

使用套索工具，长按鼠标左键创建人物部分选区，如图 8.80 所示。

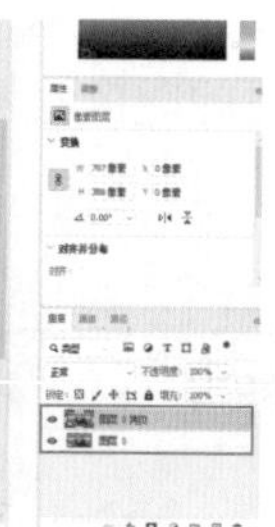

图 8.79　复制背景图层

图 8.80　创建人物部分选区

对选区部分执行羽化操作。在选区部分点击鼠标右键，在弹出的窗口当中选择“羽化”，半径设置为 5 像素。完成设置后点击“确定”按钮。

这里所执行的羽化操作实际上是为了避免后续执行“径向模糊”等相关操作时，选区内部与外部之间存在较为明显的边界。对选区执行羽化操作后，可以使边缘过渡更加自然。

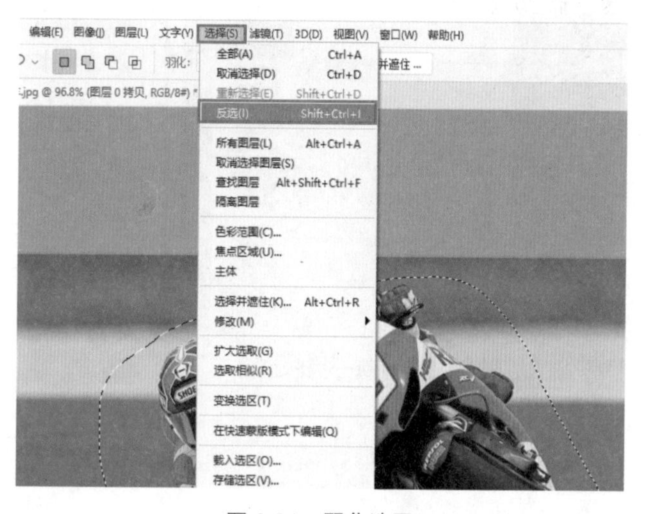

图 8.81　羽化选区

执行“选择”/“反选”更改选区部分。

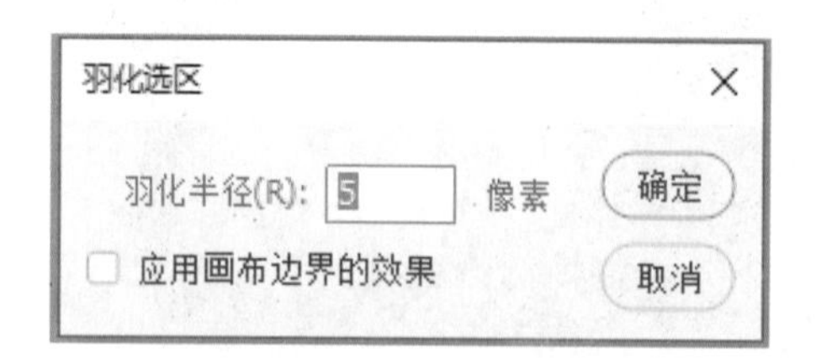

图 8.82　羽化选区

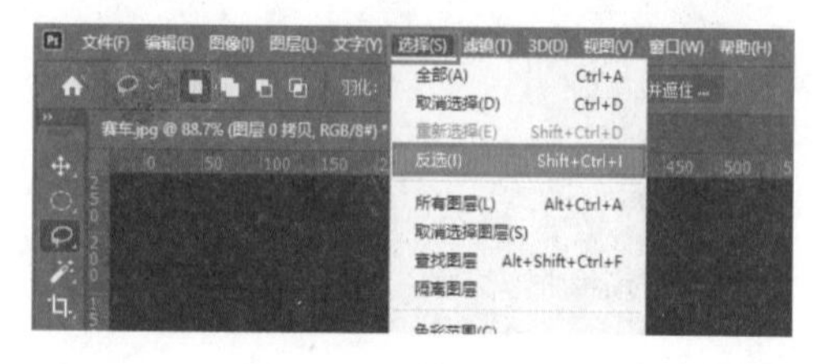

图 8.83　选择—反选

图 8.84　选区创建完成

制作模糊效果，选择菜单栏中的“滤镜”/“模糊”/“径向模糊”，设定“数量”为 10，模糊方法选择“缩放”，品质选择“好”。相关参数设置参见图 8.85 所示。

取消选区，最终效果如图 8.86 所示。

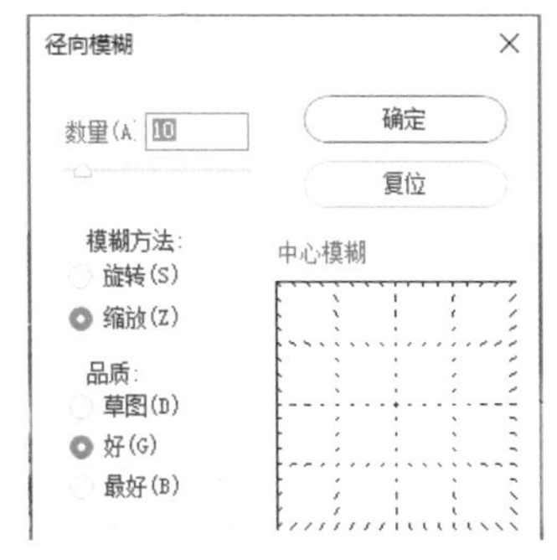

图 8.85　径向模糊参数设置

图 8.86　动感效果图

8.4　锐化效果

锐化工具通过提高毗邻像素间的反差来还原虚化像素，一般作为图片后期处理当中的最后步骤存在。在后期处理图像时，锐化效果也多被用来处理模糊的素材图片，进而使图片的清晰度得到提升，一些淘宝图片的细节图制作，往往用到的也是锐化工具。

8.4.1　USM 锐化

“USM 锐化滤镜”是通过增加图像边缘的对比度来锐化图像。简单来讲，这种锐化效果通过增强临近像素间的对比度，可使图像变得更加清晰。

数量：确定增加像素对比度的数量。

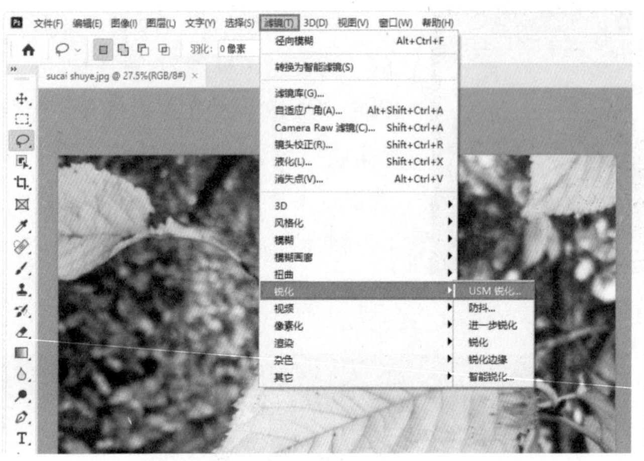

图 8.87 USM 锐化

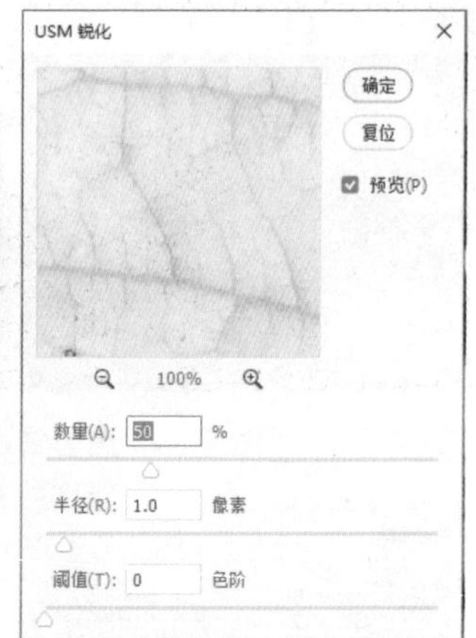

图 8.88 USM 锐化参数

半径：确定边缘像素周围影响锐化的像素数目。参数设置越大，边缘效果范围也就越广，锐化效果也就越突出。

阀值：确定锐化像素与周围像素间的差距。

使用“USM 锐化”滤镜对图片执行锐化操作时，锐化过度则会使图像边缘产生光晕效果，所以在进行参数设置时需实时观察预览效果以确保锐化效果的准确度。

在 Photoshop 当中打开一张素材图片并选择菜单栏中的“滤镜”/“锐化”/“USM 锐化”如图 8.89 所示。

将数量设置为“100%”，半径设置为“1 像素”，阈值设置为“25 色阶”所产生的锐化效果如图 8.90 所示。

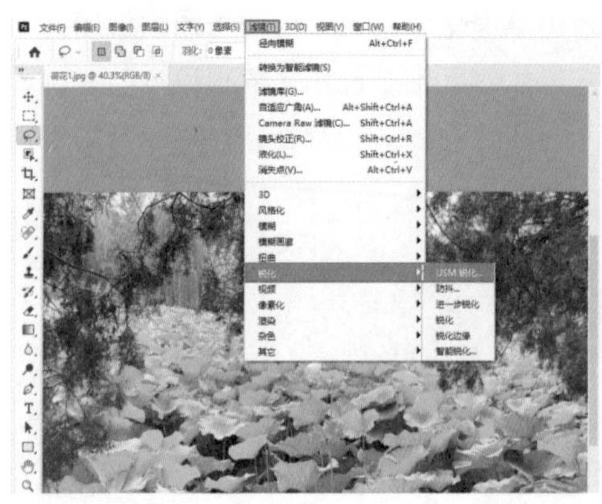

图 8.89 滤镜—锐化—USM 锐化

图 8.90 USM 锐化效果

8.4.2 进一步锐化

在购物网站浏览商品详情页时，经常会看到局部放大的图片，可让消费者更好地了解到服装面料或是产品细节。这种图片效果就是借助锐化工具中的“进一步锐化”功能来实现的。这种局部放大功能可以清晰地对产品细节进行展示，在电子商务领域当中的应用极为广泛。

在 Photoshop 中打开素材图片，使用“锐化滤镜”突出表现树叶脉络。选择素材图片时尽量选择分辨率较高的源图以保证细节效果。在“背景图层”的位置连续点击两次鼠标左键，将其转换为“图层 0”。

选择工具栏中的“椭圆选框工具”，在需要放大的位置创建一个椭圆选区，如图 8.91 所示。

图 8.91　创建椭圆选区

选择快捷键【Ctrl】+【J】，将选区内的图像复制到一个新的图层当中，如图 8.92 所示。

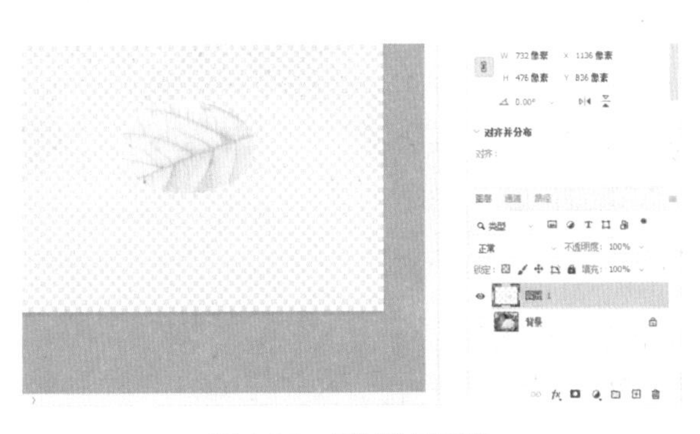

图 8.92　复制选区图像

选择菜单栏中的“编辑”下的“自由变换”工具放大选区图像，同时借助移动工具对位置做出更改。

调整后的图像如图 8.95 所示。

图 8.93 自由变换工具　　图 8.94 对选区部分执行放大操作

图 8.95 局部放大

选区图像部分通过“自由变换”操作放大之后，清晰度降低，之后使用“锐化滤镜”对放大部分进行处理。选择“锐化”滤镜下的“进一步锐化”，对“图层 1”进行更加细致的调整，叶片脉络更加清晰，选区部分图像效果更加明显。

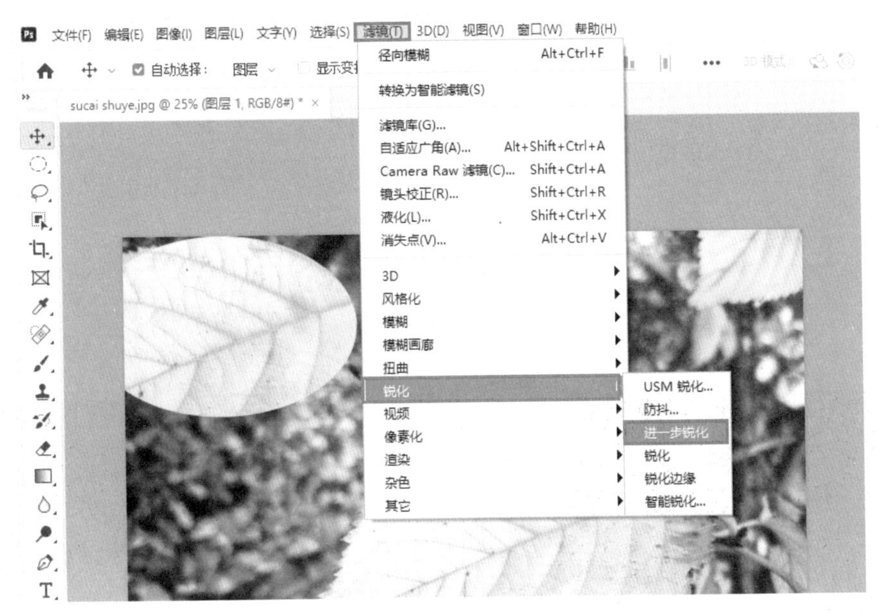

图 8.96　进一步锐化

图 8.97　局部放大效果图

8.4.3 边缘锐化

边缘锐化作为一种图像处理方法，可以使图像边缘的对比效果更为明显，而且“锐化边缘效果”可依实际情况多次叠加使用。

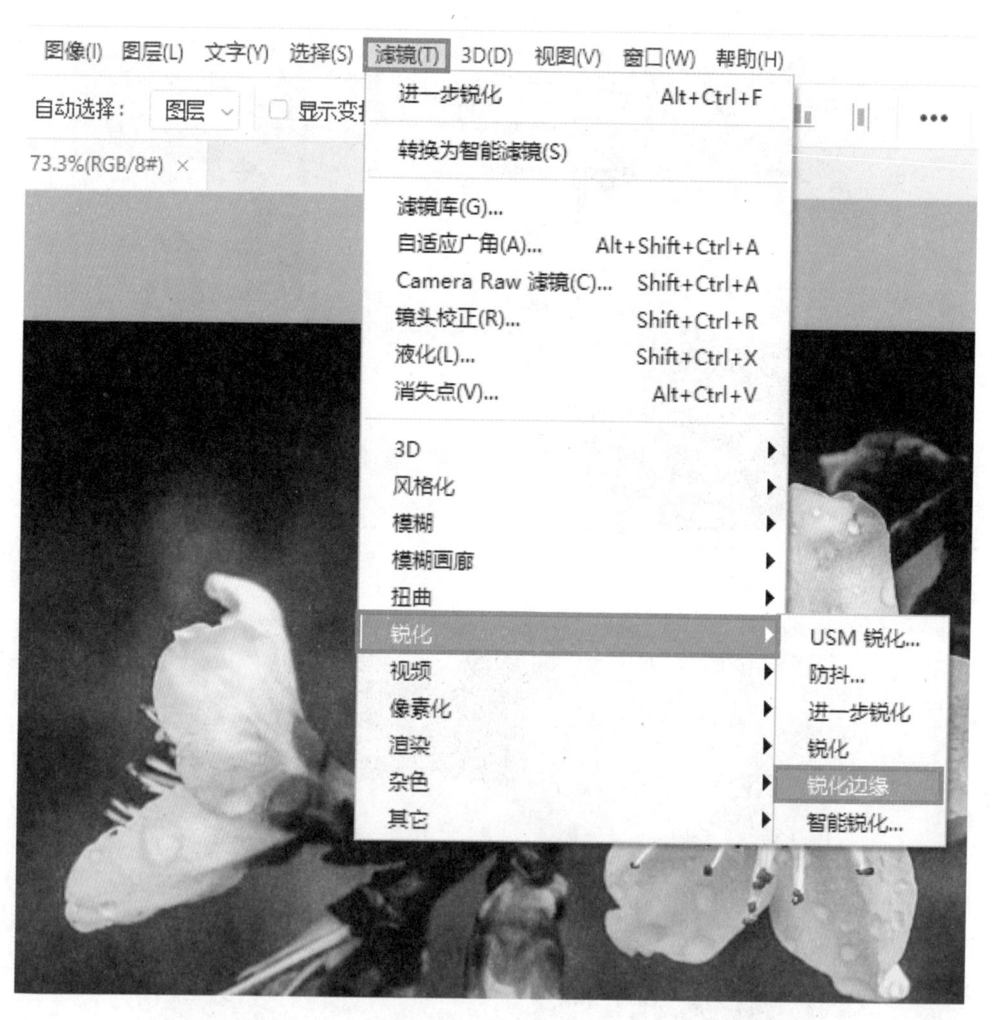

图 8.98 锐化边缘

图 8.99 是对桃花图片应用了一次“锐化边缘”后的图片效果，边缘锐化的程度并不是很明显，所以在实际使用该滤镜的过程中，可以对同一张图像多次应用该滤镜，直至边缘变得清晰。

图 8.99　锐化边缘效果

8.5　像素化滤镜细节修饰

“像素化”滤镜组中的滤镜工具将其中颜色相近的像素结成“块”，对其进行新的定义，借助像素化滤镜可以制作彩块、点状、晶体等多种特殊效果。Photoshop 中“像素化滤镜组”包括彩块化、点状化、晶格化等七种滤镜，如图 8.100 所示。

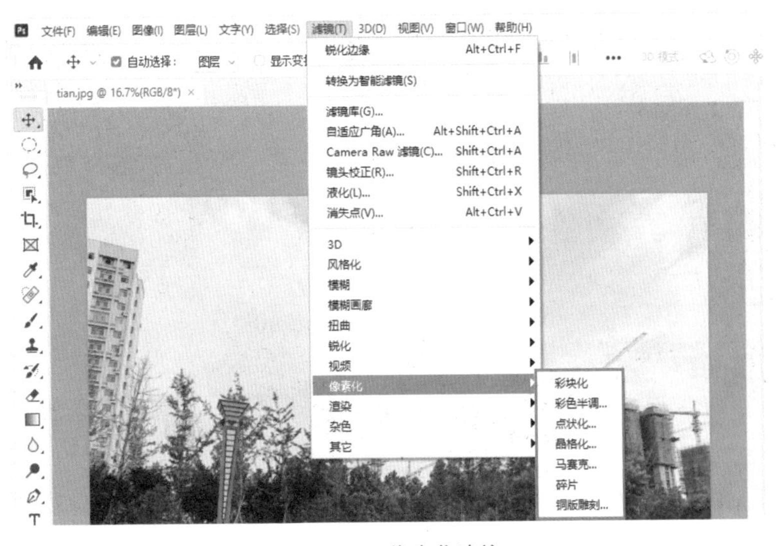

图 8.100　像素化滤镜

1 彩块化

使相近颜色的像素形成相近颜色的像素块，图像整体的色彩对比不再强烈，整体色调更为柔和，画面整体类似于手绘效果。图片效果参见图 8.101，该图上方是原图，下方为应用“彩块化滤镜”后的图片效果。

图 8.101　彩块化滤镜效果

2 彩色半调

彩色半调是 Photoshop 中常用的一种滤镜，可以产生圆点效果，如图 8.103 所示。

彩色半调

最大半径(R)：8　（像素）

网角(度)：

通道 1(1)：108

通道 2(2)：162

通道 3(3)：90

通道 4(4)：45

确定

复位

图 8.102　彩色半调

最大半径：调整半调网屏的最大半径。

灰度图像：只有唯一的一个通道 1。

RGB 格式图像：通道 1、2、3、4，分别对应 RGB 通道、红色通道、绿色通道、蓝色通道。

CMYK 格式图像：使用全部通道，分别对应青色、洋红、黄色和黑色通道。

图 8.103　彩色半调滤镜效果

3 点状化

分解图像为任意分布的网点，作用效果类似于点状绘图，网点间的空白区域自动使用背景色进行填充，如图 8.104 所示。

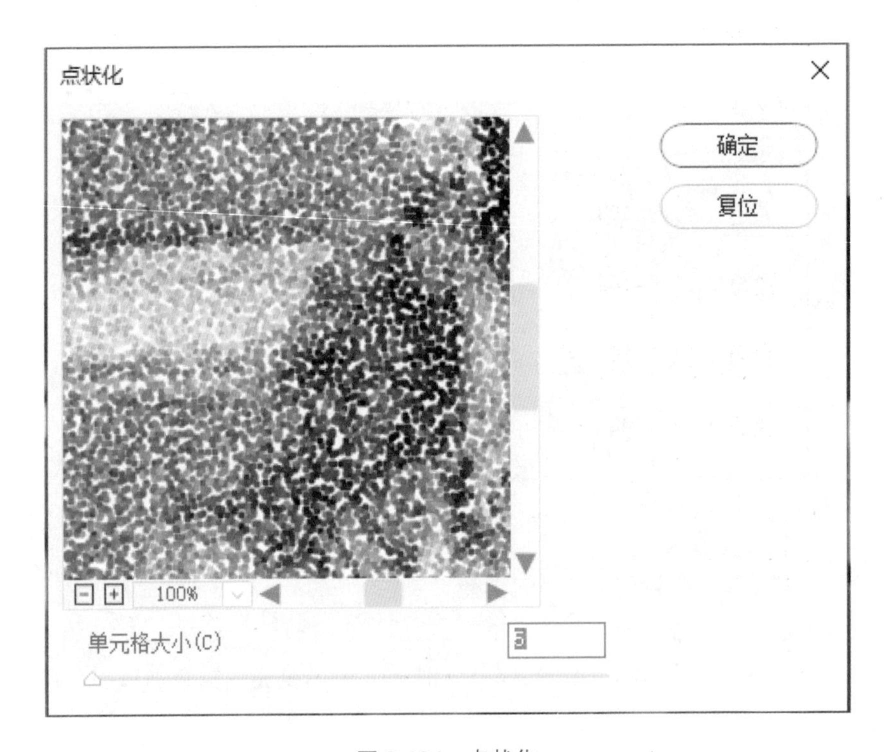

图 8.104 点状化

单元格大小：调整单元格尺寸，也就是图像分解成的网点大小，范围“0~300”，注意参数设置不要过大。

图 8.105 点状化滤镜效果

4 晶格化

使用“晶格化”滤镜对原图像进行绘制。纯色结块的大小由属性栏中的“单元格尺寸”所决定，参数设置范围“0~300”，图片效果参见图 8.107 所示。

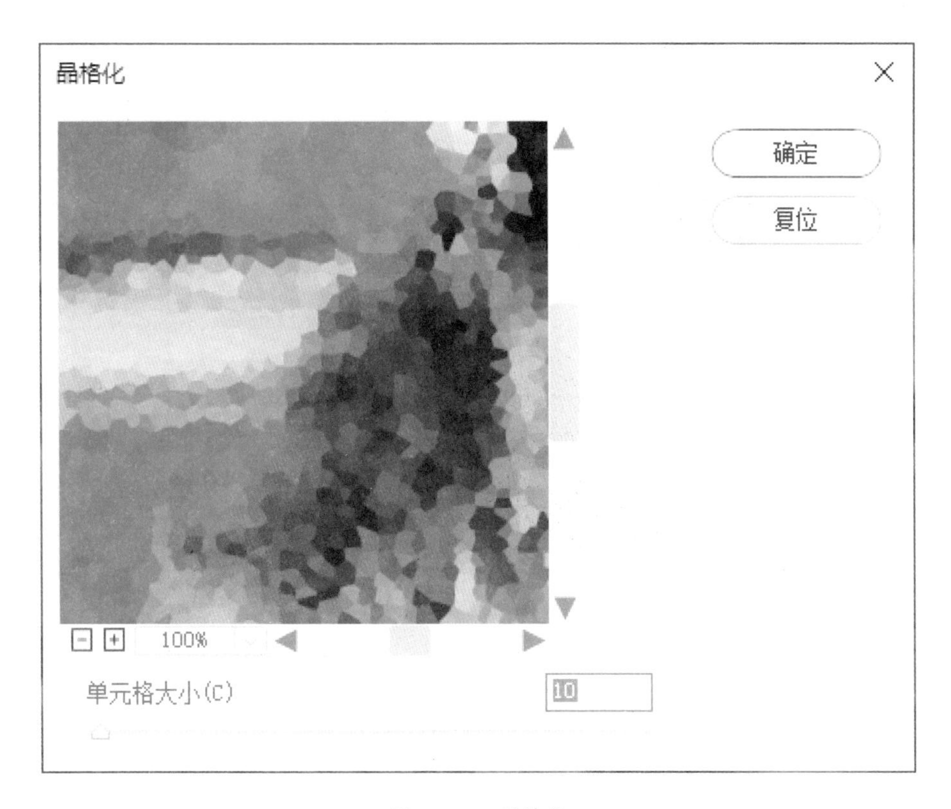

图 8.106 晶格化

图 8.107 晶格化滤镜效果

5 马赛克

“马赛克滤镜”也是图片处理当中经常会应用到的一种滤镜，可对重要部分进行隐藏，作用原理是将原图像中的颜色结为方块状。单元格越大，模糊效果也就越好，如图 8.109 所示。

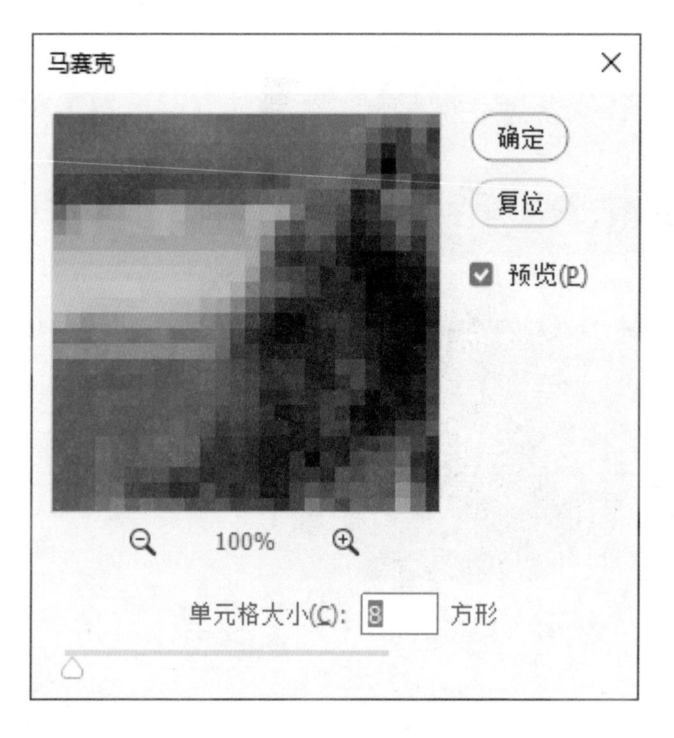

图 8.108 马赛克

图 8.109 马赛克滤镜效果图

6 碎片

应用“碎片”滤镜后的图像效果类似于重影，如图 8.111 所示。

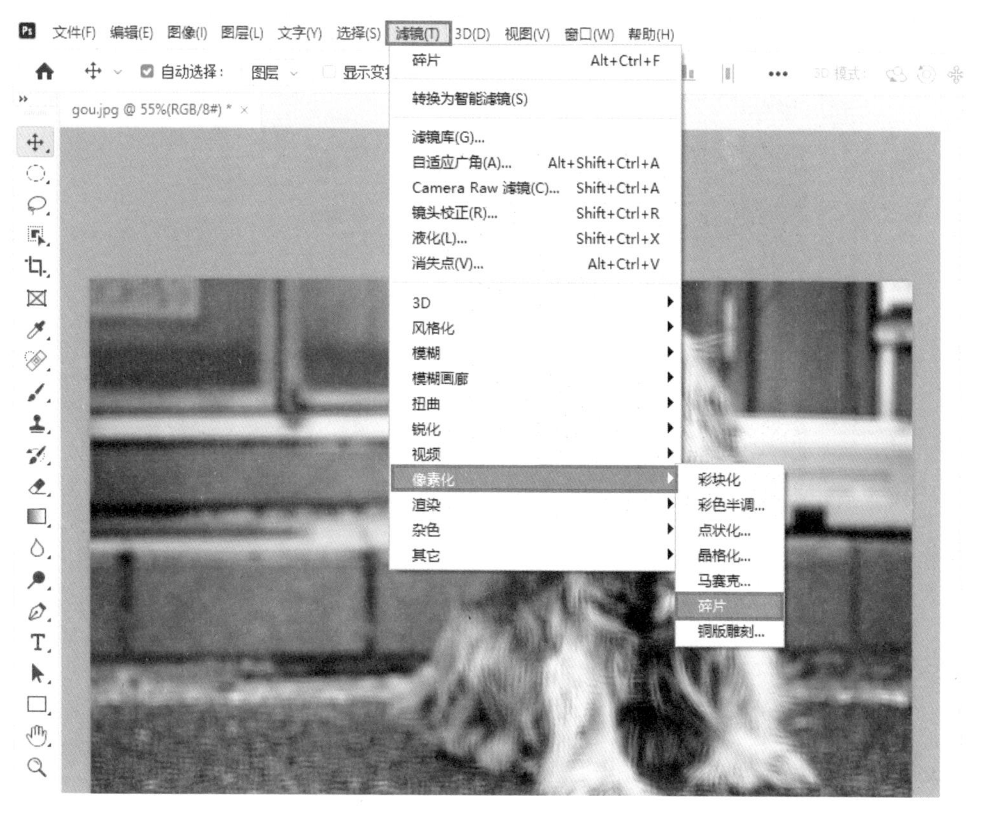

图 8.110　碎片滤镜

图 8.111　碎片滤镜效果

7 铜板雕刻

使用黑白或是颜色完全饱和的网点图案重新绘制原图像，用线条重新生成图像，产生类似于金属版画的效果。

图 8.112　铜版雕刻

图 8.113　铜版雕刻效果图

附录

Photoshop CC 2020 中的那些快捷键

文件	
文件新建	Ctrl+N
打开	Ctrl+O
文件存储	Ctrl+S
文件存储为	Ctrl+Shift+S
文件关闭	Ctrl+W
全部关闭	Ctrl+Alt+W
导出为	Alt+Shift+Ctrl+W
退出软件	Ctrl+Q
编辑命令	
恢复	F12
恢复至上一步（还原）	Ctrl+Z
重做	Shift+Ctrl+Z
切换最终状态	Alt+Ctrl+Z
复制	Ctrl+C 或 F3
剪切	Ctrl+X 或 F2
粘贴	Ctrl+V 或 F4
填充前景色	Alt+Delete
填充背景色	Ctrl+Delete
自由变换	Ctrl+T

续表

选择	
全选	Ctrl+A
取消选择	Ctrl+D
重新选择	Shift+Ctrl+D
反选	Shift+Ctrl+I 或 Shift+F7
选择所有图层	Alt+Ctrl+A
图层	
图层新建	Shift+Ctrl+N
对现有图层的复制	Ctrl+J
将剪切的图层复制为新图层	Shift+Ctrl+J
创建 / 释放剪贴蒙版	Alt+Ctrl+G
图层编组	Ctrl+G
取消图层编组	Shift+Ctrl+G
将图层隐藏	Ctrl+，
将图层置于顶层	Shift+Ctrl+】
将图层前移一层	Ctrl+】
将图层后移一层	Ctrl+【
图像调整	
色阶	Ctrl+L
曲线	Ctrl+M
色相 / 饱和度	Ctrl+U
色彩平衡	Ctrl+B
黑白	Alt+Shift+Ctrl+B
去色	Shift+Ctrl+U